Franke

Animation mit *Mathematica*®

Springer
Berlin
Heidelberg
New York
Barcelona
Hongkong
London
Mailand
Paris
Tokio

Herbert W. Franke

Animation mit *Mathematica®*

Springer

Prof. Dr. Herbert W. Franke
Puppling
Austr. 12
82544 Egling
e-mail: franke@zi.biologie.uni-muenchen.de

Die Deutsche Bibliothek - CIP-Einheitsaufnahme
Franke, Herbert W.: Animation mit Mathematica / Herbert W. Franke. - Berlin ; Heidelberg ; New York ; Barcelona ; Hongkong ; London ; Mailand ; Paris ; Tokio : Springer, 2002
ISBN 3-540-42372-9

Mathematics Subject Classification (2000): 68U01, 00A20

Additional material to this book can be downloaded from http://extras.springer.com.
ISBN 3-540-42372-9 Springer-Verlag Berlin Heidelberg New York

Springer-Verlag Berlin Heidelberg New York
ein Unternehmen der BertelsmannSpringer Science+Business Media GmbH

http://www.springer.de

Satz: Datenkonvertierung und Umbruch durch LE-TEX Jelonek, Schmidt & Vöckler GbR, Leipzig
Einbandgestaltung: KünkelLopka, Heidelberg

Gedruckt auf säurefreiem Papier SPIN: 10846937 40/3142/CK - 5 4 3 2 1 0

Vorwort

t0

Das Bild entstand durch Weiterverarbeitung eines mit *Mathematica* erzeugten Objekts. Näheres darüber in Kapitel 6.4.

Vorwort

Das System *Mathematica* gilt als das anspruchsvollste Programmiersystem für alle Zwecke der Mathematik. Bemerkenswert ist, daß der Begründer von *Mathematica*, Stephen Wolfram, die grafische Darstellung mathematischer Zusammenhänge schon früh als integrierenden Bestandteil in das System aufgenommen hat. Deshalb enthält *Mathematica* auch eine leistungsfähige Programmiersprache sowohl für stillstehende Grafiken wie auch für Animationen in Schwarzweiß oder Farbe. Damit war ein wesentlicher Beitrag zur Mathematik-Visualisierung gelungen, die seither ständig an Bedeutung gewonnen hat. Das Bild erweist sich als alternative Beschreibung mathematischer Zusammenhänge, die nicht nur das Verständnis erleichtert, sondern in manchen Bereichen – beispielsweise in der fraktalen Geometrie – geradezu bahnbrechend gewirkt hat.

Das – unbewegte – Bild als Mittel zur Illustration mathematischer Zusammenhänge ist altbekannt, doch mit dem Einsatz von filmischen Abläufen anstelle formelhafter Beschreibungen betreten die meisten Anwender Neuland. Selbst in den einschlägigen, der Grafik gewidmeten Büchern wird die Animation nur kurz behandelt, und so kommt es, daß die im System steckenden filmischen Möglichkeiten meist unbenutzt bleiben. Diese Tatsache war ein Anstoß für dieses Buch, in dem eine Übersicht über die verschiedensten Darstellungsmöglichkeiten mathematisch beschreibbarer Animationen gegeben wird.

Neben der mathematischen Visualisierung gibt es aber noch andere Einsatzmöglichkeiten des Systems, von denen die künstlerische Anwendung eine der ungewöhnlichsten und interessantesten ist. Bisher sind die für diesen Zweck von *Mathematica* gebotenen Möglichkeiten nur wenig beachtet worden – wahrscheinlich weil viele Grafiker und Designer mit formalen Beschreibungen und Rechenprozessen nicht vertraut sind. Tatsächlich ergibt sich aber gerade in all jenen Fällen, in denen sich Gegenstände, Muster und dergleichen mit mathematischen Formeln erfassen lassen, eine der üblichen grafischen Datenverarbeitung auf der Basis von CAD (Computer Aided Design) gegenüber beträchtlich erweiterte Methode bildnerischer Gestaltung. Der Vorteil liegt insbesondere in der Tatsache, daß sich mit einem mathematischen Ausdruck oder einem oft recht einfachen Programm geometrische Objekte umfassend beschreiben lassen, während diese beim CAD meist Baustein für Baustein zusammengesetzt werden müssen. Das ist der zweite Anstoß für diese Publikation, die auch als Bestandsaufnahme verschiedenster, mit *Mathematica* erreichbarer filmischer Effekte gelten kann.

Die reine Mathematik auf der einen Seite, die künstlerische Gestaltung auf der anderen – dabei scheint es sich um zwei völlig getrennte Bereiche zu handeln. In Wirklichkeit trifft das keineswegs zu. Es stellt sich heraus, daß die ästhetisch befriedigende Darstellung oft zugleich jene ist, die die beste Übersicht über den Zusammenhang gibt. Das bringt eine stärkere Gedächtniswirkung mit sich. Bei mathematischen Visualisierungen sind manche optischen Parameter nicht zwingend vorgegeben, sondern können (und müssen) willkürlich besetzt werden (beispielsweise bei der Verschlüsselung quantitativer Relationen durch Farben), so daß, ob man sich dessen bewußt ist oder nicht, stets auch ästhetische Entscheidungen ins Spiel kommen. So besteht kein Zweifel daran, daß die ästhetische Komponente nicht nur in künstlerisch orientierten Anwendungen Bedeutung hat, sondern auch überall dort, wo es auf den äußeren Eindruck ankommt – beispielsweise im Unterricht speziell naturwissenschaftlicher Fächer, insbesondere natürlich auch der Mathematik.

Der Plan für dieses Buch entstand aus der Beschäftigung mit Animationsaufgaben heraus, wobei es speziell um mathematisch beschreibbare Objekte ging – einerseits zur Visualisierung mathematischer Zusammenhänge, andererseits auch zur freien Gestaltung. So lag es nahe, zunächst zum eigenen Gebrauch eine Übersicht über die von *Mathematica* gegebenen Möglichkeiten für verschiedenste grafische wie auch filmische Anwendungen zu erarbeiten. Es bestätigte sich, daß die grafische Programmiersprache von *Mathematica* eine gute Basis dafür darstellt und es sich somit rechtfertigt, die gewonnene Übersicht all jenen zur Verfügung zu stellen, die mit ähnlichen Arbeiten beschäftigt sind.

Aus der Zielsetzung geht hervor, daß als Leser des Buches nicht nur Mathematiker zu erwarten sind, sondern auch Anwender aus verschiedensten anderen Bereichen, weiter auch Pädagogen, Grafik-Designer und Künstler, speziell solche aus dem Multi-Media-Bereich. Das bedeutet aber, daß umfassende Kenntnisse des *Mathematica*-Systems nicht unbedingt zu erwarten sind – selbst Autoren einschlägiger Handbücher weisen darauf hin, daß es kaum jemand gibt, der das gesamte System beherrscht. Zum Gebrauch genügt es offenbar, das Grundprinzip und die wichtigsten Befehle zu kennen (was vom Benutzer dieser Publikation vorausgesetzt wird); zur Bewältigung spezieller Aufgaben zieht man dann das Handbuch heran, das für jeden Detailbereich übersichtlich und verständlich formulierte Anweisungen bereithält.

Im Prinzip stellt sich die Situation im grafischen Sektor ebenso dar – normalerweise kommt man mit oberflächlichen Kenntnissen aus, wenn man die vorgegebenen Standards benutzt. Anders ist die Situation bei der Animation, die man als Erweiterung der Grafik auffassen kann. Die filmischen Möglichkeiten lassen sich nur auf der Basis umfassender Kenntnisse jenes Teils des *Mathematica*-Programmiersystems ausschöpfen, den man als eine eigene grafische Sprache auffassen kann. So erfordert die Animation oft die Beachtung spezieller Optionen, bei denen man sich sonst nur mit den vorgegebenen Werten begnügt. Da andererseits die grafische Seite von *Mathematica* im Handbuch und in einigen Spezialwerken gut beschrieben ist, genügt hier eine kurze, überschlägige Übersicht. Sie soll nicht nur als Erinnerungshilfe dienen, sondern auch als Information über Besonderheiten, die im alltäglichen Gebrauch oft übersehen werden.

Das Buch erfüllt seinen Sinn, wenn es möglichst breite Anwenderkreise auf die grafische Kapazität des Systems *Mathematica* aufmerksam macht, verbunden mit der Anregung, bei mathematischen Visualisierungen künftighin in steigendem Maß Animationen heranzuziehen und sich gelegentlich auch freien filmischen Experimenten zu widmen.

Zum praktischen Gebrauch

Grundlage des Buchs sind die vom *Mathematica*-System eingesetzten „Notebooks" – Kombinationen aus Text, Programmteilen und Bildern. Naturgemäß ist es schwer, mit einem Druckwerk den Eindruck von Animationen zu vermitteln. Um den Lesern dennoch eine Vorstellung von den Abläufen zu geben, wird meist eine kleinere Zahl von Phasenbildern der Animation wiedergegeben – manchmal als Auswahl einiger typischen Ansichten, manchmal auch als Bildtafel in Matrix-Anordnung. Doch auch auf die Demonstration der vollständigen Sequenzen sollte nicht verzichtet werden, sie sind in der beiliegenden CD enthalten.

Die Beigabe der CD hat aber noch einen weiteren Grund. Dort finden sich auch die in Form von Notebooks dargestellten „Sessions"; sie enthalten u.a. den Programmcode, der es dem Leser ermöglicht, die Rechen- und Generierungsprozesse der Bilder und Filmsequenzen nachzuvollziehen, ohne die Ausdrücke neu eintippen zu müssen. Der leichte Zugang zum praktischen Gebrauch soll aber auch eine Anregung zu eigenen Experimenten sein. Es ist nicht die schlechteste Näherung zur Beherrschung des Mediums, wenn man die angebotenen Programme gewissermaßen als „Schablonen" benutzt, als Prinzipbeispiele, von denen man, indem man sie sukzessive ändert, zur Lösung vergleichbarer Aufgaben kommt. Letztendlich sollte der Leser natürlich in der Lage sein, eigene Animationen zu kreieren.

Im Problemfeld der Animation gibt es leider eine besondere Hürde zu überwinden, die in der Tatsache liegt, daß man selbst für kurze Filmsequenzen viele Bilder berechnen und schließlich auch speichern muß. So gerät man bald an eine Grenze, die durch geringe Rechengeschwindigkeiten und mäßige Speicherkapazitäten bedingt ist. Die in diesem Buch beschriebenen Animationen lassen sich aber auch mit relativ bescheidenen Systemen realisieren. Man wird sich dann allerdings oft auf Sequenzen beschränken müssen, die nur aus relativ wenigen Bildern bestehen; das bedingt oft einen Verlust an Qualität, weil dann die Diskontinuität der Bildfolgen bemerkbar wird. Für mathematische Visualisationen mag aber auch eine filmisch nicht ganz befriedigende Wiedergabe ausreichen. Im Übrigen lassen sich die Programme durch einen bescheidenen Eingriff, nämlich eine Verkleinerung der Schrittabstände in einer Programmzeile, leicht an bessere Systeme anpassen. Um zu zeigen, wie eindrucksvoll mit *Mathematica* gefertigte Animationen sein können, enthält die CD schließlich auch ein paar Beispiele von Animationen, die etwas höhere filmische Anforderungen erfüllen.

Die CD ist aber auch jenen nützlich, die nicht über eine Vollversion von *Mathematica* verfügen. Dazu dient das Programm *MathReader*, mit dem sich die Notebooks aufrufen und auch die Filme aktivieren lassen. Auf diese Weise ist es immerhin möglich, die Animationen zu betrachten. Programme ablaufen zu lassen und eigene zu schreiben, ist allerdings den Besitzern der Vollversion vorbehalten.

Buch und CD sind mit der Version 4.0.2.0 auf der Basis von Windows 2000 Professional auf einem Fujitsu Siemens Rechner mit PentiumIII-Prozessor erstellt worden.

Danksagung

Diese Publikation wäre ohne großzügige Unterstützung von mehreren Seiten nicht zustandegekommen. Zunächst danke ich Herrn Herbert Exner, Leiter der Fa. Uni Software Plus in Hagenberg bei Linz an der Donau, von dem die Anregung zur Beschäftigung mit *Mathematica* kam und der mir auch weiterhin mit Rat und Tat zur Seite stand. Unter anderem erwirkte er für mich die Erlaubnis, bei Vorträgen über die Visualisation mathematischer Zusammenhänge wie auch im Rahmen von Ausstellungen zum Thema „Computerkunst“ Life-Demonstrationen mit *Mathematica*-Programmen zu machen. Zu danken habe ich Herrn Joachim Gabbert von der Fa. Additive in Friedrichsdorf im Taunus, der mir oft mit fachlichen Auskünften zur Verfügung stand. Dankbar bin ich weiter Herrn Markus van Almsick, der es auf sich nahm, das Manuskript durchzusehen und mir gestattete, sein Programm zur Visualisierung der Atom-Orbitale zu verwenden. Die Teilnahme an einem seiner Kurse hat mir zu nützlichen Erkenntnissen zur Praxis der Programmierung mit *Mathematica* verholfen. Auch die Fa. Wolfram Research in Champaign, Illinois, unterstützte mein Projekt mit Ratschlägen, Publikationen und den neuesten Versionen des Programmsystems. Zu danken ist Herrn Dr. Konrad Polthier, Leiter der Arbeitsgruppe des Sonderforschungsbereichs Differentialgeometrie und Quantenphysik an der Technischen Universität Berlin und seinen Mitarbeitern Ulrich Eitner, Richard Gross, Dr. Matthias Heil, Uwe Schwarz, Boris Springborn und Klaus Thomas, die die zwei Animationen „Polyeder“ und „Falter“ in vorführtaugliche Videosequenzen umsetzten. Für die akustische Untermalung verwendete Herr Jörg Stelkens das von ihm entwickelte Programm *Phymod* – ich bin ihm dafür sehr zu Dank verpflichtet. Für die Nachbearbeitung der Animationen, speziell für die Anpassung an die CD, habe ich Herrn Horst Helbig zu danken. Wertvolle Hilfe verdanke ich Herrn Dominique Corazolla von TDS Promethean, Merxheim, der mir mehrere öffentliche Vorführungen mit dem Activ Board ermöglichte. Für Unterstützung bei der Produktion der CD danke ich Herrn Eberhard Enger, Universität München, der mir oft mit nützlichen Ratschlägen half. Schließlich ist dem Julius Springer Verlag, Heidelberg, und besonders Herrn Clemens Heine, für die angenehme Zusammenarbeit zu danken, die auch zur besonders gut gelungenen äußeren Form der Publikation führte.

Inhalt

1

Grundlagen der grafischen Darstellung

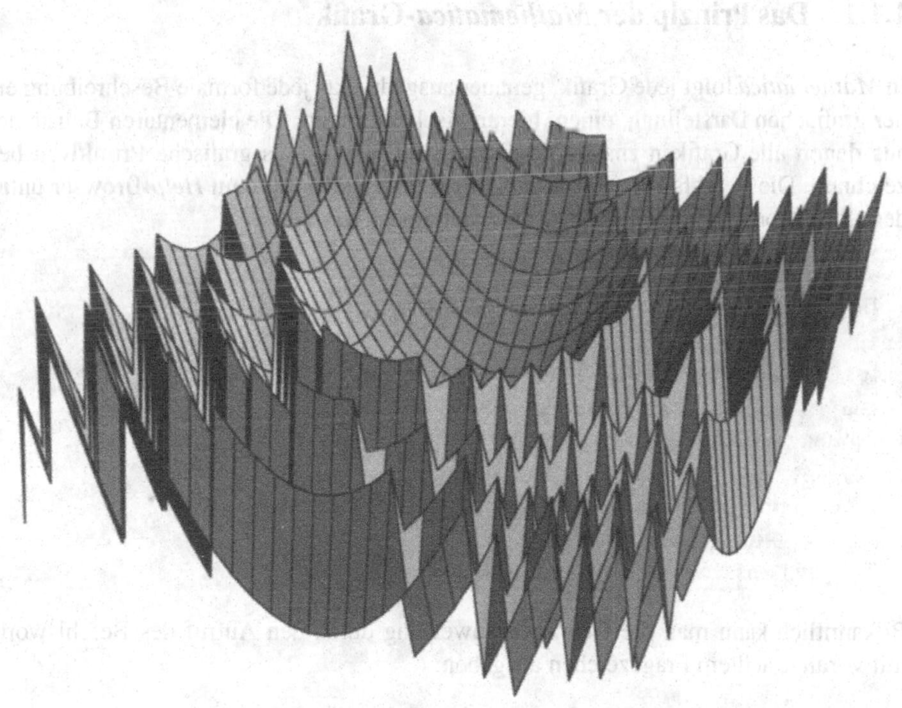

tl

Raumfläche in Modulo-Darstellung. Näheres darüber in Kapitel 1.7.

1.1 Grundlagen der grafischen Darstellung

Im Rahmen dieser speziell der Animation gewidmeten Darstellung werden die Grundlagen der *Mathematica*-Programmierung vorausgesetzt und daher nicht eigens wiedergegeben. Dazu gehört auch jener Teil der Befehle und Operatoren, der der Erzeugung von Grafiken gewidmet ist. Man kann ihn als eigene grafische Programmiersprache auffassen; im Vergleich mit dem allgemeinen Teil ist diese auf relativ wenige, leicht überblickbare Befehle beschränkt. Da sie zugleich die Grundlage der von *Mathematica* gebotenen Möglichkeiten der Animation ist, soll im ersten Teil das Wichtigste in Form eines Überblicks zusammengefaßt werden. Dieses Kompendium ersetzt aber keineswegs das Handbuch (Stephen Wolfram, Das *Mathematica* Buch, 4. Auflage, Wolfram Media/ Cambridge University Press, 1999), das eine ausführliche Beschreibung bietet.

1.1.1 Das Prinzip der *Mathematica*-Grafik

In *Mathematica* folgt jede Grafik, genauer ausgedrückt: jede formale Beschreibung einer grafischen Darstellung, einem hierarchischen Prinzip. Die elementaren Bausteine, aus denen alle Grafiken zusammengesetzt sind, werden als grafische Primitiven bezeichnet. Die Befehlsworte für ihren Aufruf lassen sich mit dem *Help*-Browser unter dem Stichwort *Graphics* auflisten. Die wichtigsten sind:

Point[{x,y}] bzw. **Point[{x,y,z}]** –
für den Punkt in zwei oder drei Dimensionen,

Line[{x1,y1},{x2,y2},...] –
für einen Linienzug in zwei Dimensionen,

Line[{x1,y1,z1},{x2,y2,z2},...] –
für einen Linienzug in drei Dimensionen,

Polygon[{{x1,y1},{x2,y2},{x3,y3},...}] –
für ein farbig ausgefülltes Polygon,

Cuboid[{xmin,ymin,zmin},...] –
für einen Quader mit achsenparallelen Seitenkanten

Bekanntlich kann man die Gebrauchsanweisung durch den Aufruf des Befehlsworts mit vorangestelltem Fragezeichen ausgeben:

```
In[1]:= ?Cuboid
Out[1]= Cuboid[{xmin, ymin, zmin}] is a three-dimensional graphics
        primitive that represents a unit cuboid, oriented parallel
        to the axes. Cuboid[{xmin, ymin, zmin}, {xmax, ymax, zmax}]
        specifies a cuboid by giving the coordinates of opposite corners.
```

Ergänzend dazu findet man im Paket `Graphics`Shapes`` noch weitere grafische Elemente, darunter Kugel, Zylinder, Kegel und Torus – siehe die Übersicht in Kapitel 1.2.

Die grafischen Primitiven sind die elementaren Bausteine jeder grafischen Darstellung. Den Aufbau der Objekte aus den Primitiven übernimmt normalerweise das Rechensystem. Dafür stehen Befehlswörter zur Verfügung, mit denen sich verschiedene Typen von Grafik errichten lassen. Die allgemein gebrauchte Form ist:

`Graphics[ausdruck]` – für eine zweidimensionale Grafik
`Graphics3D[ausdruck]` – für eine dreidimensionale Grafik

Daneben gibt es andere Darstellungsformen wie:

`DensityGraphics[ausdruck]` –
für ein (zweidimensionales) Dichtediagramm
`ContourGraphics[ausdruck]` –
für eine Höhenlinienbeschreibung
`SurfaceGraphics[ausdruck]` –
für eine dreidimensional-perspektivische Ansicht

Eine weitere Art der Darstellung wird für die Thematik *Animation* – zur übersichtlichen grafischen Wiedergabe von Phasenbildern – oft gebraucht:

`GraphicsArray[ausdruck]` – für ein Tafelbild in Matrixform

Über die vorgegebenen Einstellungen hinaus läßt *Mathematica* auch die eigene Definition von Darstellungsformen zu. Genau genommen handelt es sich um standardisierte Beschreibungen für die grafische Ausgabe; sie werden als grafische Objekte bezeichnet.

Bei der Ausführung einer Grafik erscheint die Angabe des Darstellungstyps in einer angefügten Output-Textzeile (wenn gewünscht läßt sie sich durch ein abschließendes Semikolon am Ende der betreffenden Ausdrücke unterdrücken). Prinzipiell enthalten alle grafischen Befehle die Angabe des Grafiktyps, oft ist sie allerdings äußerlich nicht sichtbar, u.zw. dann, wenn diese im verwendeten Befehl, der die Ausführung der Zeichnung veranlaßt, bereits per Definition enthalten ist. Das kann für selbst definierte Befehle gelten, trifft aber etwa auch für die in der grafischen *Mathematica*-Sprache grundlegenden `Plot`-Befehle zu. Eine Übersicht darüber erhält man am besten durch einen Menüaufruf: *File → Palettes → BasicCalculations → Graphics*:

```
Plot [□, {□, □, □}]
Plot [{□, □}, {□, □, □}]
ParametricPlot [{□, □}, {□, □, □}]
Plot3D [□, {□, □, □}, {□, □, □}]
ParametricPlot3D [{□, □, □}, {□, □, □}] –
```
für Raumkurven
```
ParametricPlot3D [{□, □, □}, {□, □, □}, {□, □, □}] –
```
für Raumflächen
```
ContourPlot [□, {□, □, □}, {□, □, □}]
DensityPlot [□, {□, □, □}, {□, □, □}]
```

Ein Anklicken des Ausdrucks genügt, um das Befehlswort mit den Leerstellen für die nötigen Daten auf die Position des Cursors zu bringen, man braucht dann nur noch die fehlenden Angaben an die angezeigten Stellen zu setzen.

Prinzipiell benötigen die grafischen Befehlsworte als Argumente eine Funktion oder eine Liste von Funktionen sowie Angaben über den vom Benutzer definierten Wertebereich der unabhängigen Variablen. Außerdem muß ihnen eine Spezifikation vorangehen, aus der das *Mathematica*-Kernsystem entnehmen kann, auf welchen der oben aufgelisteten Grafiktypen sich die nachfolgende Beschreibung bezieht. Und schließlich bedarf es noch eines Befehls – nämlich `Show` –, der die Umsetzung der Zahlenwerte in die Zeichnung veranlasst. Diese Art von Grafikbefehlen wird in den folgenden Tafeln vorweggenommen – Näheres darüber im Kapitel 1.3., das speziell dem `Show`-Befehl gewidmet ist.

1.2 Übersicht: Grafik-Objekte

Es folgt eine Zusammenstellung der wichtigsten geometrischen Elemente mit den zugehörigen Befehlen für ihre Darstellung.

1.2.1 Grafik-Primitive

Punkt in der Ebene

Der Verdeutlichung halber schließen wir die Zeichnung in einen Rahmen.

```
In[1]:= Show[Graphics[Point[{1, 1}]], Frame → True]
```

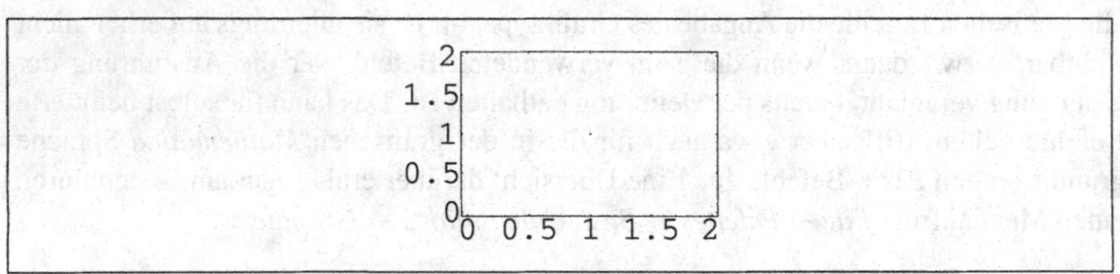


```
Out[1]= -Graphics-
```

Zur Vergrößerung des „Punkts" kann eine Angabe für den Durchmesser einbezogen werden; dessen Wert ist als Teil der Bildbreite anzugeben.

```
In[2]:= Show[Graphics[{PointSize[0.04], Point[{1, 1}]}], Frame → True]
```

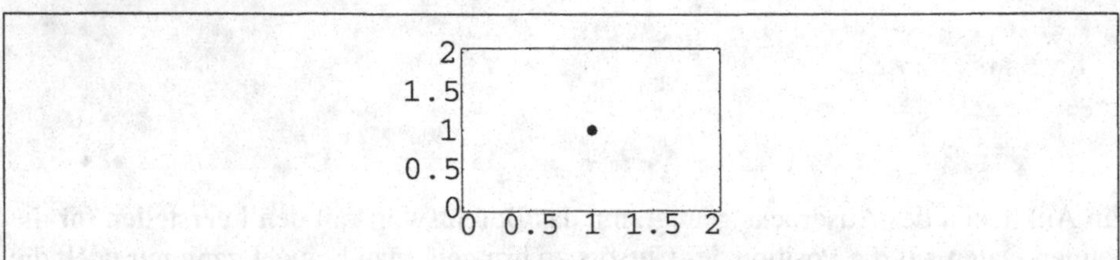


```
Out[2]= -Graphics-
```

Punkt im Raum

In entsprechender Weise werden Punkte in den Raum gesetzt.

```
In[3]:= Show[Graphics3D[{PointSize [0.04], Point[{1, 1, 1}]}]]
```

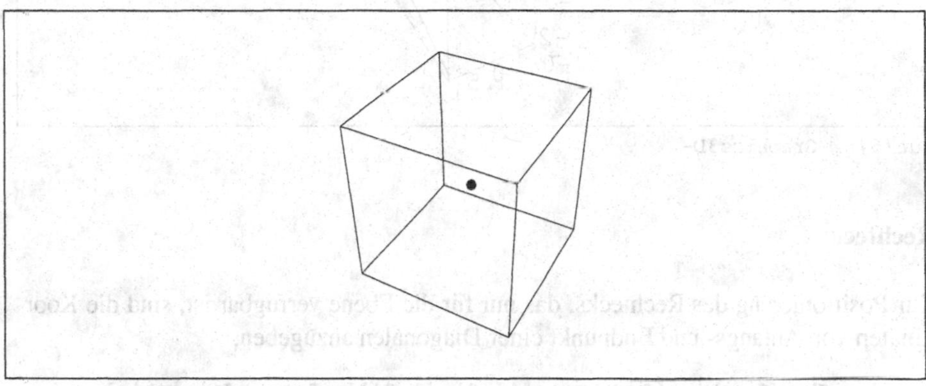

```
Out[3]= -Graphics3D-
```

Linie in der Ebene

Mit dem Befehl Line lassen sich durch Angabe der Stützpunkte beliebig lange Linienzüge aus Geraden erzeugen.

```
In[4]:= Show[Graphics[ Line[{{2,-1}, {1, 3}, {-1, 2}}]],
        Frame → True]
```

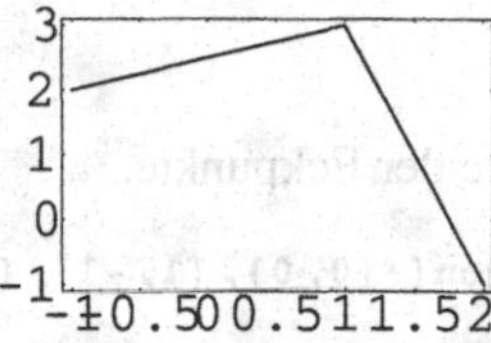


```
Out[4]= -Graphics-
```

Linie im Raum

Für die Linie im Raum dient derselbe Ausdruck Line, allerdings mit räumlichen Koordinaten für Anfangs- und Endpunkt.

```
In[5]:= Show[Graphics3D[ Line[{{1, -1, -2}, {1, 2, -1}, {-1, 2, 1}}]],
        Axes → Automatic]
```

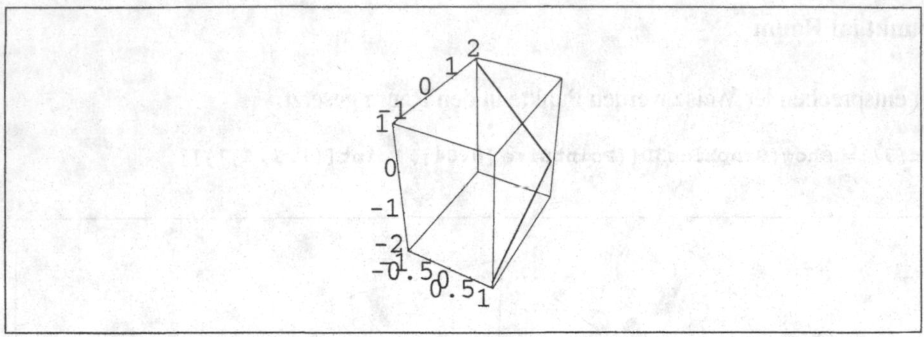

Out[5]= -Graphics3D-

Rechteck

Zur Positionierung des Rechtecks, das nur für die Ebene verfügbar ist, sind die Koordinaten von Anfangs- und Endpunkt einer Diagonalen anzugeben.

```
In[6]:= Show[Graphics[Rectangle[{0, 0}, {1, 2}]], Axes → Automatic]
```

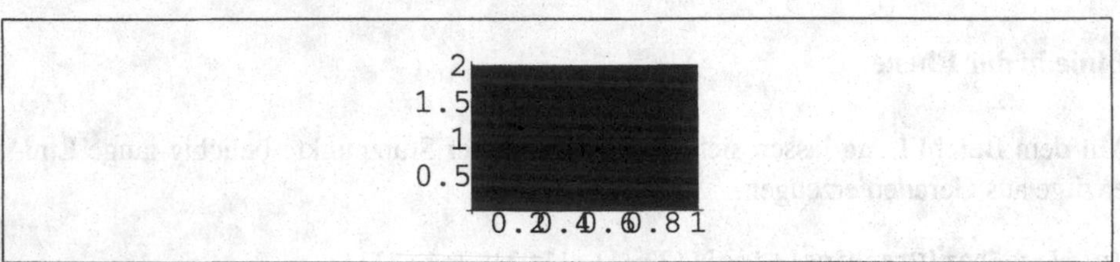

Out[6]= -Graphics-

Das Rechteck wird gefüllt dargestellt; wer das nicht wünscht, muß es mit `Line` erzeugen.

Polygon in 2D

Zur Beschreibung dient eine Liste der Eckpunkte.

```
In[7]:= Show[Graphics[Polygon[{{0, 0}, {1, -1}, {3, 2}, {2, 5}, {1, 4}}]]]
```

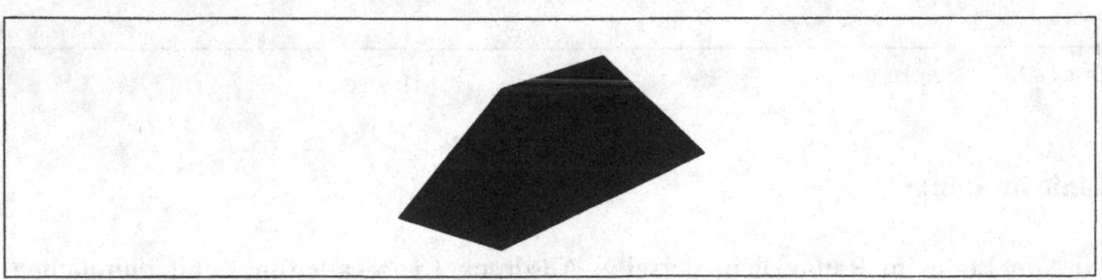

Out[7]= -Graphics-

Auch das Polygon wird automatisch ausgefüllt. Eine Darstellung als Folge von Geraden erhält man mit `Line`.

Polygon in 3D

Aus Polygonen werden – bei der Gitterliniendarstellung gut erkennbar – alle Raumflächen der grafischen Objekte aufgebaut.

```
In[8]:= Show[
          Graphics3D[
            Polygon[{{.3, -1, 0}, {-1, .2, 1.5}, {-.2, 1, 0}, {1, -.5, 1.5}}]],
          ViewPoint → {-3.997, -1.299, 1.551}]
```

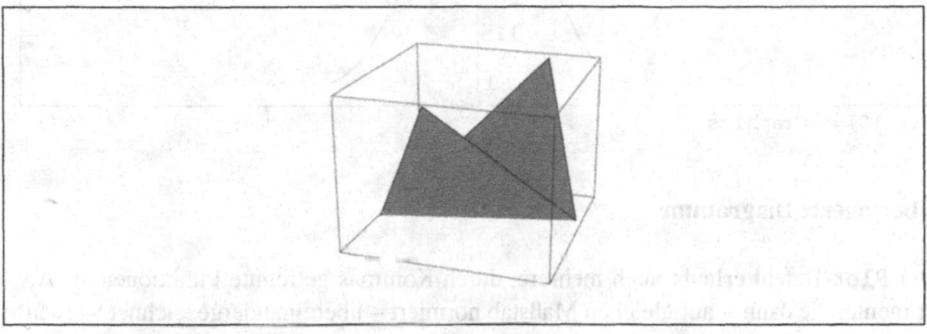

```
Out[8]= -Graphics3D-
```

Quader

Dreidimensionale Objekte werden optional mit geschlossenen Oberflächen dargestellt.

```
In[9]:= Show[Graphics3D[Cuboid[{-2, -3, 1}, {1, 2, 2}]]]
```

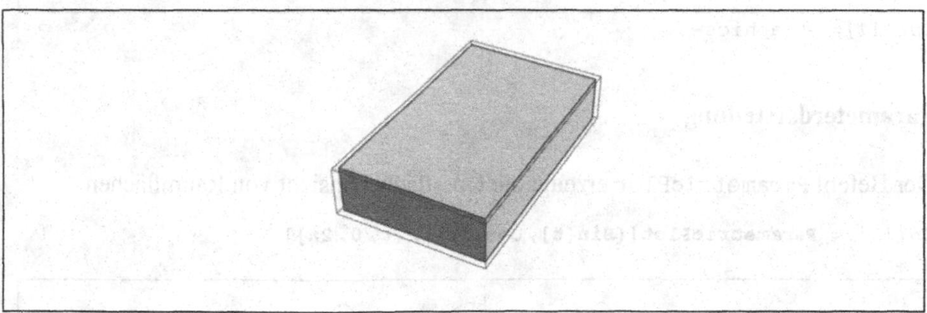

```
Out[9]= -Graphics3D-
```

1.2.2 Grafik-Objekte

Zusammenstellung der wichtigsten Grafik-Objekte, die intern auf der Basis von Grafik-Primitiven aufgebaut sind.

Funktionsdiagramm

In den `Plot`-Befehl, der eine Kurve $y = f(x)$ zeichnet, werden Funktion und Bereichsgrenzen der unabhängig Veränderlichen eingetragen.

```
In[10]:= Plot[Cos[x], {x, -π, π}]
```

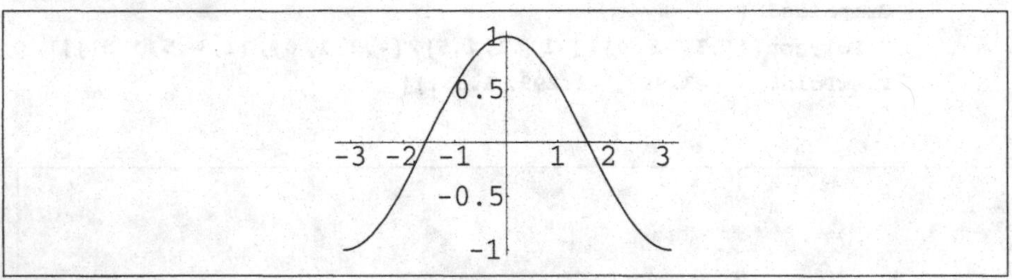


```
Out[10]= -Graphics-
```

Überlagerte Diagramme

Der `Plot`-Befehl erlaubt auch mehrere, durch Kommas getrennte Funktionen als Argumente, die dann – auf gleichen Maßstab normiert – übereinandergezeichnet werden.

```
In[11]:= Plot[{Cos[x], Sin[2x]}, {x, -2, 2}]
```

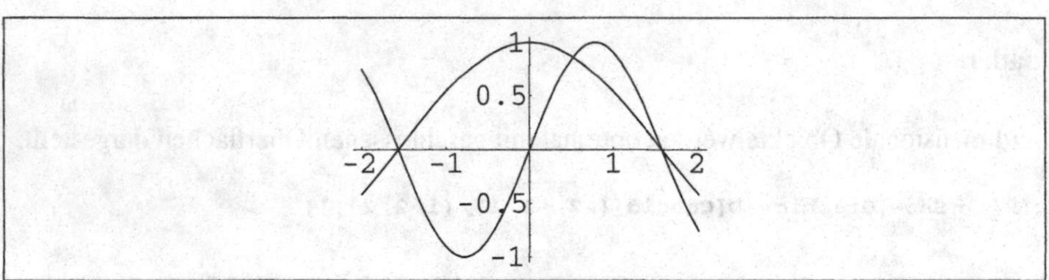


```
Out[11]= -Graphics-
```

Parameterdarstellung

Der Befehl `ParametricPlot` erzeugt die Oberflächenansicht von Raumflächen.

```
In[12]:= ParametricPlot[{Sin[t], Cos[3t]}, {t, 0, 2π}]
```

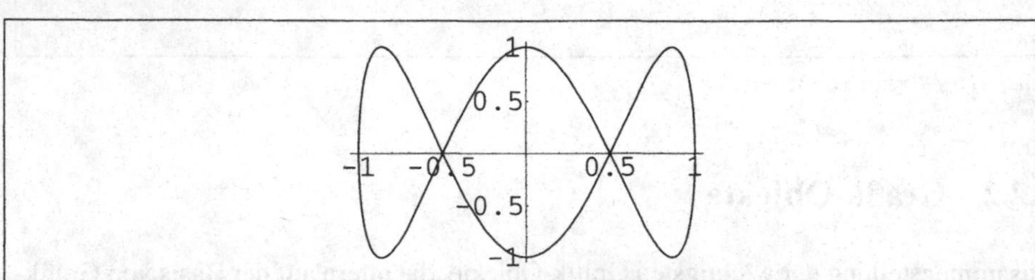


```
Out[12]= -Graphics-
```

1.2.3 Funktionsdiagramme $f(x, y)$

Funktionen von zwei unabhängig Veränderlichen können in Art der Höhenliniendarstellung der Landkarten dargestellt werden. Helle Grautöne zeigen höhere Werte der Funktion an.

Konturdiagramm

```
In[13]:= ContourPlot[x * y, {x, -π, π}, {y, -π, π}, Contours → 20]
```

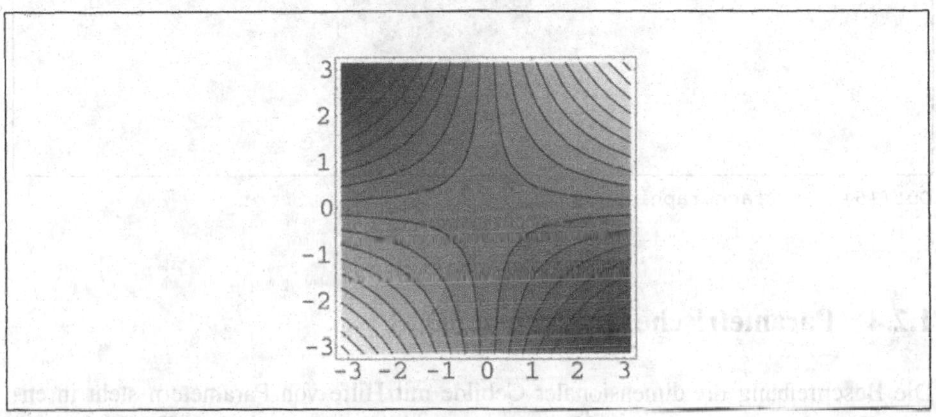


```
Out[13]= -ContourGraphics-
```

Dichtediagramm

Im Dichtediagramm sind die Grauwerte in einem Raster eingetragen; wieder stellen helle Grautöne höhere Werte der Funktion dar.

```
In[14]:= DensityPlot[x * y, {x, -π, π}, {y, -π, π}]
```

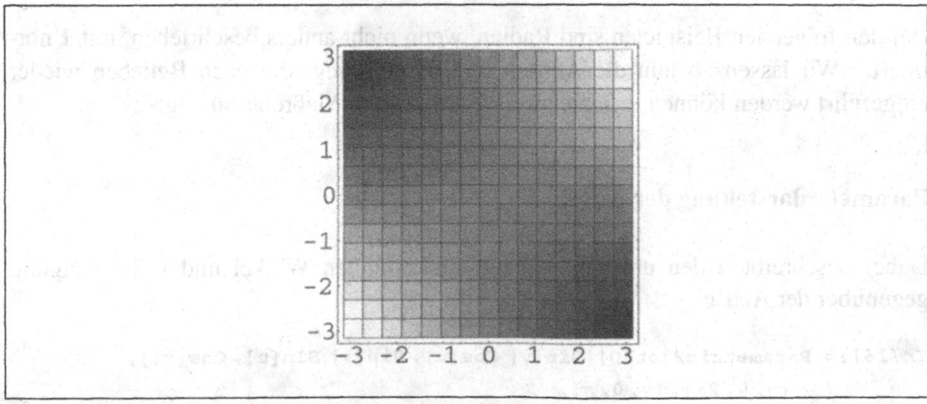


```
Out[14]= -DensityGraphics-
```

Oberflächendiagramm

Mit dem Befehl `Plot3D` erhält man perspektivische Ansichten von Funktionen $z = f(x, y)$. Diese spezielle Art der Darstellung wird als `SurfaceGraphics` ausgewiesen.

```
In[15]:= Plot3D[x * y, {x, -1, 1}, {y, -1, 1}]
```

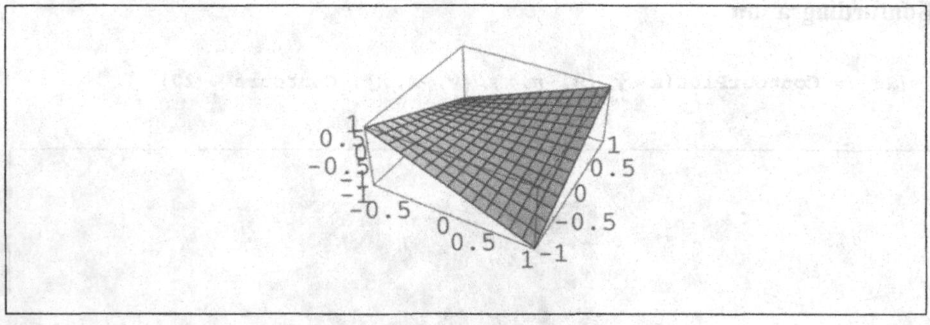


```
Out[15]= -SurfaceGraphics-
```

1.2.4 Parametrische Grafiken in 3D

Die Beschreibung dreidimensionaler Gebilde mit Hilfe von Parametern steht in engem Zusammenhang mit dem Übergang vom üblichen kartesischen Koordinatensystem zu anderen, nichtlinearen Koordinatensystemen. Solche können auch gekrümmte Grundflächen aufweisen, also z.B. solche, die sich um ein Zentrum schließen, und genau diese Eigenschaft ist es, die die einfache Darstellung von Kugel, Zylinder usw. ermöglicht.

In vielen Fällen wird man mit den geometrischen Grundkörpern auskommen, wie sie vom System angeboten werden. Geht es aber um kompliziertere Gebilde, dann ist die allgemeine parametrische Beschreibung als Ausgangsbasis unerläßlich. Jene der wichtigsten Körper werden im folgenden zusammengefaßt.

Bei den folgenden Beispielen sind Radien, wenn nicht anders beschrieben, mit 1 normiert. Wir lassen ab nun die Achsen und Skalen weg, die nach Belieben wieder eingeführt werden können, beispielsweise wenn es um Maßrelationen geht.

Parameterdarstellung der Kugel

Dabei beschreibt u den um den Äquator umlaufenden Winkel und v die Neigung gegenüber der Achse.

```
In[16]:= ParametricPlot3D[{Sin[v] Cos[u], Sin[v] Sin[u], Cos[v]},
           {u, 0, 2π}, {v, 0, π},
           Boxed → False, Axes → False];
```

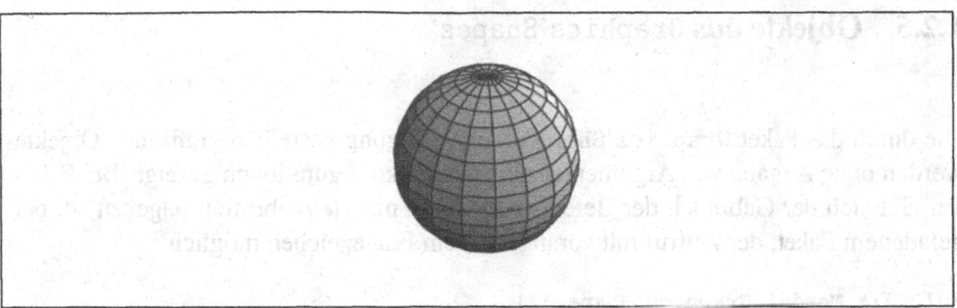

Parameterdarstellung des Torus

u ist der Winkel des Grundkreises, *v* ist Winkel des Röhrenquerschnitts.

```
In[17]:= x = (1 + 0.5 * Cos[v]) Cos[u];
         y = (1 + 0.5 * Cos[v]) Sin[u];
         z =       0.5 * Sin[v];

In[18]:= ring = ParametricPlot3D[Evaluate[{x, y, z}, {u, 0, 2 π}, {v, 0, 2 π}],
                  Boxed → False, Axes → False];
```

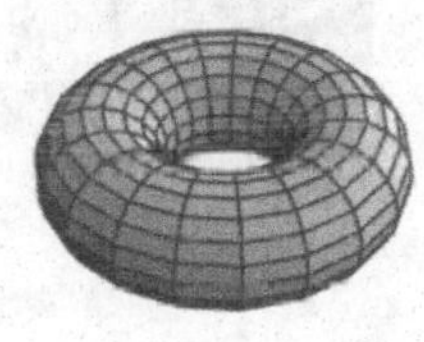

Parameterdarstellung des Zylinders

Bei manchen parametrischen Objekten ist es empfehlenswert, die Zahl der Stützpunkte mit `PlotPoints` der räumlichen Konfiguration anzupassen.

```
In[19]:= ParametricPlot3D[{ Cos[u], Sin[u], z}, {u, 0, 2π}, {z, 0,1},
           PlotPoints → {24, 2}, Boxed → False, Axes → False];
```

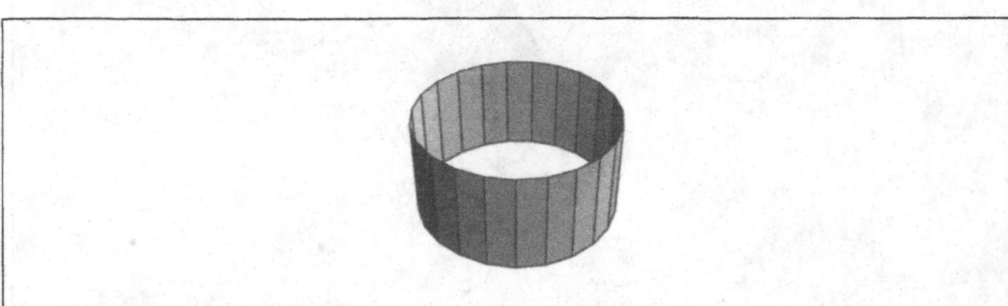

1.2.5 Objekte aus `Graphics`Shapes``

Die durch das Paket `Graphics`Shapes`` zur Verfügung gestellten grafischen Objekte werden ohne Angabe von Argumenten als Standardkonfigurationen gezeigt. Bei Paketen läßt sich der Gebrauch der Befehlsworte nicht mit *Help* abrufen; dagegen ist, bei geladenem Paket, der Aufruf mit vorangestelltem Fragezeichen möglich.

```
In[20]:= Needs["Graphics`Shapes`"]
```

Zylinder

```
In[21]:= Show[Graphics3D[Cylinder[ ]]];
```

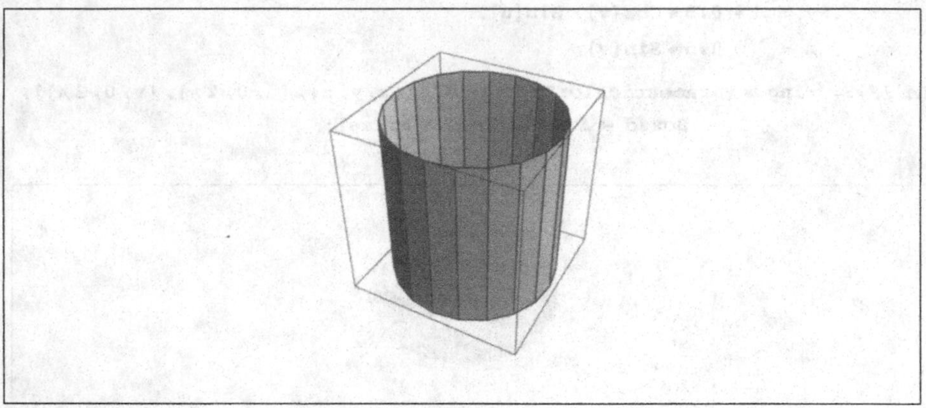

Konus

```
In[22]:= Show[Graphics3D[Cone[ ]]];
```

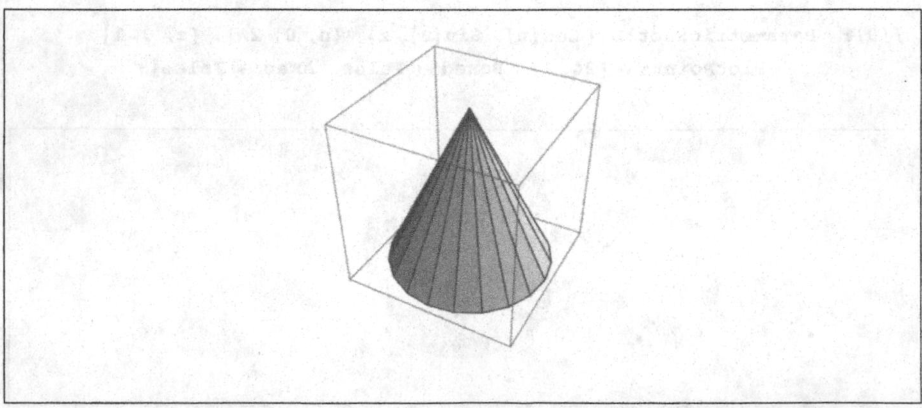

Torus

```
In[23]:= Show[Graphics3D[Torus[ ]]];
```

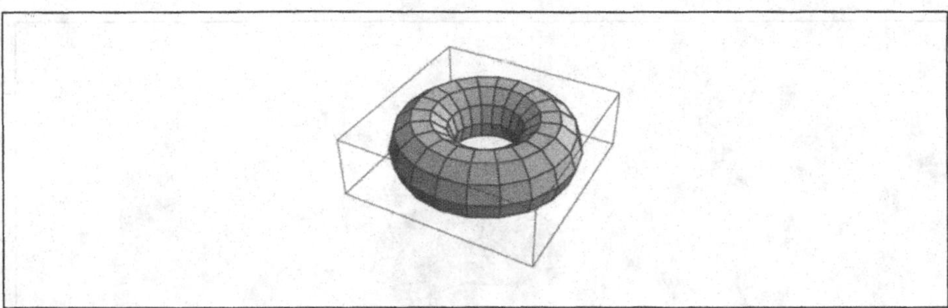

Kugel

```
In[24]:= Show[Graphics3D[Sphere[ ]]];
```

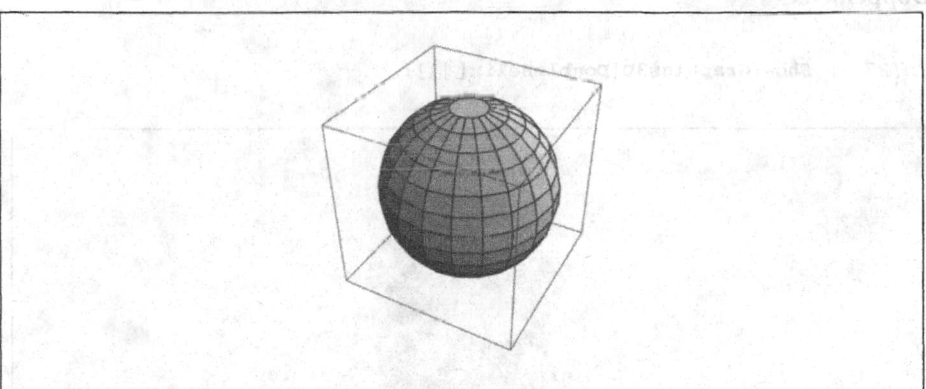

Möbius-Streifen

```
In[25]:= Show[Graphics3D[MoebiusStrip[ ]]];
```

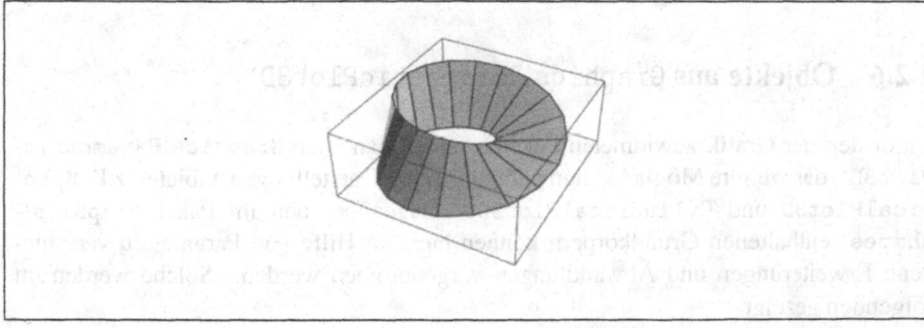

Helix

```
In[26]:= Show[Graphics3D[Helix[ ]]];
```

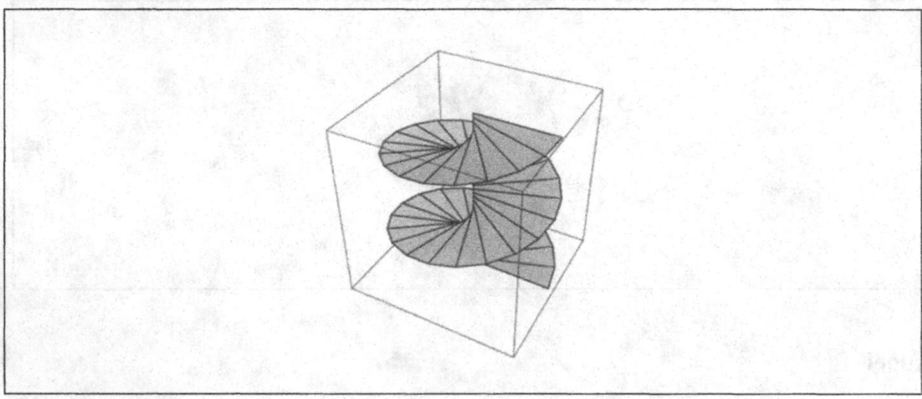

Doppelhelix

```
In[27]:= Show[Graphics3D[DoubleHelix[ ]]];
```

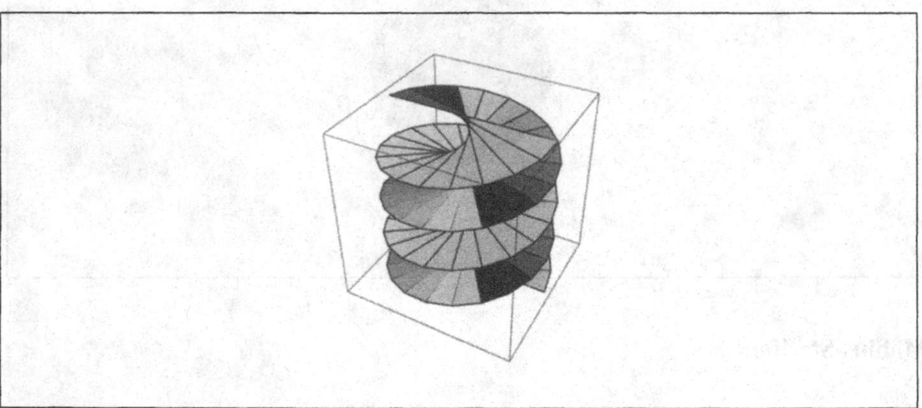

1.2.6 Objekte aus `Graphics'ParametricPlot3D'`

Unter den der Grafik gewidmeten Paketen findet man auch `Graphics'ParametricPlot3D'`, das weitere Möglichkeiten parametrischer Darstellungen anbietet, z.B. `SphericalPlot3D` und `CylindricalPlot3D`. Gegenüber den im Paket `Graphics'Shapes'` enthaltenen Grundkörpern können hier mit Hilfe von Parametern verschiedene Erweiterungen und Abwandlungen vorgenommen werden. Solche werden im folgenden gezeigt.

Objekte mit Kugelkoordinaten

`SphericalPlot3D` gestattet die Wiedergabe von verschiedenen Ausschnitten aus der Kugelfläche.

```
In[28]:= Needs["Graphics`ParametricPlot3D`"]

In[29]:= ?SphericalPlot3D
Out[29]= SphericalPlot3D[r, {theta, thetamin, thetamax},
           {phi, phimin, phimax}, (options)] plots r as a function of the
           angles theta and phi. SphericalPlot3D[{r, style}, ...]
           uses style to render each surface patch.
```

Wir verwenden diesen Ausdruck, um zwei verschiedene Ausschnitte aus Kugeloberflächen herzustellen.

```
In[30]:= SphericalPlot3D[1, {v, 0.3π, 0.45 π}, {u, 0, 2π},
           Boxed → False, Axes → False, PlotPoints → {6, 32}];
```

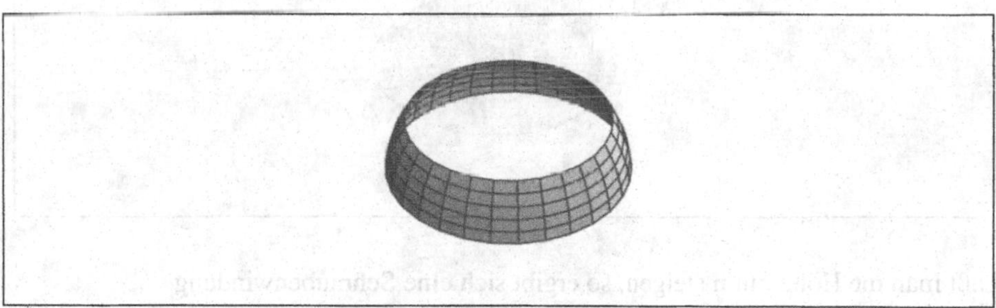

Ein anderer Ausschnitt; das Objekt wird mit `ViewVertical` in eine liegende Position gebracht.

```
In[31]:= SphericalPlot3D[1, {v, 0, π}, {u, 0, 0.5π},
           Boxed → False, Axes → False, PlotPoints → {18, 10},
           ViewVertical → {-1, 0, 0}];
```

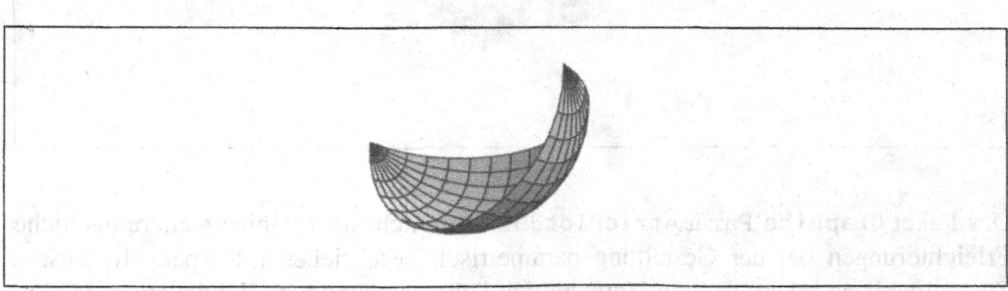

Objekte mit Zylinderkoordinaten

Der im Paket zur Verfügung gestellte Operator für zylindrische Verformungen ist `CylindricalPlot3D`.

```
In[32]:= ?CylindricalPlot3D

Out[32]= CylindricalPlot3D[z, {r, rmin, rmax}, {phi, phimin, phimax},
         (options)] plots z as a function of r and phi.
         CylindricalPlot3D[{z, style}, ...] uses style to render each
         surface patch.
```

Merkwürdigerweise läßt sich mit `CylindricalPlot3D` kein Zylinder zeichnen. Das grundlegende Gebilde, das bei konstanter Höhe erscheint, ist eine Kreisscheibe.

```
In[33]:= CylindricalPlot3D[1, {r, 0, 1}, {u, 0, 2π}, BoxRatios → {1, 1, 0.6},
         Axes → False, Boxed → False, PlotPoints → {6, 28}];
```

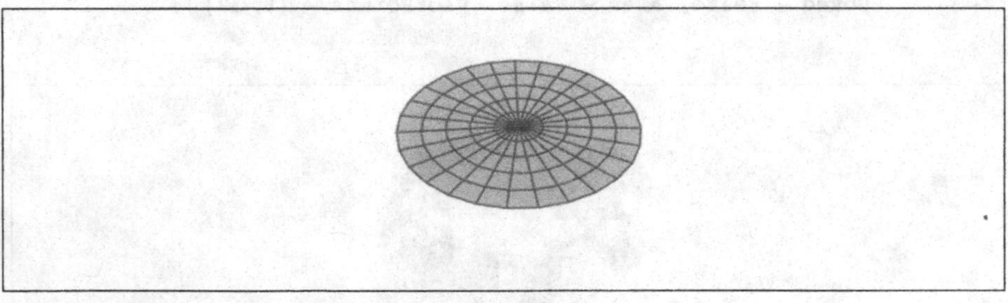

Läßt man die Höhe mit u steigen, so ergibt sich eine Schraubenwindung

```
In[34]:= CylindricalPlot3D[u, {r, 0, 1}, {u, 0, 2π}, BoxRatios → {1, 1, 0.6},
         Axes → False, Boxed → False, PlotPoints → {6, 28}];
```

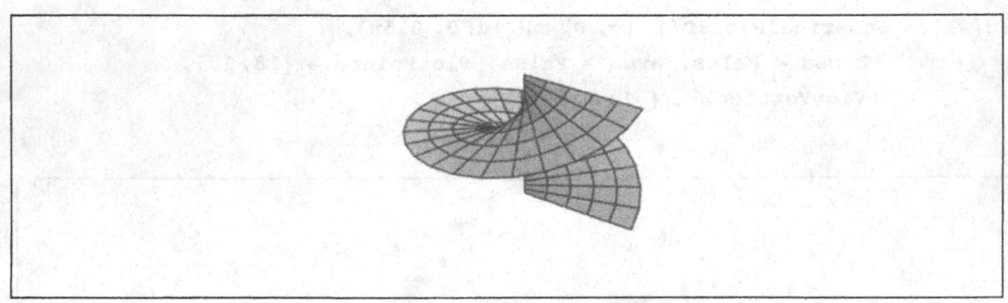

Das Paket `Graphics'ParametricPlot3D'` ermöglicht noch einige weitere nützliche Erleichterungen bei der Gestaltung parametrisch beschriebener Körper. In diesem Zusammenhang sei auf das den *Mathematica*-Paketen gewidmete Handbuch verwiesen.

1.3 Ausgabe von Bildern mit Show

In *Mathematica* werden, wie schon erwähnt, auch die formalen Beschreibungen, die die Geometrie der Objekte mit Hilfe von Datenlisten erfassen, sie aber noch nicht bildlich darstellen, als grafische Objekte bezeichnet. Sie liefern erst eine bildliche Darstellung, wenn man das durch den Befehl Show veranlaßt.

```
In[1]:= ?Show
Out[1]= Show[graphics, options] displays two- and three dimensional
        graphics, using the options specified. Show[g1, g2, ... ] shows
        several plots combined.
```

Die Argumente von Show sind die grafischen Objekte, ergänzt durch die Optionen, mit denen die Darstellungsform der Grafik bestimmt wird. Die einfachste Art des Einsatzes von Show ist der Wiederaufruf einer Grafik.

```
In[2]:= g0 = Plot[Sin[2π * x], {x, 0, π}, Frame → True];
```

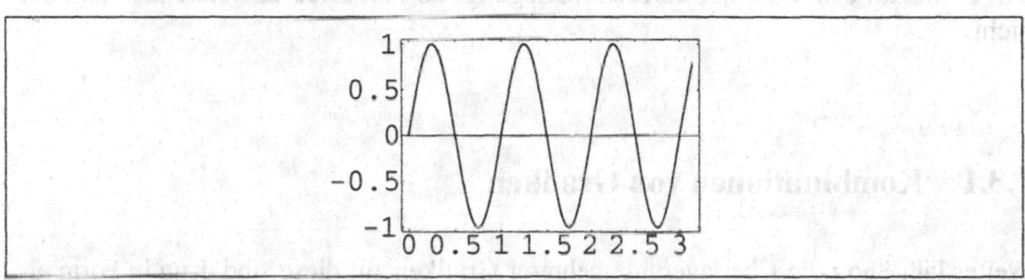

```
In[3]:= Show[g0];
```

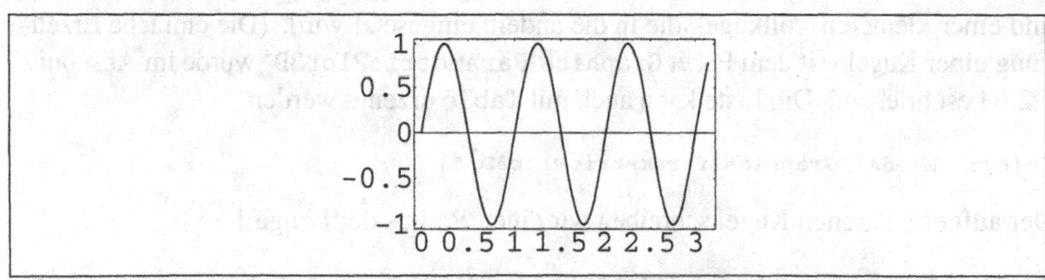

Show bietet auch die Möglichkeit, die durch die Optionen gewählte Darstellungsweise nachträglich zu ändern; dazu genügt ein Wiederaufruf mit geänderten Optionen.

```
In[4]:= Show[g0, Frame → False];
```

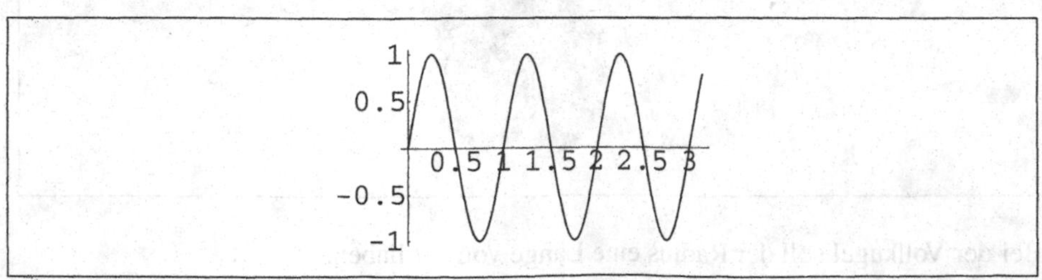

Als Beispiel für einen selbstdefinierten grafischen Befehl kann der Operator `zeige` dienen, den Ralf Schaper in seinem Buch „Grafik mit Mathematica", Addison-Wesley, Bonn, Paris, u.a., 1994, eingeführt hat:

```
In[5]:= zeige[grafikObjekte_, optionen___] :=
        Show[Graphics[grafikObjekte], optionen]
```

Der Grund für diese Maßnahme ist die etwas umständliche Art, in der Grafiken in *Mathematica* aufgerufen werden. Für die Beschreibung grafischer Objekte gehört nämlich eine Definition, aus der hervorgeht, auf welche Art von Grafik sie sich bezieht: Sie muß durch die vorangestellte Spezifikation `Graphics` oder `Graphics3D` deklariert werden. In `zeige` dagegen ist diese Angabe schon einbezogen. Im übrigen soll dieser Befehl – um eine Abweichung von der üblichen Schreibweise zu vermeiden – hier nicht verwendet werden.

Zu beachten ist schließlich noch, daß es grafische Befehle gibt – und man solche, wie im Fall `zeige`, auch selbst definieren kann –, in die der Befehl `Show` schon einbezogen ist. Es bedarf also oft einer kurzen Überlegung, ob nun `Show` zu verwenden ist oder nicht.

1.3.1 Kombinationen von Grafiken

Weiter läßt `Show` die Überlagerung mehrerer Grafiken zu; diese sind dann in Form einer Liste einzugeben. *Mathematica* vereinheitlicht dabei Größen, Wertebereiche usw. automatisch. Wir zeigen das mit Hilfe zweier Kugeln, einer aufgeschnittenen größeren und einer kleineren Vollkugel, die in die andere eingesetzt wird. (Die einfache Erzeugung einer Kugel mit dem Paket `Graphics'ParametricPlot3D'` wurde im Abschnitt 1.2.6 beschrieben.) Die Liste kann auch mit `Table` erzeugt werden.

```
In[6]:= Needs["Graphics`ParametricPlot3D`"]
```

Der aufgeschnittenen Kugel schreiben wir einen Radius der Länge 1 zu.

```
In[7]:= kugross = SphericalPlot3D[1, {v, 0, π}, {u, 0, 1.5π},
                          Boxed → False, Axes → False];
```

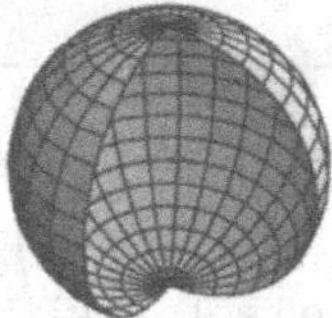

Bei der Vollkugel soll der Radius eine Länge von 0.7 haben.

```
In[8]:= kuklein = SphericalPlot3D[0.7,{v,0,π},{u,0,2π},
                    Boxed → False, Axes → False];
```

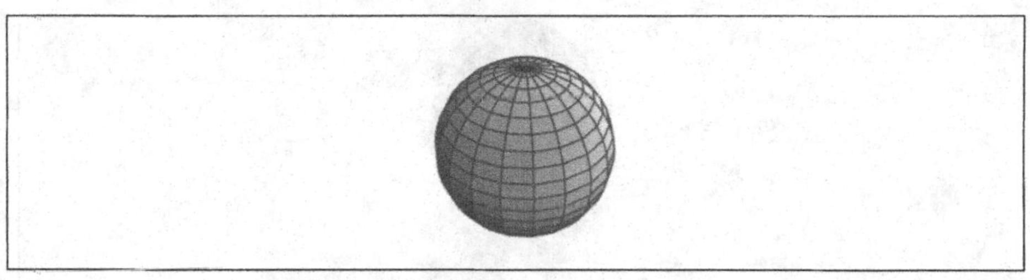

Die kleinere Kugel wird von *Mathematica* ebenso bildfüllend gezeichnet wie die große. Der Unterschied wird erkennbar, wenn man sich mit `Axes → True` die Größen angeben läßt, er wird aber auch bei der Überlagerung sichtbar, für die automatisch ein einheitlicher Maßstab eingeführt wird.

Zunächst ein Beispiel für eine verschachtelte Anordnung:

```
In[9]:= Show[kuklein, kugross];
```

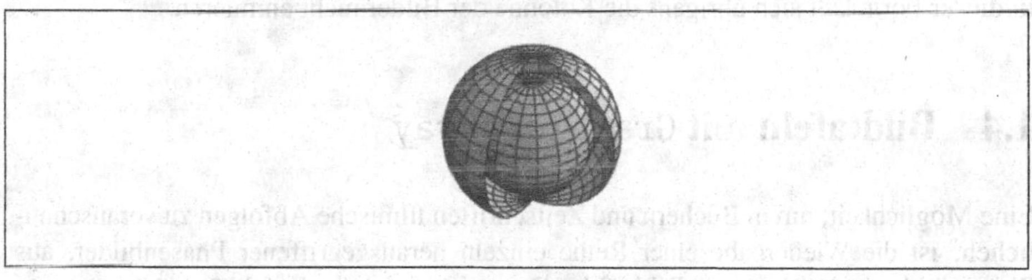

Um eine Anordnung der beiden Grafiken nebeneinander zu erreichen, muß man auf den Befehl `GraphicsArray` zurückgreifen, der im Kapitel 1.4. erläutert wird.

```
In[10]:= doppel = {kuklein, kugross};
         Show[GraphicsArray[doppel]];
```

Will man die beiden Bilder untereinander anordnen, dann ist der Befehl `Partition` einzusetzen, mit dem man die Zahl der Einzelbilder pro Zeile festlegen kann. Auch hier sei auf das Kapitel 1.4. verwiesen. Der gestellten Aufgabe entsprechend schreiben wir ein Bild pro Zeile vor.

```
In[11]:= Show[GraphicsArray[Partition[doppel, 1]]];
```

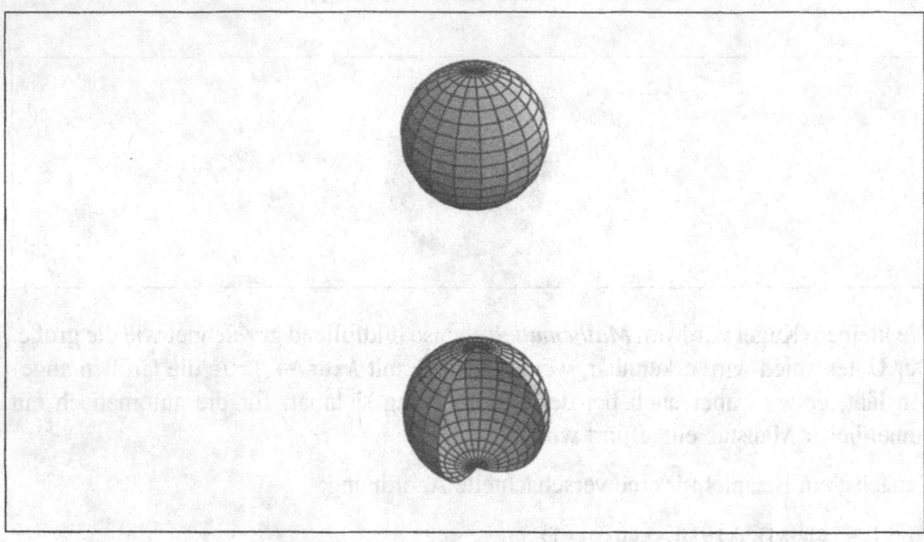

In dieser Form läßt sich übrigens die Kolonne der Bilder nicht animieren.

1.4 Bildtafeln mit GraphicsArray

Eine Möglichkeit, um in Büchern und Zeitschriften filmische Abfolgen zu veranschaulichen, ist die Wiedergabe einer Reihe einzeln herausgegriffener Phasenbilder, aus Platzgründen in der Form von Bildtafeln. Dazu eignet sich der Befehl `GraphicsArray`, mit dem Bilder in Zeilen und Kolonnen angeordnet werden:

```
In[1]:= ?GraphicsArray
Out[1]= GraphicsArray[{g1, g2, ... }] represents a row of
          graphics objects. GraphicsArray[{{g11, g12, ...}, ...}]
          represents a two-dimensional array of graphics objects.
```

(Achtung: Da sich im Array der Speicherbedarf aller enthaltenen Einzelbilder summiert, stößt möglicherweise das Ausdrucken auf Schwierigkeiten.) Als Beispiel für die Array-Darstellung verwenden wir Rosetten, die durch Modulation des Umfangs eines Kreises entstehen. Da `GraphicsArray` als Argument eine Liste verlangt, wird die Bildreihe mit `Table` erzeugt.

```
In[2]:= bildListe =
          Module[{n = -0.5},
            Table[
              ParametricPlot[
                {(n + Sin[m * r]) Cos[r], (n + Sin[m * r]) Sin[r]}, {r, 0, 2π},
                AspectRatio → 1, Axes → False, DisplayFunction → Identity],
              {m, 1, 12}]];
```

```
In[3]:= Show[GraphicsArray[bildListe]];
```

Diese Reihe von Darstellungen reicht über den Rahmen hinaus – es könnte sein, daß sie rechts abgeschnitten ist. Da hier auf die Darstellung der Einzelbilder verzichtet wird, wurde ihre Ausgabe mit der Option `DisplayFunction → Identity` unterdrückt.

Um mehrzeilige Anordnungen zu erreichen, ist eine Unterteilung der Liste nötig. Das erreicht man mit Hilfe von `Partition`.

```
In[4]:= ?Partition
Out[4]= Partition[list, n] partitions list into non-overlapping sublists
        of length n. Partition [list, n, d] generates sublists with
        offset d. Partition[list, {n1, n2, ...}, {d1, d2, ...}]
        partitions successive levels in list into length ni sublists
        with offsets di.
```

```
In[5]:= Show[GraphicsArray[ Partition [bildListe, 4]]];
```

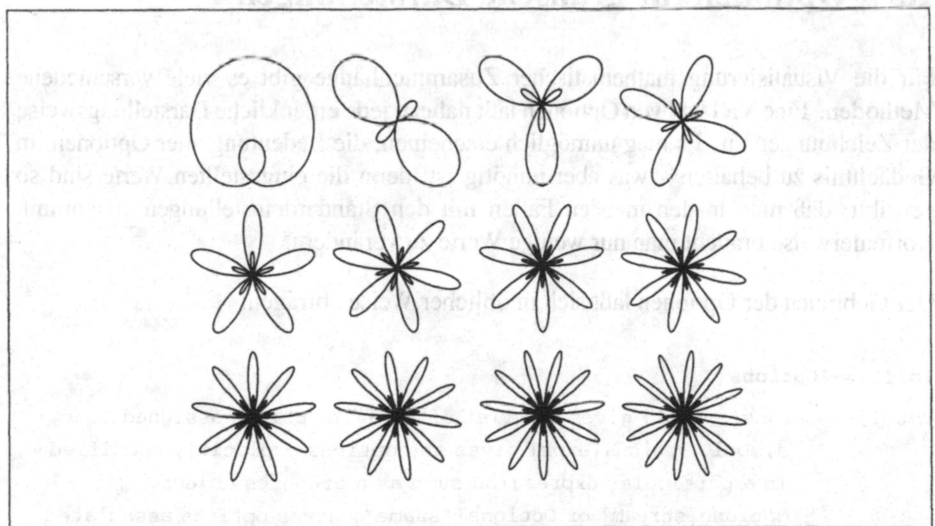

Wünscht man eine Zeilenlänge, die nicht zur vollständigen Auffüllung der rechteckigen Anordnung führt, dann muß man die Bildliste unterteilen.

```
In[6]:= Show[GraphicsArray[
              {Table[bildListe[[i]], {i, 1, 5}],
               Table[bildListe[[i]], {i, 6, 10}],
               Table[bildListe[[i]], {i, 11, 12}]}]];
```

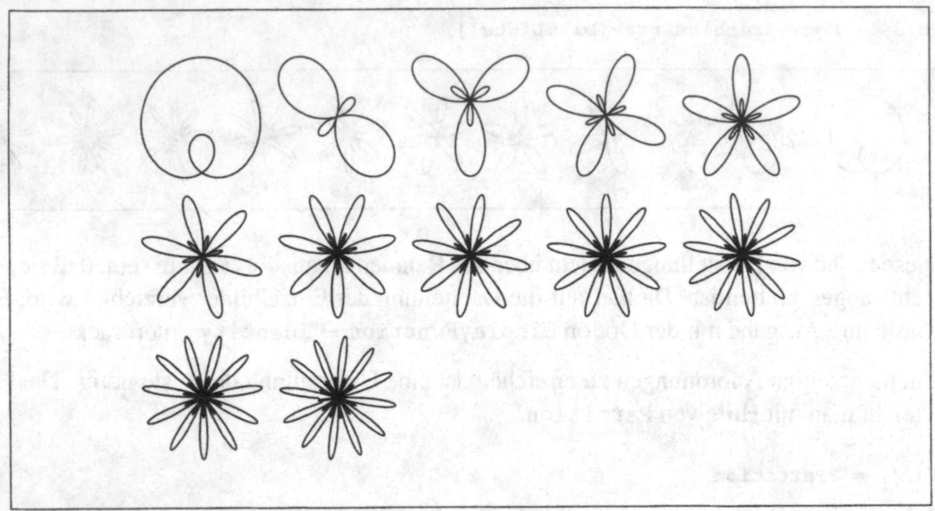

Mit Hilfe der vielen Möglichkeiten, die für die Unterteilung und die Auswahl der Elemente von Listen bestehen, kann man gewünschte Anordnungen oft auf verschiedene Art erreichen.

1.5 Optionen für grafische Darstellungen

Für die Visualisierung mathematischer Zusammenhänge gibt es viele verschiedene Methoden. Eine Vielzahl von Optionen läßt nahezu jede erdenkliche Darstellungsweise der Zeichnungen zu. Es mag unmöglich erscheinen, die Bedeutung aller Optionen im Gedächtnis zu behalten – was aber unnötig ist, denn die eingestellten Werte sind so gewählt, daß man in den meisten Fällen mit den Standardeinstellungen auskommt. Normalerweise braucht man nur wenige Werte zu verändern.

Der Gebrauch der Optionen läßt sich in üblicher Weise abfragen:

```
In[1]:= ?Options

Out[1]= Options[symbol] gives the list of default options assigned to a
        symbol. Options[expr] gives the options explicitly specified
        in a particular expression such as a graphics object.
        Options[stream] or Options["sname"] gives options associated
        with a particular stream. Options[object] gives options
        associated with an external object such as a NotebookObject.
        Options[obj, name] gives the setting for the option name.
        Options[obj, {name1, name2, ... }] gives a list of the settings
        for the options namei.
```

Die zu bestimmten Grafiktypen gehörigen Optionen kann man aufrufen; dazu ein Beispiel:

```
In[2]:= Options[Plot]

Out[2]= {AspectRatio → 1/GoldenRatio, Axes → Automatic,
        AxesLabel → None, AxesOrigin → Automatic, AxesStyle → Automatic,
        Background → Automatic, ColorOutput → Automatic, Compiled → True,
        DefaultColor → Automatic, Epilog → {}, Frame → False,
        FrameLabel → None, FrameStyle → Automatic,
        FrameTicks → Automatic, GridLines → None, ImageSize → Automatic,
        MaxBend → 10., PlotDivision → 30., PlotLabel → None,
        PlotPoints → 25, PlotRange → Automatic, PlotRegion → Automatic,
        PlotStyle → Automatic, Prolog → {}, RotateLabel → True,
        Ticks → Automatic, DefaultFont :→ $DefaultFont,
        DisplayFunction :→ $DisplayFunction, FormatType :→ $FormatType,
        TextStyle :→ $TextStyle}
```

Weiter bekommt man auch Auskunft zu jeder Option:

```
In[3]:= ?Boxed

Out[3]= Boxed is an option for Graphics3D which specifies whether to draw
          the edges of the bounding box in a three-dimensional picture.
```

Und schließlich kann man sich mit der Abfrage AbsoluteOptions, die ab Version 4. den Befehl FullOptions ersetzt, auch Informationen über alle für einen grafischen Ausdruck eingestellten Optionen holen.

```
In[4]:= ?AbsoluteOptions

Out[4]= AbsoluteOptions[expr] gives the absolute settings of options
          specified in an expression such as a graphics object.
          AbsoluteOptions[expr, name] gives the absolute setting for
          the option name. AbsoluteOptions[expr, {name1, name2, ...}]
          gives a list of the absolute settings for the options namei.
          AbsoluteOptions[object] gives the absolute settings for
          options associated with an external object such as a
          NotebookObject.
```

Da die Liste zu lange würde, wird sie im folgenden Beispiel mit Short beschränkt

```
In[5]:= ?Short

Out[5]= Short[expr] prints as a short form of expr, less than about one
          line long. Short[expr, n] prints as a form of expr about
          n lines long.
```

Wir fordern zehn Zeilen, das System gibt allerdings nur sieben aus.

```
In[6]:= beispiel = Plot[Sin[x], {x, 0, 2π}];
        Short[FullOptions[beispiel], 10]
```

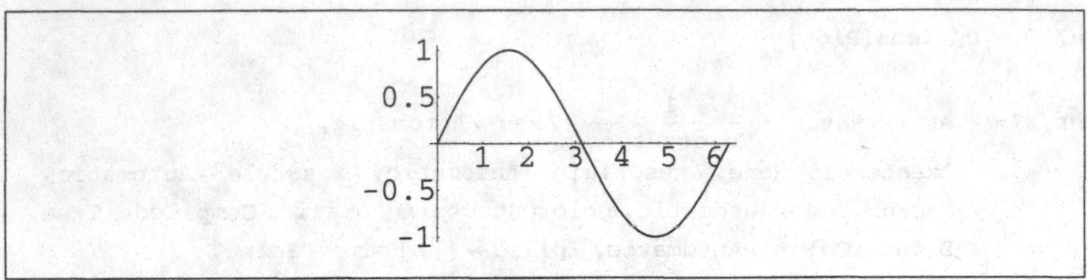


```
Out[6]= {AspectRatio → 0.618034, Axes → {True, True},
        AxesLabel → None, AxesOrigin → {0., 0.},
        AxesStyle → {{GrayLevel[0.], AbsoluteThickness[0.25]},
           {GrayLevel[0.], AbsoluteThickness[0.25]}},
        ≪16≫, DefaultFont → {Courier, 10.},
        DisplayFunction → (Display[$Display, #1]&),
        FormatType → StandardForm, TextStyle → {}}
```

Es gibt eine Reihe von Optionen, bei denen es nur darum geht, ob bestimmte Hilfskonstrukte wie Achsen, Gitterlinien, Beschriftungen und dergleichen gezeigt oder unterdrückt werden sollen. Die Argumente sind dann in der Regel `True` oder `False`.

1.5.1 Optionen für 2D

Darstellung mit Koordinatenachsen

Das Funktionsprogramm wird normalerweise mit beschrifteten Achsen aufgerufen.

```
In[7]:= gra = Plot[Sin[x], {x, 0, 2π}];
```

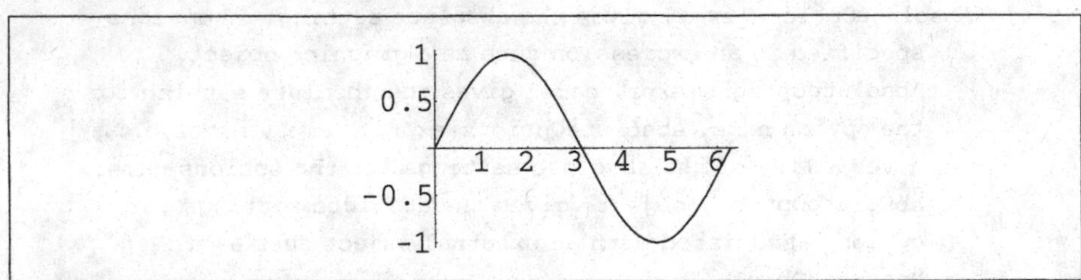

Man kann diese Einstellung natürlich auch unterdrücken.

```
In[8]:= Show[gra, Axes → False];
```

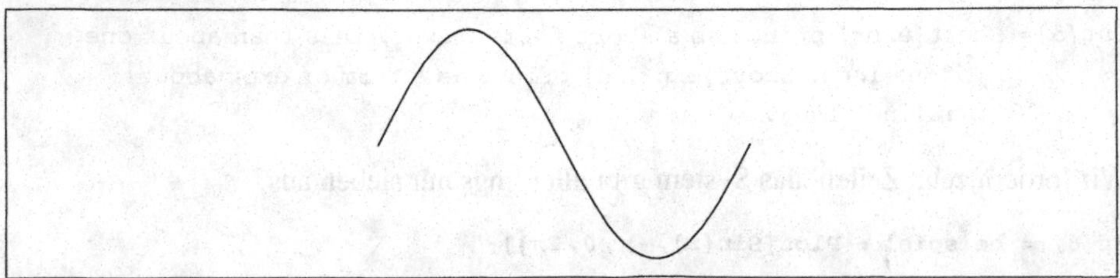

Darstellung mit Rahmen

Zusätzlich zu den Achsen läßt sich ein Rahmen einschreiben.

```
In[9]:= Show[gra, Frame → True];
```

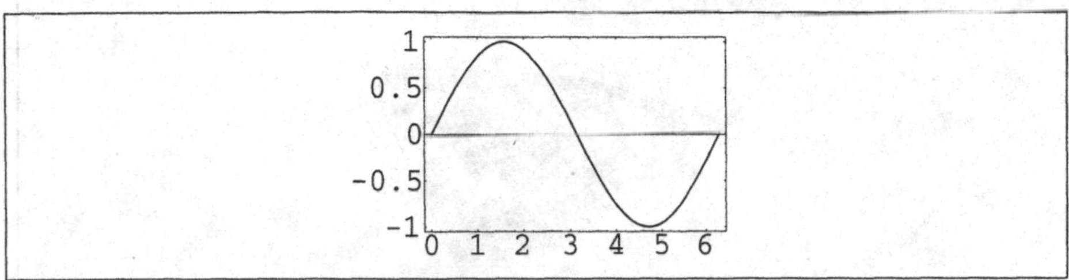

1.5.2 Optionen für 3D

Vorgegebene Sicht

Funktionsdiagramme in perspektivischer Darstellung werden im Standardfall in eine Box eingeschrieben, mit beschrifteten Achsen gezeichnet und mit Gitterlinien ausgestattet.

```
In[10]:= obj = Plot3D[x * y, {x, -1, 1}, {y, -1, 1}];
```

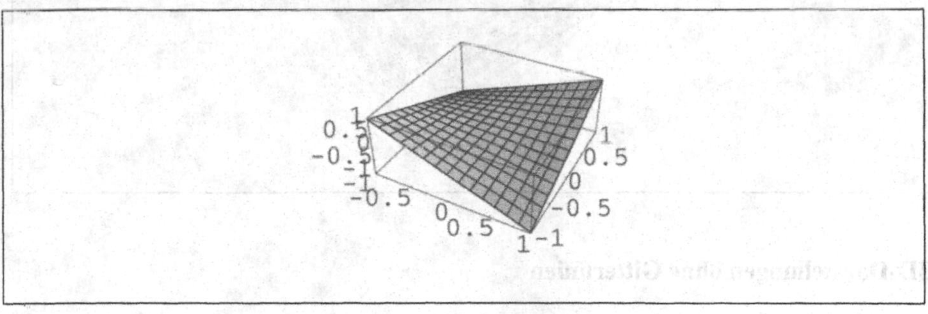

3D-Darstellungen ohne Box

```
In[11]:= Plot3D[x * y, {x, -1, 1}, {y, -1, 1}, Boxed → False];
```

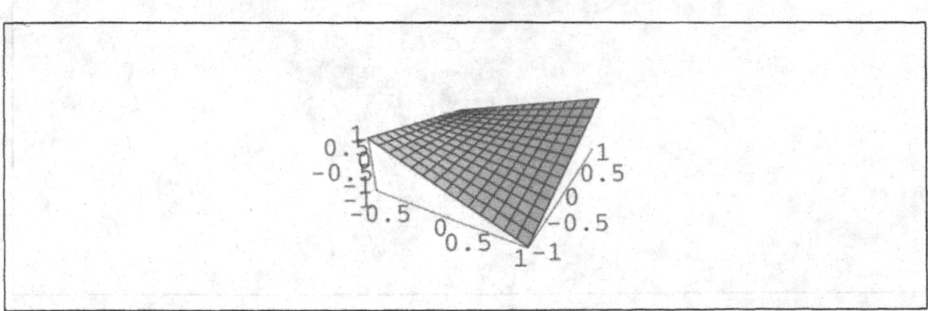

3D-Darstellungen ohne Achsen

```
In[12]:= Plot3D[x * y, {x, -1, 1}, {y, -1, 1} , Axes → False];
```

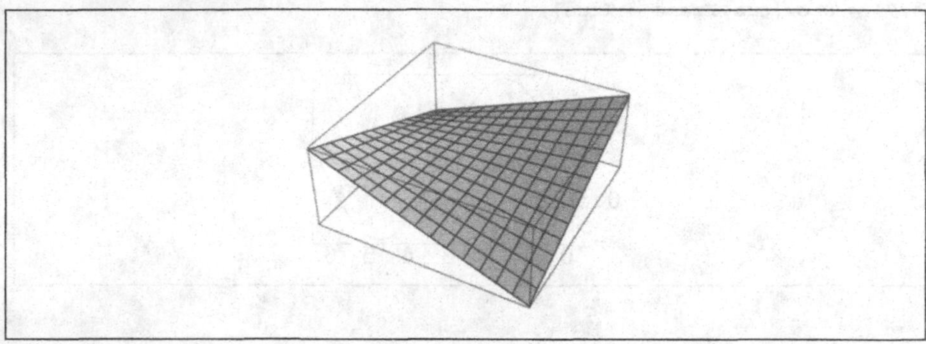

3D-Darstellungen ohne Box und ohne Achsen

```
In[13]:= Plot3D[x * y, {x, -1, 1}, {y, -1, 1}, Boxed → False, Axes → False];
```

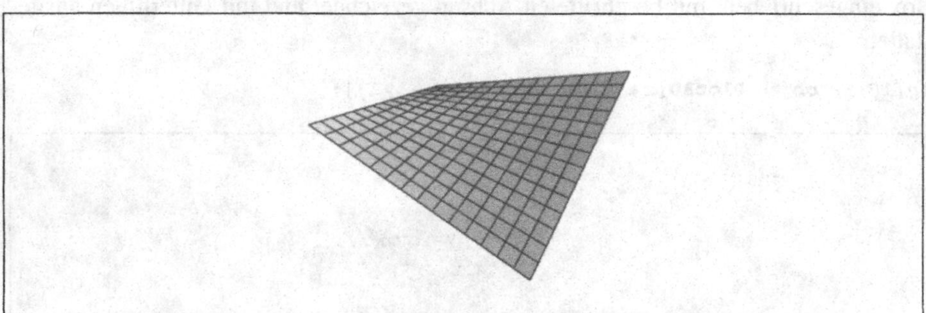

3D-Darstellungen ohne Gitterlinien

```
In[14]:= Plot3D[x * y, {x, -1, 1}, {y, -1, 1},
           Boxed → False, Axes → False, Mesh → False];
```

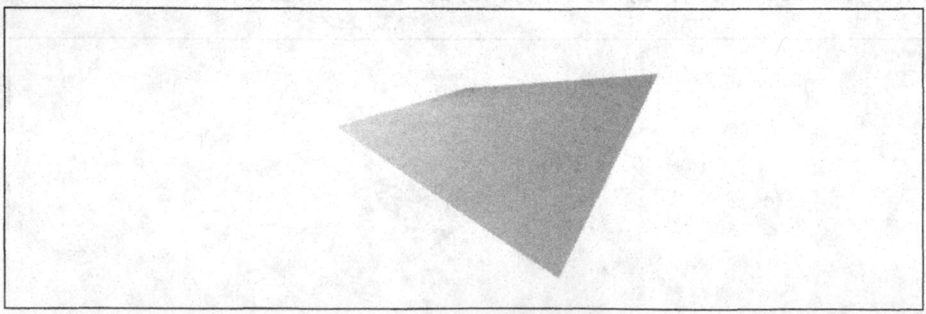

1.5.3 Quantitative Optionswerte

Die meisten Optionen erfordern die Angabe von Zahlenwerten, beispielsweise für den Abbildungsmaßstab, für den Sichtwinkel, für die Farben der Beleuchtung. Die sukzessive Veränderung solcher Werte ergibt Möglichkeiten der Auswertung für filmische Effekte – beispielsweise das Heranzoomen an ein Objekt oder den Wechsel der Beleuchtung. Diesen Effekten ist der dritte Teil der Publikation gewidmet, wobei auch auf die Eigenart der betreffenden Optionen eingegangen wird. Dabei geht es zum Beispiel um `PlotRegion` und `ViewPoint`, aber manchmal ergeben sich durch veränderliche Optionswerte auch bei anderen Optionen bemerkenswerte Effekte. Zur Abrundung der Übersicht folgen nun einige kurzgefaßte Beispiele für zahlenbestimmte Optionen.

`PlotRange`

`PlotRange` dient zur Angabe des Funktionsbereichs, u.zw. sowohl bei 2D- wie auch bei 3D-Objekten. Die verschiedenen Fälle sollen hier nicht beschrieben werden, sie lassen sich leicht durch ?`PlotRange` aufrufen.

```
In[15]:= fla = Plot3D[x * (x^2 + y^2) / (x + y), {x, -4, 4}, {y, -4, 4},
                PlotRange → {-5, 5}];
```

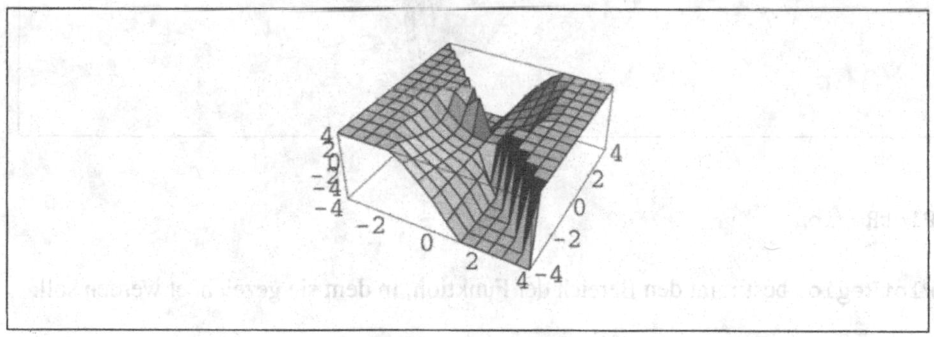

`ClipFill`

Man kann die weggeschnittenen Flächen als normale Objektbegrenzungen behandeln, man kann sie auch offen lassen, so daß der Einblick möglich ist, man kann sie aber auch beliebig einfärben.

Einstellung `Automatic` – die Schnittflächen werden, wie im vorhergehenden Beispiel, wie normale Oberflächen beleuchtet.

Einstellung `None` – die Flächen bleiben offen.

```
In[16]:= Show[fla, ClipFill → None];
```

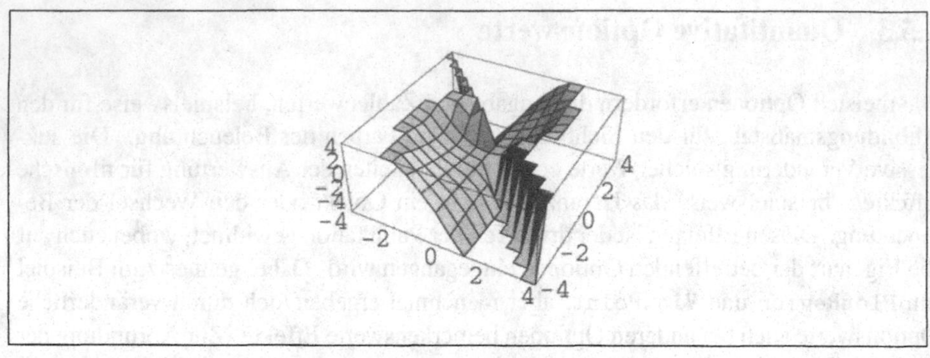

Einstellung mit zwei Farbangaben – die erste für die Einfärbung der unteren, die zweite für jene der oberen Schnittfläche.

```
In[17]:= Show[fla, ClipFill → {RGBColor[0, 0, 1], RGBColor[1, 0.9, 0]}];
```

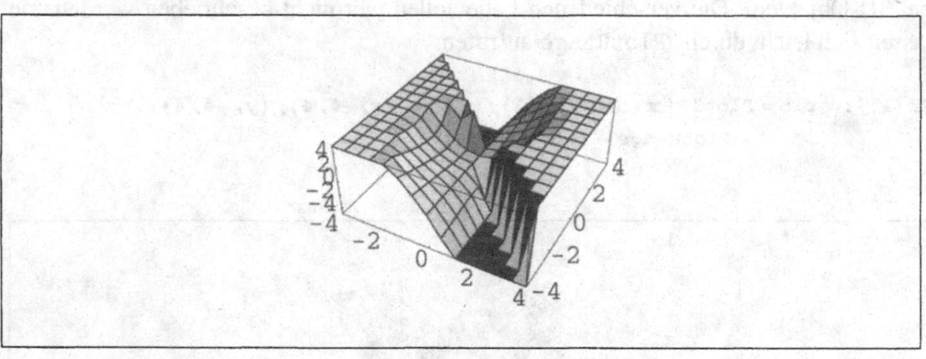

`PlotRegion`

`PlotRegion` bestimmt den Bereich der Funktion, in dem sie gezeichnet werden soll.

```
In[18]:= Show[fla, PlotRegion → {{-1, 1}, {-1, 1}}];
```

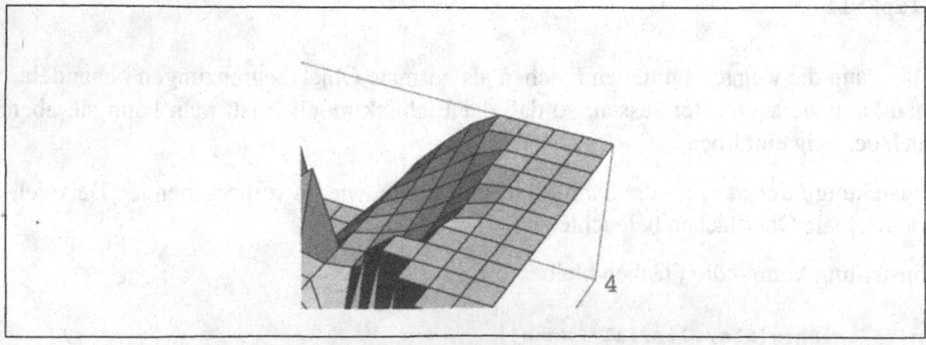

AspectRatio

AspectRatio bestimmt das Verhältnis von Höhe zu Breite des Anzeigefensters.

```
In[19]:= Show[fla, AspectRatio → 1.5];
```

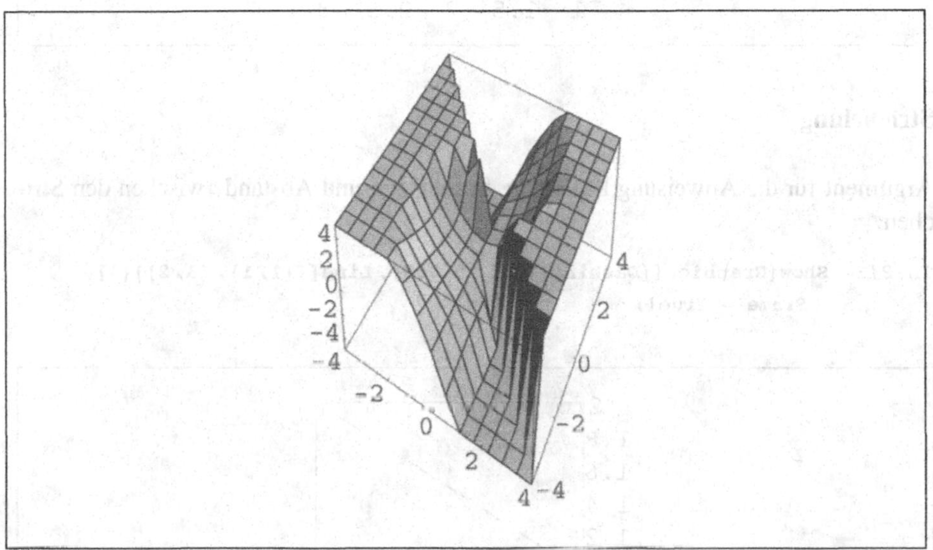

Weitere Optionen

Wie man mit Hilfe von Optionen mit Zahlenangaben Animationen erzeugt, wird, wie schon angekündigt, im dritten Teil des Buchs und der CD beschrieben und demonstriert.

1.6 Anweisungen für grafische Parameter

In der grafischen Programmiersprache von *Mathematica* gibt es noch eine weitere Form von Angaben speziell für die Darstellungsweise, vor allem Strichdicke und Farbe, der Grafikelemente: die Anweisungen oder Direktiven. Sie werden der Angabe für die Art des Grafikelements vorangestellt, so daß dieses – wenn man einmal von den voreingestellten Werten abweichen möchte – in der Mitte zwischen den Direktiven und den Optionen stehen. Beide müssen durch eine geschwungene Klammer zusammengefaßt werden. Die folgende Zusammenstellung zeigt das am Beispiel der Strichdicke.

Argument für die Anweisung Thickness: Strichdicke als Teil der Bildbreite.

```
In[1]:= Show[Graphics[{Thickness[0.03],Line[{{1,1},{3,2}}]}],
          Frame → True];
```

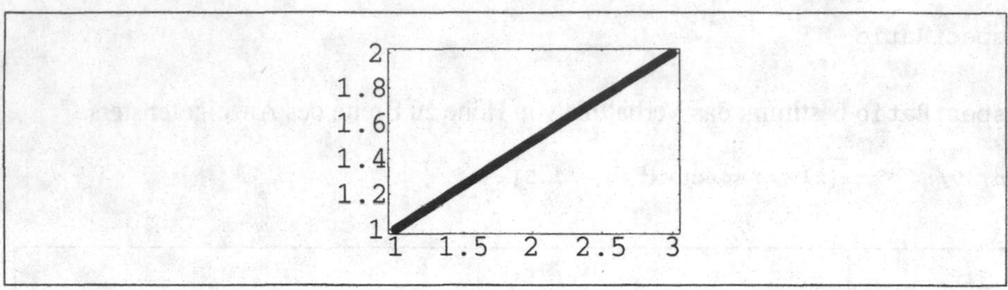

Strichelung

Argument für die Anweisung Dashing: Strichlänge und Abstand zwischen den Strichen.

```
In[2]:= Show[Graphics[{Dashing[{0.1, 0.06}], Line[{{1, 1}, {3, 2}}]}],
        Frame → True];
```

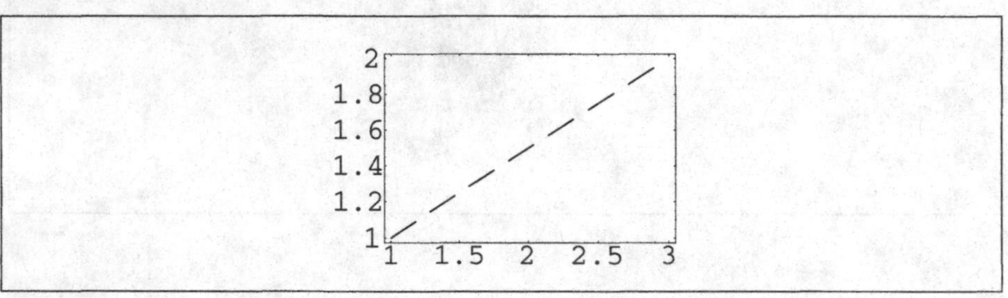

Grauwert

Argument für die Anweisung Thickness: Graustufen zwischen Schwarz (0) und Weiß (1).

```
In[3]:= Show[Graphics[
              {GrayLevel[0.8], Thickness[0.03], Line[{{1, 1}, {3, 2}}]}],
        Frame → True];
```

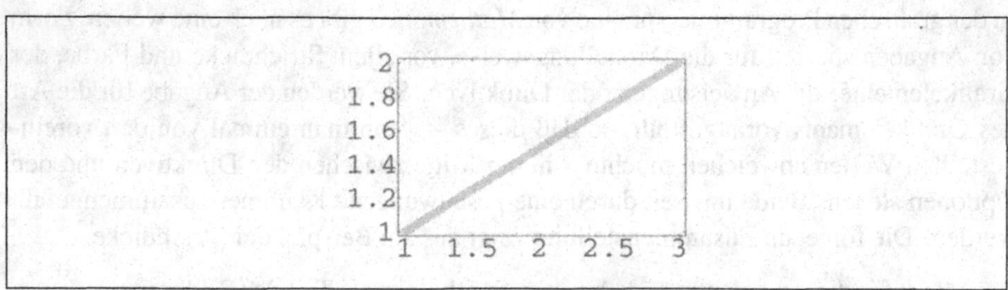

Ebenso erfolgt auch die Zuordnung von Farben für Linien und andere grafische Elemente.

1.7 Programm zum Titelbild *t1*

Mathematica bietet unter anderem den Operator *Modulo* an, der nun für die Gestaltung einer Titelseite zum Einsatz kommen soll. Als Modulo-Wert einer Zahl *m* in Bezug auf eine andere *n* wird der Rest definiert, der nach der Division *m/n* übrig bleibt.

```
In[1]:= ?Mod
Out[1]= Mod[m, n] gives the remainder on division of m by n. Mod[m, n, d]
        uses an offset d.
```

Nimmt man die Modulo-Funktion als Grundlage eines Zählvorgangs, dann geht man bis zur Zahl $n - 1$ vor und beginnt dann wieder von Null an. Diese Art des Zählens ist uns vom Alltag her geläufig – wenn wir beispielsweise die Uhrzeit, üblicherweise *modulo*12 oder *modulo*24, angeben.

```
In[2]:= Mod[23.32, 12]
Out[2]= 11.32
```

Modulo-Funktionen sind nicht nur mathematisch interessant, sondern bieten auch gute Voraussetzungen für freie Gestaltungen. Mit ihrer Hilfe läßt sich eine ansteigende oder abfallende Funktion in Teilbereiche der Höhe *n* zerlegen. Praktisch bedeutet das, daß man auf diese Weise Funktionen mit einer großen Distanz zwischen dem Minimal- und dem Maximalwert als gestufte Objekte gut überschaubar darstellen kann.

```
In[3]:= Plot3D[Mod[x^2 + y^2, 3] // IntegerPart, {x, -3, 3}, {y, -3, 3},
          PlotPoints → 36, Axes → False, Boxed → False];
```

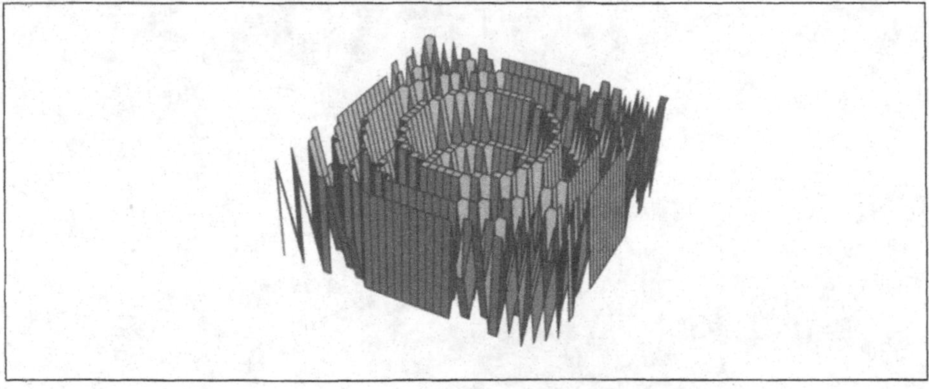

Modulo-Werte werden normalerweise als abgerundete ganze Zahlen angegeben, was durch das Anhängen von `IntegerPart` erreicht wird. Man kann aber natürlich auch mit Dezimalzahlen rechnen, wodurch in der Darstellung die abgeflachten Spitzen verschwinden.

```
In[4]:= Plot3D[Mod[x^2 + y^2, 3], {x, -3, 3}, {y, -3, 3},
          PlotPoints → 36, Axes → False, Boxed → False];
```

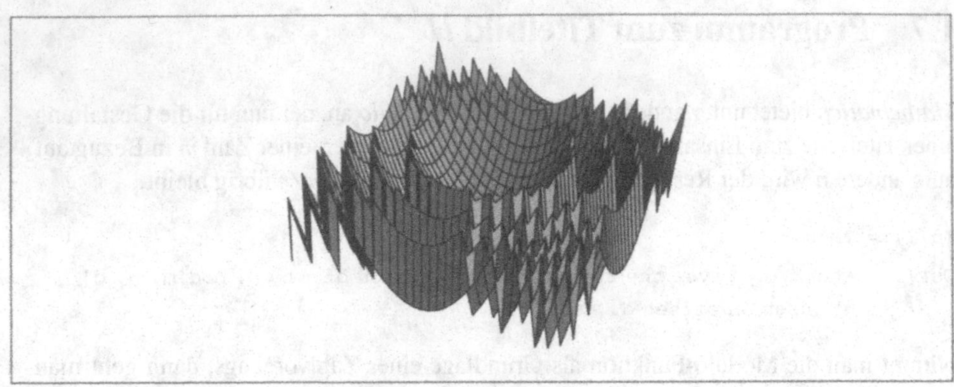

Auf diese Weise ist das Bild für den Innentitel *t1* entstanden.

Animationen mit Mathematica

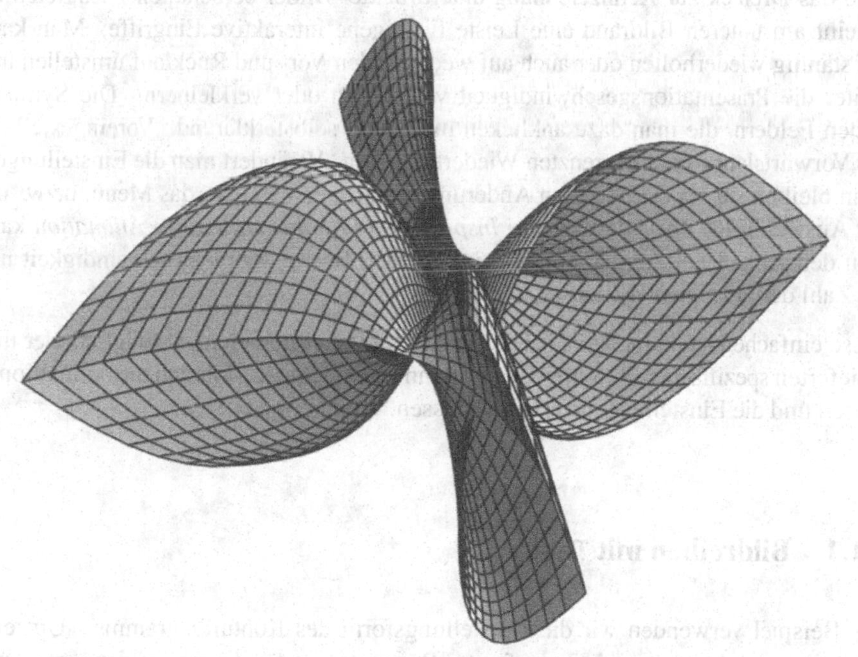

t2

Phasenbild aus einer Animation. Näheres darüber in Kapitel 6.6.

2.1 Animationen mit *Mathematica*

Die grafische Programmiersprache von *Mathematica* erlaubt die Erstellung von Animationen, und zwar auf der Basis von Grafiken, die als Phasenbilder des filmischen Prozesses dienen. Formal gesehen liegen die mit `Table` erzeugten Bildreihen als Listen vor; bei der Ausgabe werden sie untereinander angeordnet. Bei automatischer Einstellung der Zellen bekommt jedes Bild in eine eigene Zelle, und alle zusammen sind unter einer übergeordneten Zelle zusammengefaßt.

Sind die Bilder erst einmal in dieser Weise angeordnet, dann ist der Übergang von der Bildreihe zur Animation leicht. Bei den Notebook-Fassungen genügt ein Doppelklick in eine der Bildzellen zum Start des Ablaufs, und zwar in steter Wiederholung vom ersten bis zum letzten Phasenbild. (Das gelingt auch, wenn die Bilder in einer Gemeinschaftszelle zusammengefaßt sind – Kennzeichen ist ein an die Klammer angehängtes Dreieck. Obwohl in der Druckfassung die Zellklammern wegbleiben, wird das Dreieck zur Kennzeichnung unterdrückter Bilder beibehalten.) Zugleich erscheint am unteren Bildrand eine Leiste für eigene interaktive Eingriffe: Man kann auf ständig wiederholten oder auch auf wechselnden Vor- und Rücklauf umstellen und weiter die Präsentationsgeschwindigkeit vergrößern oder verkleinern. Die Symbole in den Feldern, die man dazu anklicken muß, sind selbsterklärend. Voreingestellt ist der Vorwärtslauf mit unbegrenzten Wiederholungen. Verändert man die Einstellungen, dann bleiben sie bis zur nächsten Änderung erhalten. Auch über das Menü, u.zw. mit der Auswahlfolge *Format → Option Inspector → Graphic Options → Animation* kann man den Ablauf der Animationen beeinflussen, z.B. die Abspielgeschwindigkeit und die Zahl der gezeigten Zyklen.

Diese einfache Handhabung ist bei einigen Computersystemen nicht möglich; der mitgelieferten spezifischen Beschreibung ist dann zu entnehmen, wie sich die Animationen starten und die Einstellungen verändern lassen.

2.1.1 Bildreihen mit `Table`

Als Beispiel verwenden wir die Darstellungsform des Konturdiagramms. Um eine Bildreihe zu erhalten, wird ein laufender Parameter in das Argument der Sinus- und Cosinusfunktion eingeführt. Die Bildliste wird mit `Table` erstellt.

```
In[1]:= taf = Table[ContourPlot[x * Sin[0.05m * x * y] - y * Cos[0.05m * x * y],
                    {x, -30, 30}, {y, -30, 30},
                    ColorFunction → Hue,
                    PlotPoints → 16,
                    Contours → 8,
                    Frame → False],
              {m, 0.8, 1.7, 0.1}];
```

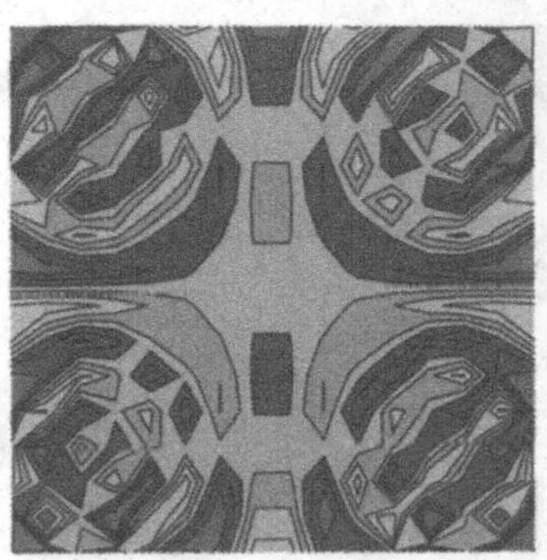

Wir sind hier mit der Frage konfrontiert, wie man den Lesern eines Buchs die Vorstellung eines bewegten Vorgangs vermitteln soll. Das wird im folgenden mit einzelnen, leider nur in Schwarz-Weiß wiedergegebenen Phasenbildern geschehen, wenn nötig auch in einer Matrix-Anordnung, als Array, zusammengefaßt. Doch diese Methode kann nur als Nothehelf angesehen werden, und das ist auch einer der Gründe dafür, daß zu dieser Publikation auch eine CD gehört. Von dieser aus lassen sich die Animationen in Farbe aufrufen. Jenen Lesern, die über *Mathematica* verfügen, steht es dann auch frei, die Abläufe mit größeren Bildern und in höherer zeitlichen Auflösung neu zu erstellen und zu betrachten.

Wir fügen hier auch das Tafelbild an.

```
In[2]:= Show[GraphicsArray[ Partition [taf, 5]]];
```

Im Prinzip läßt sich die Bildreihe auch mit dem Operator Do hervorbringen. Zur Demonstration greifen wir auf die soeben schon verwendete Funktion zurück und erzeugen Bilder aus einem anderen Wertebereich des Parameters.

```
In[3]:= rei = Do[ContourPlot[x * Sin[0.05m * x * y] - y * Cos[0.05m * x * y],
                 {x, -30, 30}, {y, -30, 30},
                 ColorFunction → Hue,
                 PlotPoints → 16,
                 Contours → 8,
                 Frame → False],
            {m, 3.8, 4.7, 0.1}];
```

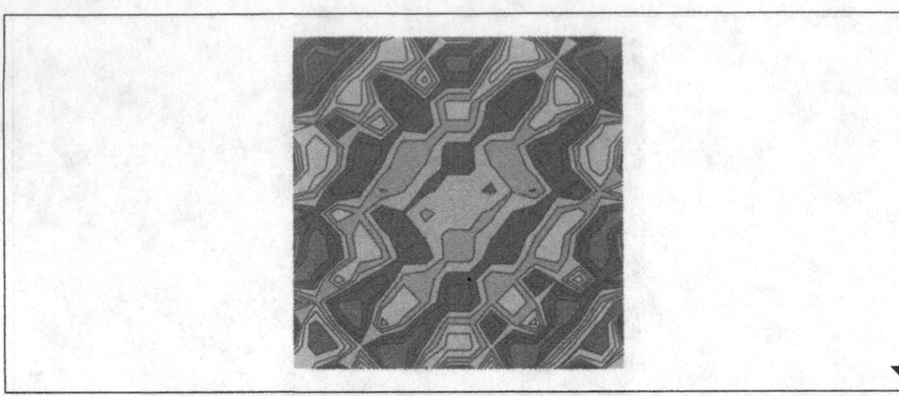

Von der Bildwiedergabe her scheint es keinen Unterschied zwischen Table und Do zu geben, man kann den Film auch in üblicher Weise durch Doppelklick aktivieren, doch ist zu beachten, daß Do die Bilder zwar ausgibt, aber nicht als Liste, was sich bei der Weiterverarbeitung bemerkbar machen kann. So läßt sich eine mit Do erzeugte Bildreihe nicht mit GraphicsArray erfassen – ein Operator, der eine Liste voraussetzt.

```
In[4]:= Show[GraphicsArray[rei]];
```

Auf die Eingabe folgt keine Reaktion.

2.2 Das Paket Graphics‘Animation‘

Eines der Standardpakete von *Mathematica* ist speziell der Animation gewidmet. Allerdings lassen sich viele der gebotenen Möglichkeiten ebensogut mit den Standard-Grafikbefehlen wahrnehmen.

2.2.1 Animate

Im Paket Graphics‘Animation‘ wird der Befehl Animate zur Verfügung gestellt, der es erlaubt, den Einfluß der Veränderung bestimmter Parameter als Animationen zu zeigen.

```
In[1]:= Needs["Graphics`Animation`"]

In[2]:= ?Animate

Out[2]= Animate[command, iterator, options...] uses the iterator to run
          the specified graphics command, and animates the results.
```

Als Beispiel verwenden wir die Überlagerung zweier Wellen, wobei als Parameter die Phasenverschiebung dient.

```
In[3]:= Animate[ Plot[Cos[x ] + Cos[2x - t], {x, 0, 2π}, PlotRange → {-2, 2}],
          {t, -π + 0.2π, π - 0.2π, 0.2π}];
```

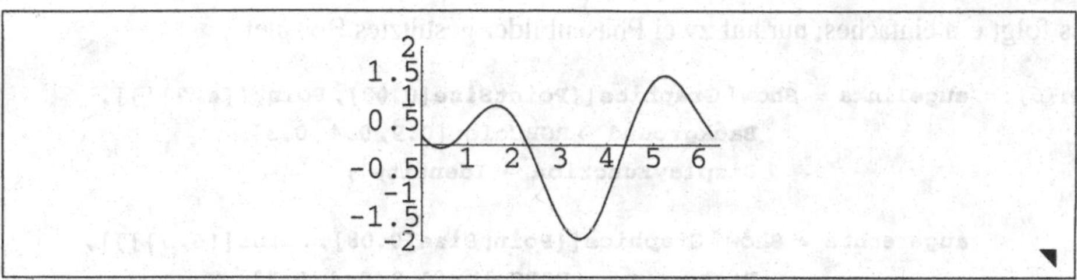

Der Befehl erzeugt eine Reihe von Bildern, die dann durch Doppelklick in Bewegung gesetzt werden; möglicherweise bewirkt er in anderen Betriebssystemen den in der Spezifikation genannten unmittelbaren Ablauf. Die Bilder lassen sich allerdings genausogut mit `Table` erzeugen – man braucht dazu nur `Animate` durch `Table` zu ersetzen. Und dieser Operator ist schon deshalb zu bevorzugen, weil `Animate` keine Bildliste erzeugt – um ein Array zur Übersicht hervorzubringen, ist `Table` sowieso unentbehrlich.

```
In[4]:= bileins = Table[Plot[Cos[x] + Cos[2x - t], {x, 0, 2 π},
                       PlotRange → {-2, 2}, Axes → False, Frame → True,
                       FrameTicks → None, DisplayFunction → Identity],
                  {t, -π + 0.2π, π - 0.2π, 0.2π}];

        Show[GraphicsArray[Partition[bileins, 3]]];
```

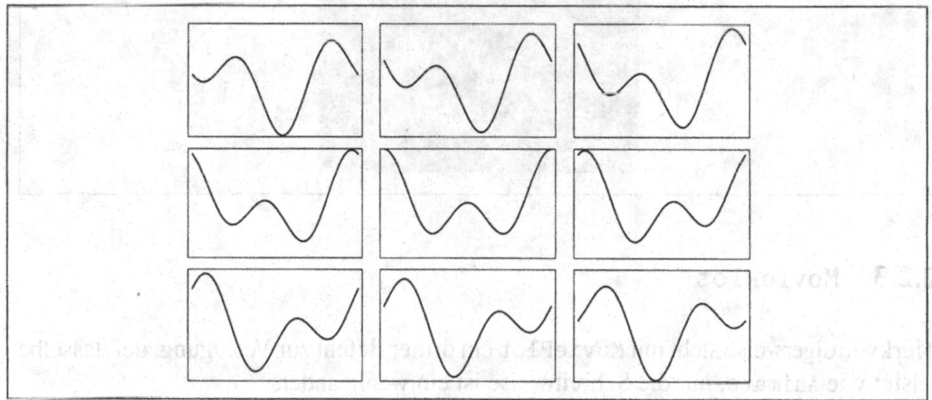

2.2.2 ShowAnimation

Der Befehl `ShowAnimation` erlaubt es, eine Liste von Grafikobjekten in einer zur Animation geeigneten Form wiederzugeben, die dann in üblicher Weise durch doppelten Mausklick zum Laufen gebracht werden. Das steht wieder im Widerspruch zur Spezifikation, nach der die Animation durch den Befehl auch gestartet werden sollte.

```
In[5]:= ?ShowAnimation
Out[5]= ShowAnimation[{g, h, ...}, options...] produces an animation
           from a sequence of graphics objects.
```

Es folgt ein einfaches, nur auf zwei Phasenbilder gestütztes Beispiel.

```
In[6]:= augelinks = Show[ Graphics[{PointSize[0.08], Point[{4, 7}]}],
                    Background → RGBColor[0.9, 0.4, 0.3],
                    DisplayFunction → Identity];

        augerechts = Show[ Graphics[{PointSize[0.08], Point[{6, 7}]}],
                    Background → RGBColor[0.9, 0.4, 0.3],
                    DisplayFunction → Identity];

In[7]:= ShowAnimation[{augelinks, augerechts},
          PlotRange → {{0, 10}, {0, 10}}];
```

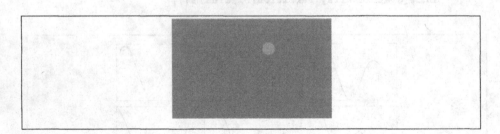

2.2.3 MoviePlot

Merkwürdigerweise steht mit MoviePlot ein dritter Befehl zur Verfügung, der dasselbe leistet wie Animate, nur die Schreibweise ist ein wenig anders.

```
In[8]:= MoviePlot :: usage =
          "MoviePlot[f[x, t], {x, x0, x1}, {t, t0, t1}, options...] will
              animate plots of f[x, t] regarded as a function of x,
              with t serving as the animation (or time) variable t".
```

Auch MoviePlot gibt keine Bildliste aus.

Als Beispiel dient wieder eine Überlagerung zweier Wellen mit zunehmender Phasenverschiebung.

```
In[9]:= MoviePlot[Cos[x] + 0.7 Sin[2x - t],
          {x, 0, 2 π}, {t, -π + 0.2π, π - 0.2π, 0.2π}, PlotRange → {-2, 2}];
```

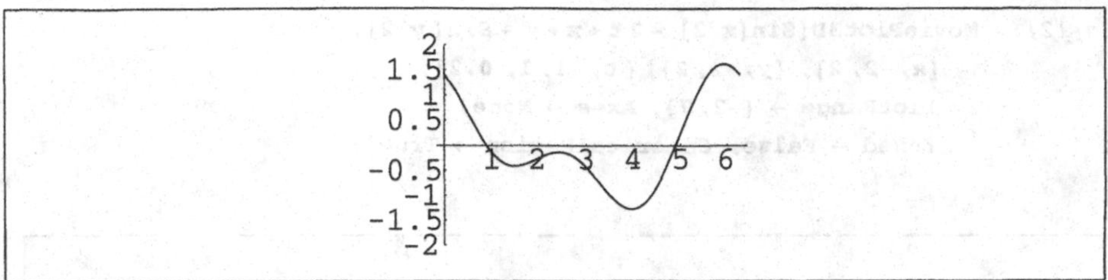

Auch hier kommt das Tafelbild schließlich mit Hilfe von Table zustande.

```
In[10]:= bilzwei = Table[Plot[Cos[x] + 0.7 Sin[2x - t], {x, 0, 2 π},
                  PlotRange → {-2, 2}, Axes → False, Frame → True,
                  FrameTicks → None, DisplayFunction → Identity],
              {t, -π + 0.2π, π - 0.2π, 0.2π}];
         Show[GraphicsArray[Partition[bilzwei, 3]]];
```

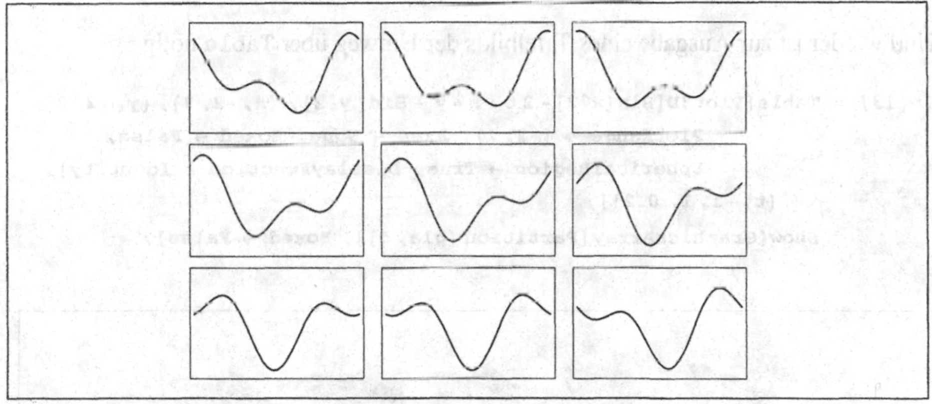

Weitere Befehle, bei denen es um parameterabhängige Veränderungen geht, beziehen sich auf verschiedene andere Darstellungsarten von Grafik.

2.2.4 MoviePlot3D

Da das Paket bereits geladen ist, kann man sich über den Gebrauch der einzelnen darin enthaltenen Befehle in der bekannten Art informieren.

```
In[11]:= ?MoviePlot3D
Out[11]= MoviePlot3D[f[x, y, t], {x, x0, x1}, {y, y0, y1}, {t, t0, t1},
           options...] will animate x, y - plots of the given function by
           varying t.
```

Die Handhabung dieses Befehls für 3D entspricht also jener des zweidimensionalen Falls.

```
In[12]:= MoviePlot3D[Sin[x^2] - 2 t * x * y + Sin[y^2],
           {x, -2, 2}, {y, -2, 2}, { t, -1, 1, 0.2},
           PlotRange → {-2, 7}, Axes → None,
           Boxed → False, SphericalRegion → True];
```

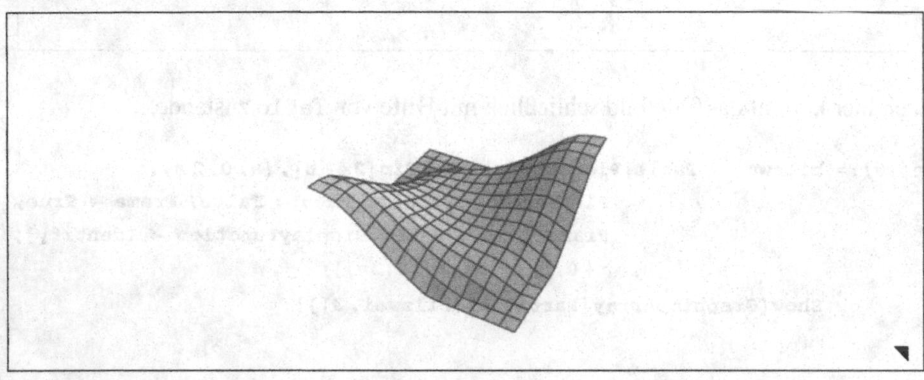

Und wieder ist zur Ausgabe eines Tafelbilds der Umweg über Table nötig.

```
In[13]:= Table[Plot3D[Sin[x^2] - 2 t * x * y + Sin[y^2], {x, -2, 2}, {y, -2, 2},
                PlotRange → {-2, 7}, Axes → None, Boxed → False,
                SphericalRegion → True, DisplayFunction → Identity],
            {t, -1, 1, 0.2}];
         Show[GraphicsArray[Partition [gla, 5]], Boxed → False];
```

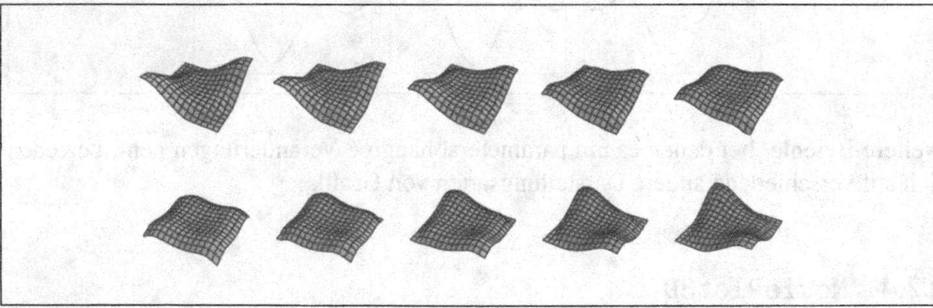

2.2.5 MovieDensityPlot

In diesem und den weiteren Abschnitten folgt eine kurzgefaßte Übersicht über die übrigen vom Animations-Paket gebotenen Darstellungsmöglichkeiten.

```
In[14]:= ?MovieDensityPlot

Out[14]= MovieDensityPlot[f[x, y, t], {x, x0, x1}, {y, y0, y1}, {t, t0, t1},
           options...] will animate x, y-density - plots of the
           given function by varying t.
```

```
In[15]:= MovieDensityPlot[Sin[x^2] - 2 t * x * y + Sin[y^2],
         {x, -2, 2}, {y, -2, 2}, {t, -1, 1, 0.2},
         Mesh → False, Frame → False];
```

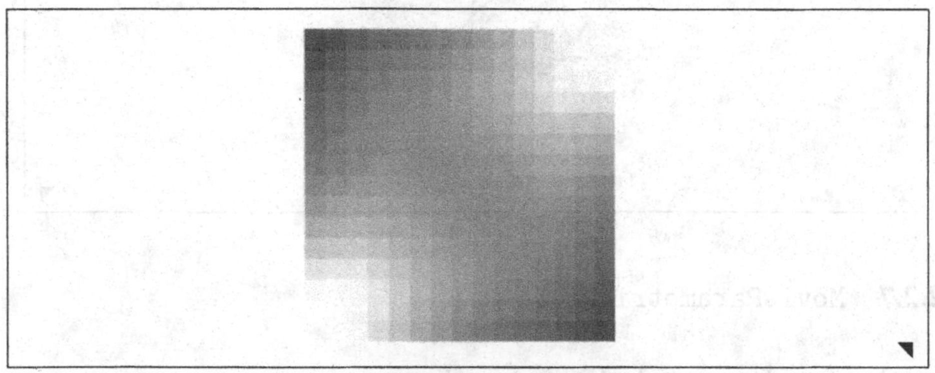

```
In[16]:= MovieDensityPlot[Abs[Sin[x^2] - 2 t * x * y + Sin[y^2]],
         {x, -3, 3}, {y, -3, 3}, {t, -1, 1, 0.075},
         ColorFunction → (Hue[0.5# + 0.3, 1, 1]&),
         MeshStyle → {GrayLevel[0.7]}, PlotPoints → 32, Frame → None];
```

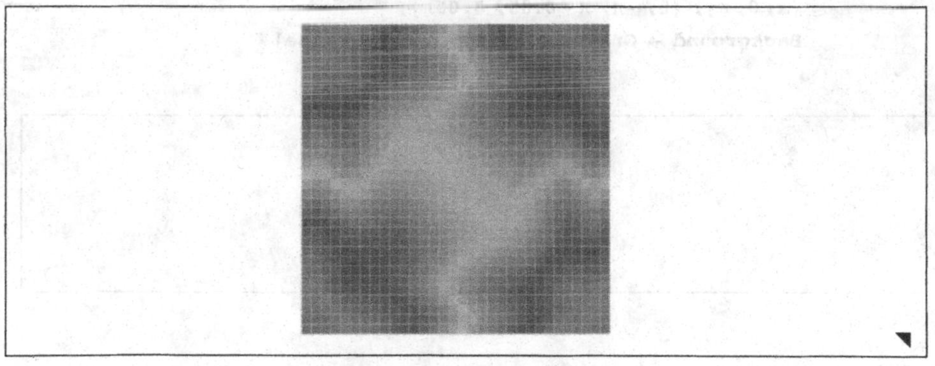

Die hellen Farben der Gitterlinien wirken speziell bei kleinformatig wiedergegebenen Bildern etwas weniger störend als die üblichen schwarzen.

2.2.6 MovieContourPlot

```
In[17]:= ?MovieContourPlot

Out[17]= MovieContourPlot[f[x, y, t], {x, x0, x1}, {y, y0, y1}, {t, t0, t1},
           options...] will animate x, y - contour - plots of the given
           function by varying t.

In[18]:= MovieContourPlot[Sin[x^2] - 2 t * x * y + Sin[y^2],
         {x, -4, 4}, {y, -4, 4}, {t, -0.5, -0.3, 0.01},
         Contours → 60, ContourShading → False, Frame → False]
```

2.2.7 MovieParametricPlot

```
In[19]:= ?MovieParametricPlot
Out[19]= MovieParametricPlot[{f[x,t],g{x,t}}, {x,x0,x1}, {t,t0,t1},
         options...] will animate parametric curve plots of the given
         function by varying t.

In[20]:= MovieParametricPlot[{ Sin[x] * Cos[3x], Sin[2x + t]},
         {x, 0, π}, {t, -π, π - 0.05, 0.05π},
         Background → GrayLevel[0.9], Axes → False]
```

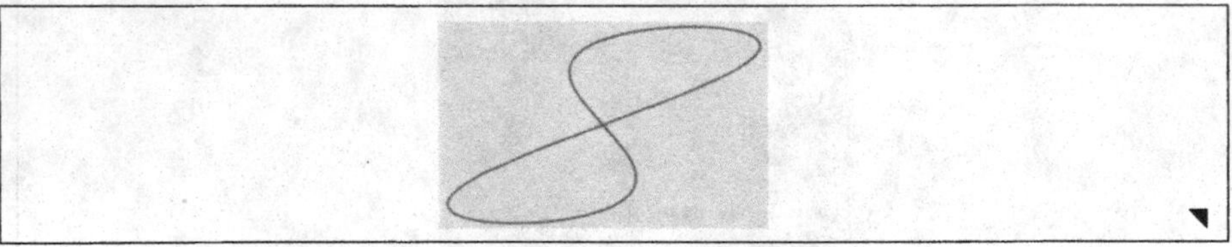

2.2.8 SpinShow

```
In[21]:= ?SpinShow
Out[21]= SpinShow[graphics, opts...] will animate a three - dimensional
         graphics object by rotating it.
```

Wir lassen die zugehörigen Optionen ausgeben.

```
In[22]:= Options[SpinShow]
Out[22]= {Frames → 24, Closed → True, SpinOrigin → {0, 0, 1.5},
         SpinTilt → {0, 0}, SpinDistance → 2, SpinRange → {0, 360 °},
         RotateLights → False}
```

Als Rotationskörper verwenden wir eine Schraubenfläche.

```
In[23]:= spi = ParametricPlot3D[
            {2u * Cos[v] * Cos[u], 2u * Cos[v] * Sin[u], 10 u/3},
            {u, 0, 6π}, {v, -0.5π, 0.5π},
            PlotRange → {{-38, 38}, {-38, 38}, {0, 64}},
            PlotPoints → {60, 10}, Axes → False,
            Boxed → False(*, DisplayFunction → Identity*)];
```

Für die Verwendung in SpinShow muß das mit ParametricPlot3D erzeugte Bild mit DisplayFunction → Identity unterdrückt werden, da es sonst als erstes – und mit anderen Voreinstellungen wiedergegebenes – Bild der Bildliste auftreten würde.

```
In[24]:= SpinShow[spi, Frames → 64]
```

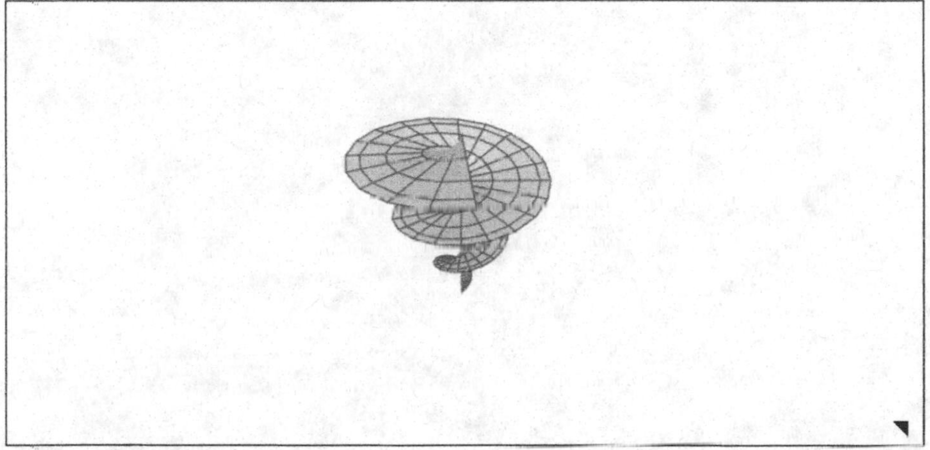

Wir verzichten auf ein Tafelbild – die Ansichten unterscheiden sich wenig von der oben gezeigten.

Die folgenden Optionen erlauben weitere Abwandlungen der Rotation, die sich mit geringem Aufwand – und allgemeiner in der Spezifikation – auch mit den grafischen Standardbefehlen programmieren ließen.

```
In[25]:= ?SpinOrigin
Out[25]= SpinOrigin is an option of SpinShow which is used with
           SpinDistance to determine the ViewPoint of each frame.

In[26]:= ?SpinDistance
Out[26]= SpinDistance is an option of SpinShow which is used with
           SpinOrigin to determine the ViewPoint of each frame.

In[27]:= ?SpinTilt
Out[27]= SpinTilt is an option of SpinShow which specifies Euler angles
           to give a tilt to the rotation.

In[28]:= ?SpinRange
Out[28]= SpinRange is an option of SpinShow which specifies the range
           over which the first Euler angle is varied.
```

```
In[29]:= ?RotateLights
Out[29]= RotateLights is an option of SpinShow which specifies whether
         the light sources should rotate with the object.
```

Diese Optionen sind leicht zu erproben, beispielsweise durch Einsetzen in das Programm für die Parameter3D-Darstellung. Wir verzichten hier auf die Wiedergabe der Phasenbildreihen.

3. Sichtwechsel mit Optionen

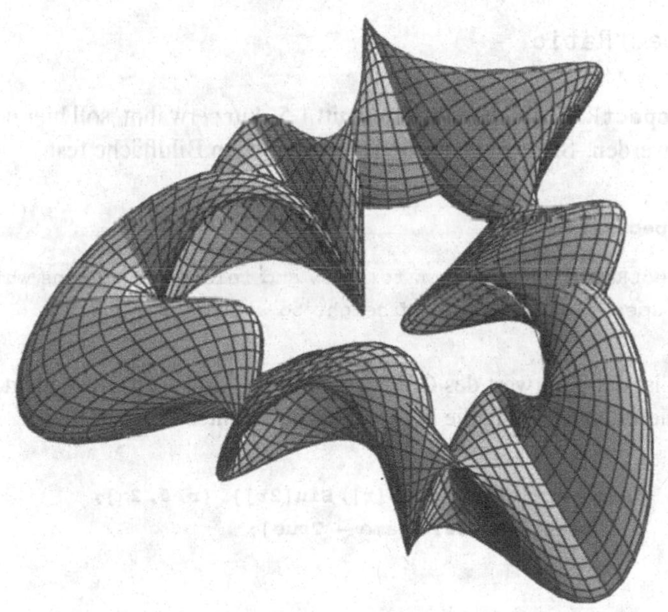

t3

Vom Torus abgeleitete Raumfläche. Erläuterungen in Kapitel 3.7.

3.1 Sichtwechsel mit Optionen

Viele Optionen der grafischen Programmiersprache von *Mathematica* betreffen Darstellungsarten und Sichtweisen der zeichnerisch wiedergegebenen Objekte. Diese Optionen sind es, die auch aus dem Aspekt der Animation interessant sind, denn sie haben Entsprechungen im Film. Was dort mit Hilfe von Kamerafahrten, Beleuchtung usw. erreicht wird, läßt sich grafisch mit Hilfe bestimmter Optionen simulieren; so kann man den fiktiven Standpunkt des Betrachters beliebig festsetzen oder die Positionen und Farben der fiktiven Beleuchtungkörper verändern. Dabei ist der Darstellungsbereich als ein virtueller, aus Daten errichteter Raum zu betrachten, in dem man ähnliche Aufgaben hat wie der Kameramann oder der Beleuchter in einem Filmstudio. Im folgenden werden einige der für Animationen grundlegend wichtigen Optionen vorgeführt.

3.1.1 `AspectRatio`

Die Option `AspectRatio`, schon im Abschnitt 1.5. kurz erwähnt, soll hier noch einmal aufgegriffen werden. Sie legt die Form der rechteckigen Bildfläche fest.

```
In[1]:= ?AspectRatio

Out[1]= AspectRatio is an option for Show and related functions which
          specifies the ratio of height to width for a plot.
```

Als Standard ist der Kehrwert des Goldenen Schnitts, $2/(1+\sqrt{5})$, festgelegt, was nach einer altüberlieferten Meinung die ausgewogenste Rechteckform ergibt.

```
In[2]:= kre = ParametricPlot[ {Cos[r], Sin[2r]}, {r, 0, 2π},
              Axes → False, Frame → True];
```

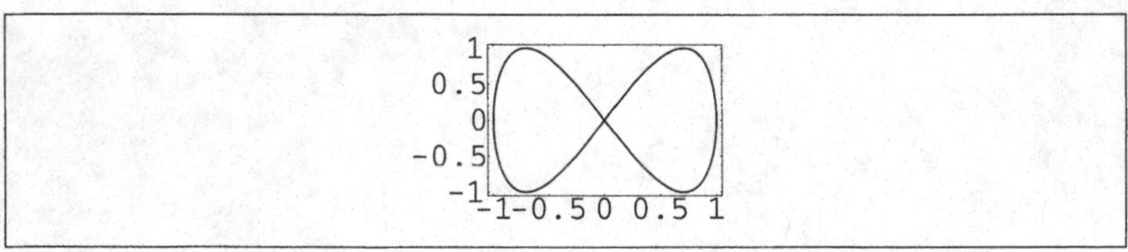

Zu erkennen ist, daß durch `AspectRatio` das Verhältnis der Maßstäbe für die Koordinaten notwendigerweise verändert wird. Gleiche Maßstäbe lassen sich durch das Argument `Automatic` erreichen.

```
In[3]:= Show[kre, AspectRatio → Automatic];
```

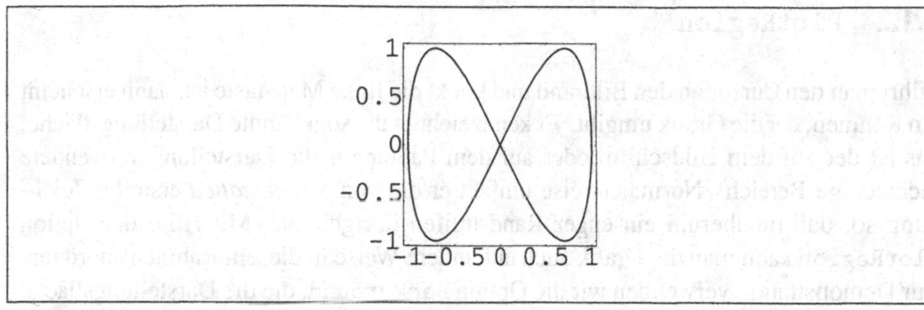

Zur Demonstration erstellen wir eine Animation, bei der sich das Argument von AspectRatio kontinuierlich ändert.

```
In[4]:= Table[Show[kre, AspectRatio → n], {n, 0.5, 2, 0.1}];
```

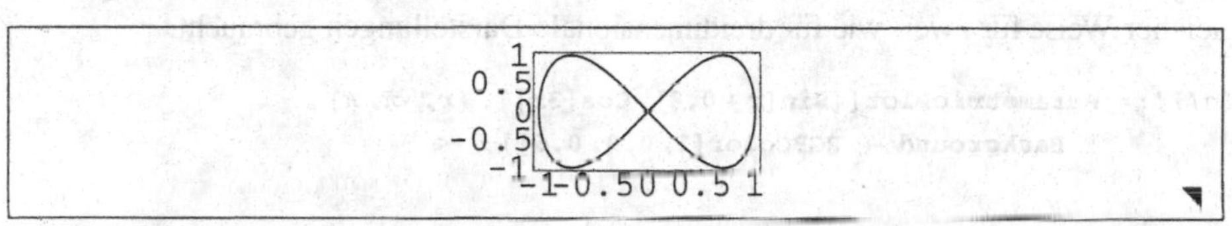

Mit ihrer wechselnden Form und Größe sind die Bilder nicht für Animationen geeignet; es bedarf zusätzlicher Maßnahmen, um Verzerrungseffekte filmisch befriedigend darzustellen. Darauf werden wir noch zurückkommen.

Wir versuchen, das Ergebnis mit einer Bildtafel darzustellen.

```
In[5]:= kretaf = Table[Show[kre, AspectRatio → n, Axes → False
                         Frame → None, DisplayFunction → Identity],
                    {n, 0.5, 2, 0.1}];
In[6]:= Show[GraphicsArray[Partition[kretaf, 4]]];
```

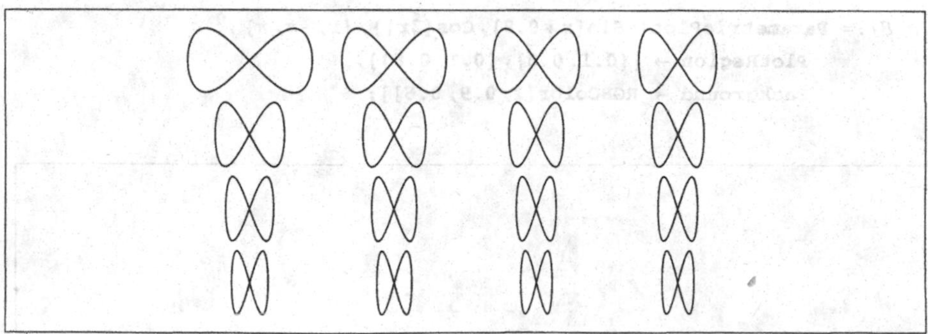

Offenbar gibt die Matrix-Anordnung in diesem Fall die oben erzeugte Reihe von Phasenbildern nicht mit den vorgeschiebenen Größen wieder. Während sich in der für die Animation vorbereiteten Reihe die Bildgrößen ändern, werden sie im Array in Rechtecke einheitlicher Größe eingeschrieben.

3.1.2 PlotRegion

Führt man den Cursor an den Bildrand und klickt die linke Maustaste an, dann erscheint ein Rahmen, der die Grafik umgibt. Er kennzeichnet die sogenannte Darstellungsfläche; das ist der auf dem Bildschirm oder auf dem Papier für die Darstellung verwendete rechteckige Bereich. Normalerweise umfaßt er die von *Mathematica* erstellte Zeichnung so, daß rundherum ein enger Randstreifen übrigbleibt. Mit Hilfe der Option `PlotRegion` kann man die Grafik auch auf andere Weise in diesem Rahmen anordnen. Zur Demonstration verwenden wir die Option `Background`, die die Darstellungsfläche mit einer Farbe unterlegt.

Die Standardeinstellung von `PlotRegion` entspricht dem Argument {{0, 1}, {0, 1}}, in Worten: Die *x*-Koordinate erstreckt sich wie auch die *y*-Koordinate von 0 bis 1. Diese Werte beziehen sich auf die sogenannten skalierten Koordinaten der Bildebene, die mit jenen der programmierten Grafik nichts zu tun haben. Sie werden im übrigen in gleicher Weise für zwei- wie für dreidimensionale Darstellungen gebraucht.

```
In[7]:= ParametricPlot[{Sin[r + 0.8], Cos[3r]}, {r, -π, π},
          Background → RGBColor[1, 0.9, 0.6]];
```

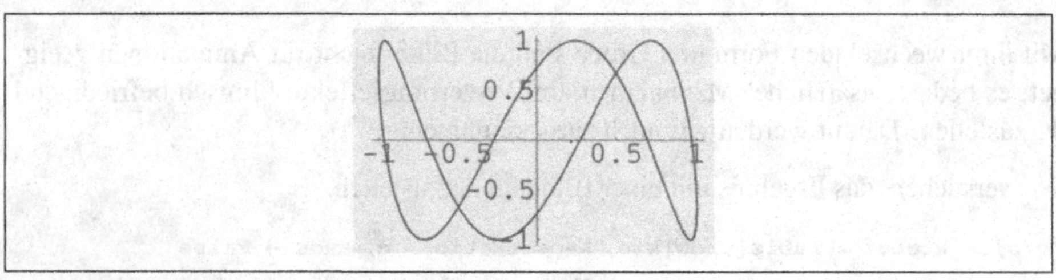

Verkleinert man die Grenzwerte, dann rückt die Grafik in den dadurch beschriebenen reduzierten Bereich und füllt die Darstellungsfläche nicht mehr in der gewohnten Weise nahezu vollständig aus.

```
In[8]:= ParametricPlot[{Sin[r + 0.8], Cos[3r]}, {r, -π, π},
          PlotRegion → {{0.1, 0.8}, {0.1, 0.8}},
          Background → RGBColor[1, 0.9, 0.6]];
```

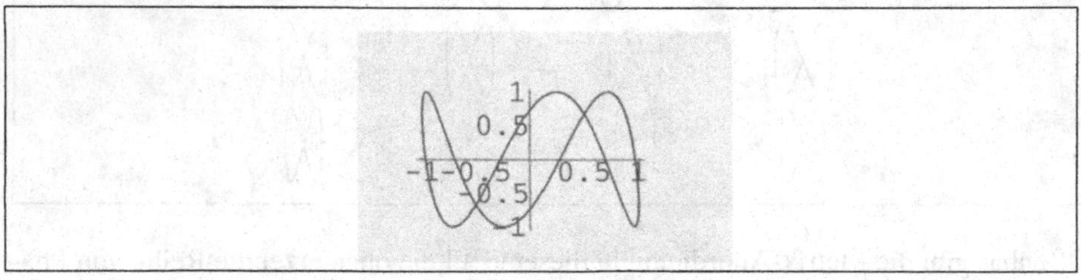

Bleibt man unter den Grenzwerten 0 oder 1 des Koordinatenbereichs, dann wird ein Teil der Darstellung abgeschnitten.

```
In[9]:= ParametricPlot[{Sin[r + 0.8], Cos[3r]}, {r, -π, π},
        PlotRegion → {{-0.1, 0.8}, {-0.1, 0.8}},
        Background → RGBColor[1, 0.9, 0.6]];
```

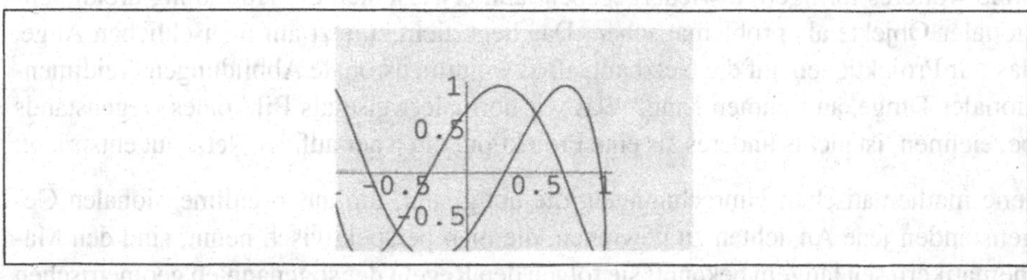

Wie man sieht, beeinflußt `PlotRegion` auch den Wiedergabemaßstab. In Animationen kann man die Option verwenden, um eine Grafik in der Darstellungsfläche zu bewegen – sie beispielsweise aus einem Randbereich in die Mitte der Darstellungsfläche wandern zu lassen.

```
In[10]:= kra = Table[Graphics[ParametricPlot[{Sin[r + 0.8], Cos[3r]},
                             {r, -π, π},
                             PlotRegion → {{0.5n, 0.7}, {0.5n, 0.8}},
                             Background → RGBColor[1, 0.9, 0.6],
                             Axes → False, Frame → False]],
         {n, -0.6, 0.4, 0.2}];
```

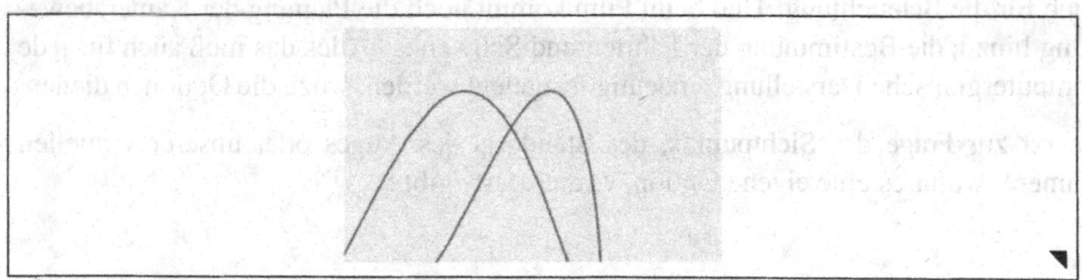

```
In[11]:= Show[GraphicsArray[Partition[kra, 3]]];
```

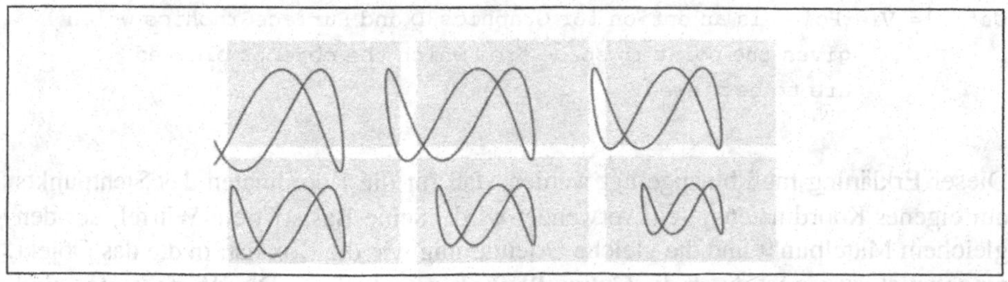

Die durch `PlotRegion` vorgeschriebene Bildbegrenzung wird auf das ganze Tafelbild angewandt, und nicht auf die einzelnen Grafiken – diese werden nicht abgeschnitten, wenn sie noch innerhalb des Darstellungsbereichs der Gesamtdarstellung liegen, sondern erstrecken sich über die Ränder der Einzelbilder hinaus.

3.2 `ViewPoint` – die simulierte Kamera

Im Gegensatz zur zweidimensionalen Abbildung, bei der sich das (flächenhafte) Objekt ohne weiteres formgetreu wiedergegeben läßt, erweist sich die Abbildung dreidimensionaler Objekte als problematischer. Das liegt nicht zuletzt am menschlichen Auge, das nur Projektionen auf die Netzhaut, also zweidimensionale Abbildungen dreidimensionaler Dinge, aufnehmen kann. Was wir normalerweise als Bild eines Gegenstands bezeichnen, ist nichts anderes als eine Projektion, die jener auf der Netzhaut entspricht.

Jene mathematischen Umrechnungen, die nötig sind, um aus dreidimensionalen Gegenständen jene Ansichten zu gewinnen, die man perspektivisch nennt, sind den Mathematikern seit langem bekannt; sie folgen den Regeln der sogenannten geometrischen Optik. Mit Hilfe von Computern lassen sie sich routinemäßig bewältigen, und genau das vollbringt das System *Mathematica,* wenn es 3D-Grafiken erzeugt. Dazu braucht es eine Berechnungsvorschrift und die dafür nötigen Angaben für die räumliche Form des Objekts. Da dem menschlichen Gesichtsinn die meisten Objekte undurchsichtig erscheinen, begnügt man sich mit der Oberflächenform. Genähert wird die Oberfläche – wie in der Computergrafik allgemein üblich – als Netz von Polygonen dargestellt, die in den `Graphics3D`-Darstellungen von *Mathematica* oft gut zu erkennen sind.

Für die perspektivische Darstellung ein und desselben Gegenstands gibt es viele verschiedene, die Sichtweise betreffende Möglichkeiten, die weitgehend jenen Entscheidungen entsprechen, die auch der Fotograf zu treffen hat, wenn er eine Aufnahme macht. Dazu gehören solche für Richtung und Entfernung, im Studio darüber hinaus auch für die Beleuchtung. Und beim Film kommt noch die Planung der Kamerabewegung hinzu, die Bestimmung der Fahrten und Schwenks. Alles das muß auch für jede computergrafische Darstellung eindeutig festgelegt werden, wozu die Optionen dienen.

Zuerst zur Frage des Sichtpunkts, des Standorts des Auges oder unserer virtuellen Kamera, wofür es eine eigene Option, `ViewPoint`, gibt :

```
In[1]:= ?ViewPoint

Out[1]= ViewPoint is an option for Graphics3D and SurfaceGraphics which
          gives the point in space from which the objects plotted
          are to be viewed.
```

Dieser Erklärung muß hinzugefügt werden, daß für die Koordinaten des Sichtpunkts ein eigenes Koordinatensystem verwendet wird. Seine Basis ist ein Würfel, der den gleichem Mittelpunkt und die gleiche Orientierung wie die Box hat, in die das Objekt eingebettet ist; sie ist durch die Option `BoxRatio` festgelegt. Die Würfelkanten sind doppelt so lang wie die längste Seite der Box. Im speziellen, nur für die Festlegung des Sichtpunkts verwendeten Koordinatensystem bekommen sie die Länge 2. Es gilt die Vorschrift, daß der Sichtpunkt stets außerhalb des Würfels liegen muß – das hat die Konsequenz, daß zumindest eine seiner Koordinaten größer als 1 ist. Doch spricht nichts dagegen, den Sichtpunkt beliebig weit vom abgebildeten Objekt entfernt zu positionieren. Beim Übergang zu großen Entfernungen – theoretisch bei unendlich – ergibt sich der Spezialfall der Parallelperspektive, der die Besonderheit aufweist, daß parallele Gerade auch parallel wiedergegeben werden. Die bekannten „stürzenden" Linien treten erst bei Annäherung an das Objekt in Erscheinung – man spricht hier von Zentralperspektive. Die geometrischen Verhältnisse sind dann etwas komplizierter, doch vermittelt die Zentralperspektive den realistischeren Eindruck.

3.2.1 Der *3D ViewPoint Selector*

Bei der Festlegung der Winkelveränderungen und ihres Spielraums ist der im Menü *Input* gebotene *3D ViewPoint Selector* eine gute Hilfe. Man kann ihn wahlweise auf kartesische oder auf Kugelkoordinaten einstellen. Als äußerst praktisch erweist sich der beispielhaft gezeigte Würfel, der es leicht macht, die Kameraeinstellung seinen Wünschen entsprechend festzulegen. Durch die Möglichkeit der raschen Übernahme der Koordinatenliste mit `Paste` kann man ohne nennenswerten Zeitverlust verschiedene Varianten durchprobieren. Die Beeinflussung des Würfels geschieht interaktiv, so daß durch Ziehen der Marken auch Kamerafahrten simuliert werden können. Je nachdem ob cartesische oder Kugelkoordinaten eingestellt sind, ergeben sich dabei verschiedene Arten von Kamerabewegungen; besonders einfach sind sie bei Kugelkoordinaten: Variabler Radius führt zu Fahrten in der Sehachse, also auf den Mittelpunkt des Objekts zu oder von diesem weg, variable Winkel bewirken Umkreisungen. Richtet man im Programm den Wert der entsprechenden Koordinate als Parameter ein, den man mit Hilfe von `Table` verändert, dann sind diese Fahrten direkt im Programm umsetzbar.

Recht aufschlußreich ist es, ein wenig mit dem *3D ViewPoint Selector* zu experimentieren. Im Gegensatz zur Vorschrift für die Option `ViewPoint` führt er auch „verbotene" Fahrten durch, also etwa solche durch den Mittelpunkt des Objekts, und es ist dann zu beobachten, wie die Kantenlinien bei Kamerapositionen nahe des Mittelpunkts plötzlich umschlagen. Im übrigen kann man in die Programmzeile für die `ViewPoint`-Option auch Koordinatenwerte eintragen, die nicht im *3D ViewPoint Selector* berücksichtigt sind, also beispielsweise Werte höher als 4 der x- und y-Koordinate für Fahrten aus großen Entfernungen oder Werte der Winkel über 180 bzw. 360 Grad hinaus für mehrfache Umkreisungen (vgl. die Versuche im nächsten Abschnitt).

3.2.2 Kamerafahrten mit `ViewPoint`

Kamerafahrt von oben nach unten

Die folgende Animation demonstriert den Übergang von der angenäherten Parallelperspektive bis zu einer stark verzerrenden Zentralperspektive.

```
In[2]:= kue = Plot3D[Cos[x] * Cos[3y], {x, 0, 3}, {y, 0, 3}];
```

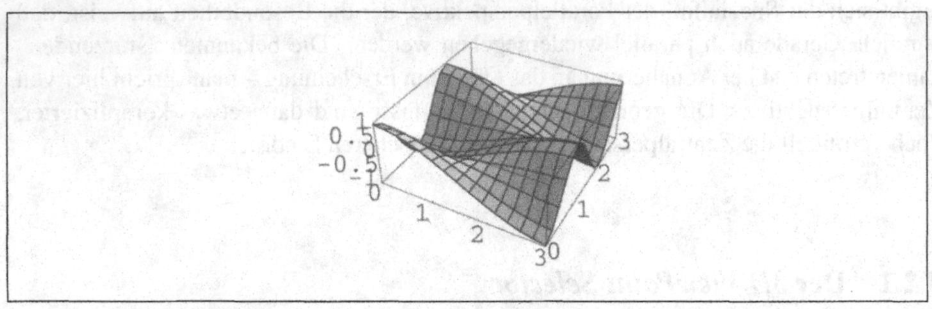


```
In[3]:= bls = Table[Show[Graphics3D[kue],
                    ViewPoint → {-1.76, -2.32, z}, BoxRatios → {1, 1, 0.4},
                    Boxed → False, Axes → False, SphericalRegion → True],
              {z, 8.1, 1.1, -1}];
```

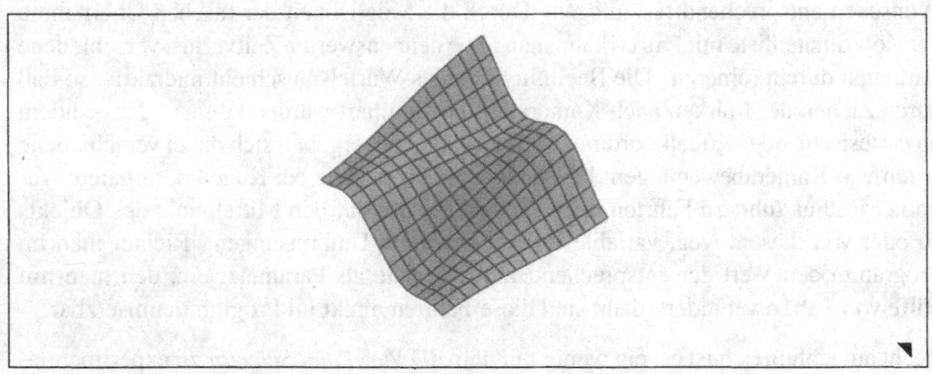

```
In[4]:= Show[GraphicsArray[Partition[bls, 4]]];
```

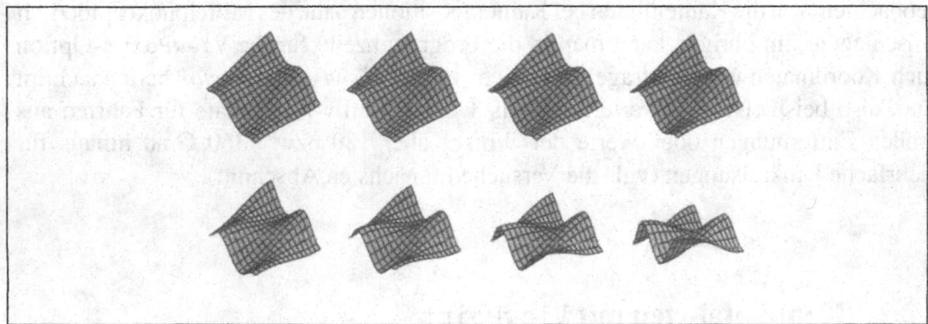

3.2.3 Sichtpunkt in Kugelkoordinaten

Als Zoom bezeichnet man eine Fahrt in Richtung auf das Objekt. Zur Programmierung dieses Bewegungsablaufs eignen sich am besten die schon bei der Parameterdarstellung gebrauchten Kugelkoordinaten. Um die nötigen Angaben in Winkelgraden machen zu können, wie es auch beim im Abschnitt 3.2.1. besprochenen *3D ViewPoint Selector* geschieht, definieren wir eine Liste, die die Transformationen vornimmt. Damit werden auch die Programme für Rotationen einfacher und übersichtlicher, da man diese direkt durch Veränderungen der Winkel ϕ und θ veranlassen kann.

Zur Demonstration verwenden wir eine einfache Sattelfläche.

```
In[5]:= kam = Plot3D[(x^2 - y^2), {x, -1, 1}, {y, -1, 1},
              PlotRange → All, SphericalRegion → True,
              BoxRatios → {1, 1, 0.4}];
```

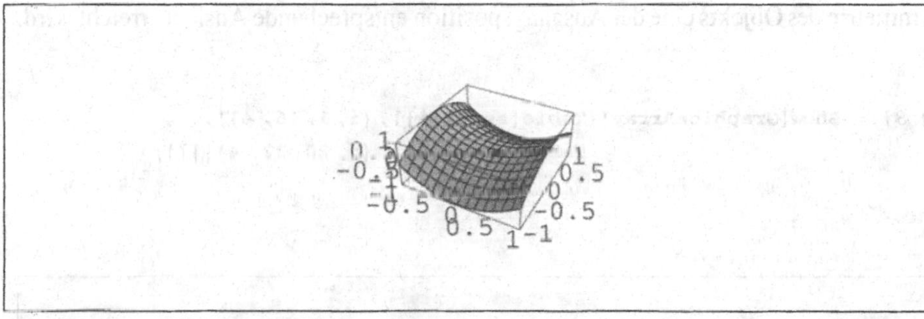

Drehung um senkrechte Achse

Um die nötigen Angaben in Winkelgraden machen zu können, wie es auch beim anschließend besprochenen *3D ViewPoint Selector* geschieht, definieren wir eine Liste, die, als Argument von `ViewPoint` eingesetzt, Änderungen der Blick- bzw. der Kamerarichtung vornimmt. Dabei beschreibt ϕ den Umlaufwinkel um den „Äquator" herum und θ die Neigung, gemessen gegen die positive z-Achse. Damit werden die Programme für Umkreisungen einfacher und übersichtlicher.

```
In[6]:= sicht[r_, ϕ_, θ_] := {r * Sin[θ Degree] * Cos[ϕ Degree],
                              r * Sin[θ Degree] * Sin[ϕ Degree],
                              r * Cos[θ Degree]}
```

Durch Änderung des Winkels ϕ erhält man eine Rundfahrt um die z-Achse.

```
In[7]:= senk = Table[Show[kam,
                    ViewPoint → sicht[3.38, ϕ, 54],
                    Boxed → False, Axes → False],
               {ϕ, 60, 240 - 5, 5}];
```

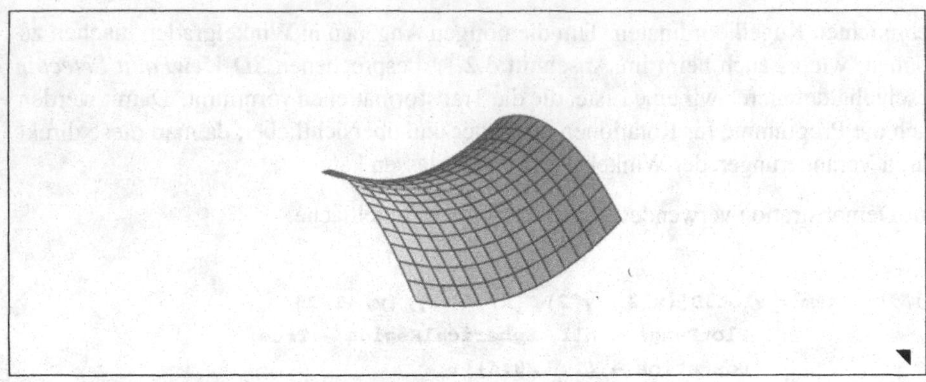

Wir können uns hier auf eine halbe Drehung beschränken, nach der wegen der bilateralen Symmetrie des Objekts eine der Ausgangsposition entsprechende Ansicht erreicht wird.

```
In[8]:= Show[GraphicsArray[{Table[senk[[i]], {i, 1, 16, 4}],
                            Table[senk[[j]], {j, 20, 32, 4}]}]];
```

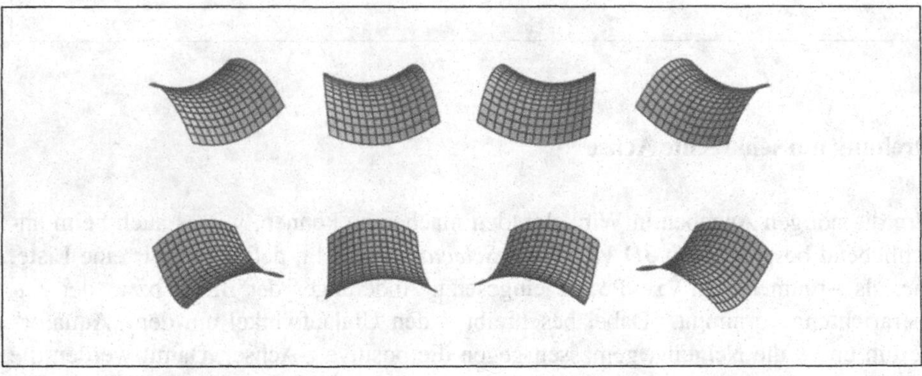

Drehung um waagrechte Achse

Die Änderung des Winkels θ ergibt eine Kamerafahrt um eine horizontal liegende Achse.

```
In[9]:= waag = Table[Show[kam,
                    ViewPoint → sicht[3.38, 298, θ],
                    Boxed → False, Axes → False],
               {θ, 60, 150 - 5, 5}];
```

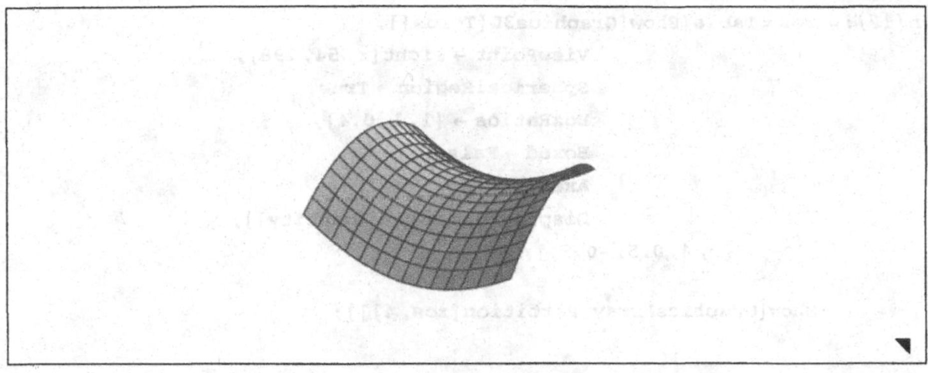

```
In[10]:= Show[GraphicsArray[{Table[waag[[i]], {i, 1, 7, 3}],
                             Table[waag[[j]], {j, 10, 16, 3}]}]];
```

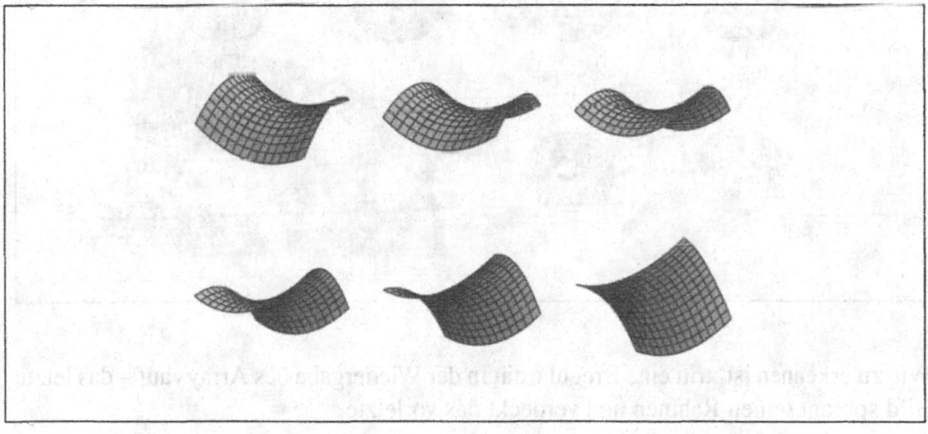

Zoom

Die beiden folgenden Programme, die eine zoomartige Näherung an einen Torus simulieren, sind nicht weiter bemerkenswert, wenn man sich an die Regel hält, daß der Sichtpunkt außerhalb eines Würfels liegen muß, dessen Mittelpunkt mit dem Ursprung des Koordinatensystem zusammenfällt und dessen Seitenflächen den Abstand 1 vom Ursprung haben. Durch Verkleinerung von r nähern wir uns dem Torus; beenden wir die Bewegung beim Abstand 1, dann ergibt sich der normale Zoomeffekt, gehen wir aber noch ein Stückchen weiter, dann geraten wir mit dem letzten Schritt über die zulässige Grenze hinaus. Was dabei entsteht, ist im Bild zu sehen. In diesem Fall kann die Nachahmung des Versuchs nicht empfohlen werden – unter Umständen kommt es dabei zu einem Abbruch.

```
In[11]:= Needs["Graphics`Shapes`"]
```

```
In[12]:= zos = Table[Show[Graphics3D[Torus[],
                         ViewPoint → sicht[r, 54, 298],
                         SphericalRegion → True,
                         BoxRatios → {1, 1, 0.4},
                         Boxed → False,
                         Axes → False,
                         DisplayFunction → Identity]],
              {r, 4, 0.5, -0.5}];

         Show[GraphicsArray[Partition[zos, 4]]];
```

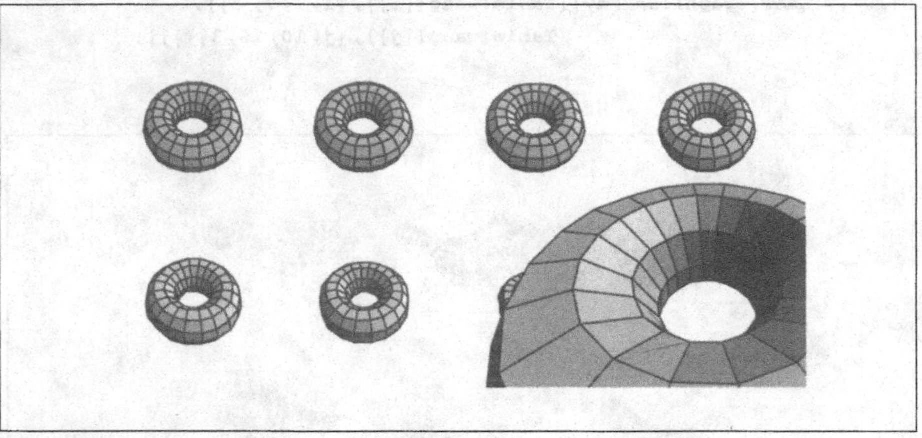

Wie zu erkennen ist, tritt eine Irregularität in der Wiedergabe des Arrays auf – das letzte Bild sprengt seinen Rahmen und verdeckt das vorletzte.

Mit dem nächsten Programm versuchen wir wieder etwas Unerlaubtes, nämlich eine Annäherung längs der z-Achse durch den Ring, wie sie in der Realität durchaus möglich ist. Diese Art von Zoom kann vom Aspekt filmischer Effekte her interessant sein, da damit in gewissen Grenzen Fahrten ins Innere von Objekten möglich sind. Man muß allerdings auch hier mit nicht vorhersehbaren Effekten rechnen.

```
In[13]:= dur = Table[Show[Graphics3D[Torus[],
                         ViewPoint → sicht[r, 0, 0],
                         SphericalRegion → True,
                         BoxRatios → {1, 1, 0.4},
                         Boxed → False,
                         Axes → False,
                         DisplayFunction → Identity]],
              {r, 1, -0.9, -0.1}];

         Show[GraphicsArray[Partition[dur, 5]]];
```

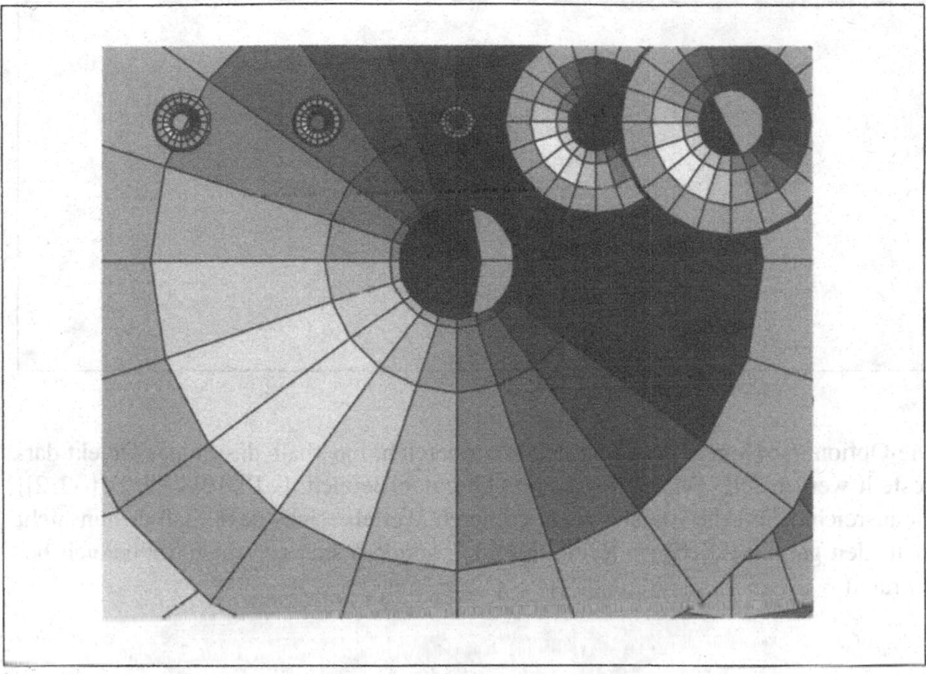

```
ViewPoint :: "viewp": A projection cannot be constructed for a ViewPoint
inside the bounding box.

Graphics3D :: "noproj": Mathematica is unable to make a projection matrix;
check the settings of ViewPoint, ViewCenter, and ViewVertical.

Graphics3D :: "noproj": Mathematica is unable to make a projection matrix;
check the settings of ViewPoint, ViewCenter, and ViewVertical.
```

Auf diese Herausforderung reagiert *Mathematica* also mit einer Reihe von Fehlermeldungen. Trotzdem führen die unzulässigen Koordinaten für den Blickpunkt nicht zu einem völligen Bildausfall, sondern zu merkwürdigen Überlagerungen im Array.

3.3 Fahrten mit PlotRange

Die Option PlotRange kann auch zur Produktion von Kamerafahrten eingesetzt werden. Als Beispiel verwenden wir eine zum Doppelkegel entartete Kugel.

```
In[1]:= Needs["Graphics`ParametricPlot3D`"]

In[2]:= ParametricPlot3D[{Cos[u] Cos[v], Sin[u] Cos[v], Sin[v]},
          {u, 0, π, 0.1π}, {v, 0, 2π, 0.5π}];
```

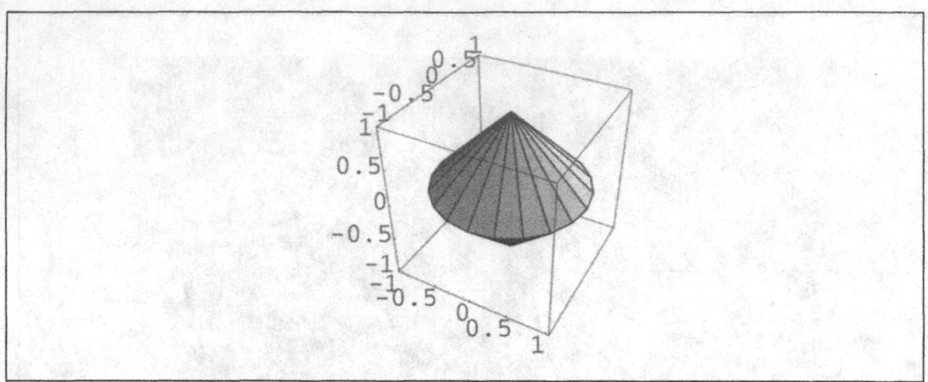

Die Option `PlotRange` bestimmt den Wertebereich, innerhalb dessen das Objekt dargestellt werden soll. Da der Kegel nicht über den Bereich {{−10, 10}, {−2, 2}, {−2, 2}} hinausreicht, führt die Angabe eines größeren Wertebereichs dazu, daß er nun nicht mehr den ganzen gegebenen Raum ausnutzt, sondern sich auf einen Teilbereich beschränkt.

```
In[3]:= ParametricPlot3D[{Cos[u] Cos[v], Sin[u] Cos[v], Sin[v]},
        {u, 0, π, 0.1π}, {v, 0, 2π, 0.5π},
        PlotRange → {{-10, 10}, {-2, 2}, {-2, 2}}];
```

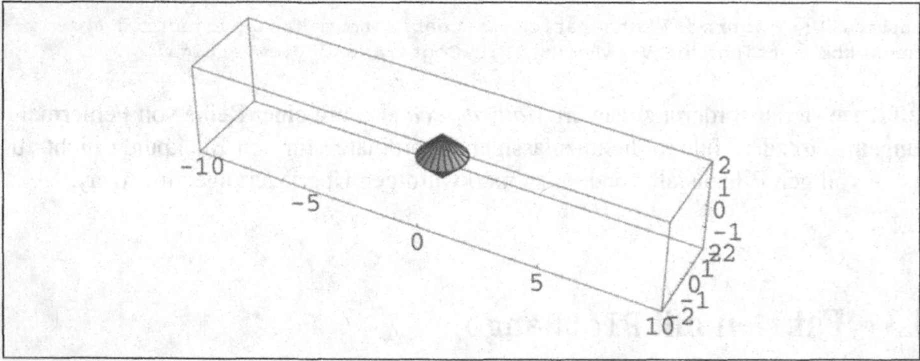

Verändert man den Wertebereich mit `PlotRange`, dann bleiben zwar das Objekt und seine Position unverändert, doch ergibt sich ein Wechsel der Sichtweise. Eine Vergrößerung des Bereichs erweckt den Eindruck zunehmender Entfernung des Objekts vom Beobachter, oder – was dasselbe ist – einer Kamerafahrt vom Objekt weg. Und eine seitliche Verschiebung des Bereichs äußert sich in einer gegenläufigen Seitwärtsbewegung des Objekts. Das wird jetzt anhand des oben gegebenen Beispiels gezeigt.

```
In[4]:= vid = Table[ParametricPlot3D[
            {Cos[u] Cos[v], Sin[u] Cos[v], Sin[v]},
            {u, 0, π, 0.1π}, {v, 0, 2π, 0.5π},
            PlotRange → {{-10 + n, 10 + n}, {-2, 2}, {-2, 2}},
            SphericalRegion → True,
            Background → RGBColor[0.9, 0.9, 0.8],
            Axes → False],
        {n, -10, 10}];
```

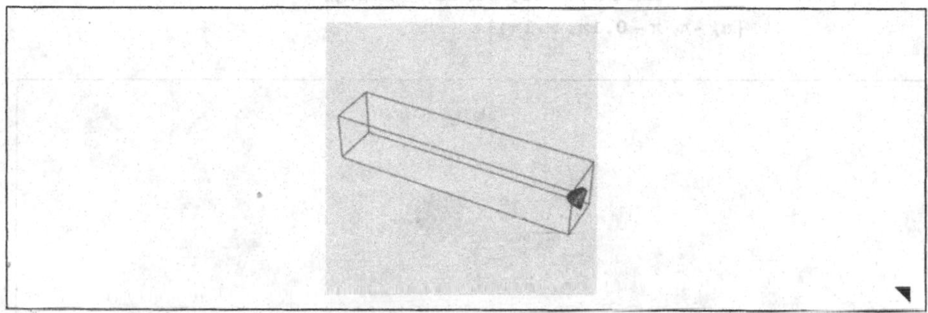

```
In[5]:= Show[GraphicsArray[{ Table[vid[[i]], {i, 1, 8, 2}],
                             Table[vid[[i]], {i, 9, 16, 2}],
                             Table[vid[[i]], {i, 17, 20, 2}]}]];
```

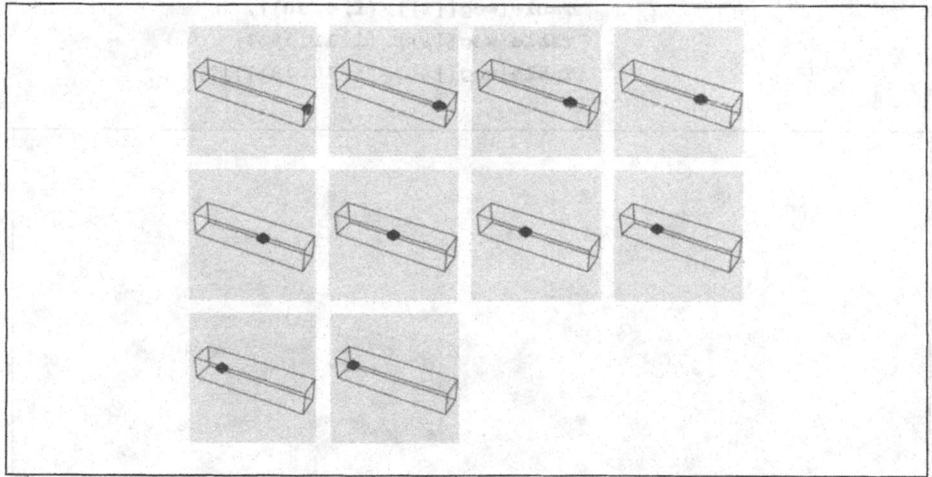

3.3.1 Beispiel: Kreisbewegung

Es ist auch möglich, die Grenzen für die Wertebereiche längs zwei oder drei Achsenrichtungen zu verändern. Das folgende Beispiel zeigt eine Kreisbewegung, die durch periodisch veränderliche Grenzbereiche hervorgerufen wird.

```
In[6]:= wog = Table[ParametricPlot3D[
                {Cos[u] Cos[v], Sin[u] Cos[v], Sin[v]},
                {u, 0, π}, {v, 0, 2π},
                PlotRange → {{-5 + 4 Sin[n], 5 + 4 Cos[n]},
                             {-5 + 4 Sin[n], 5 + 4 Cos[n]},
                             {-5, 5}},
                ViewPoint → {-0.249, -1.852, 2.821},
                SphericalRegion → True,
                Background →  RGBColor[0.9, 0.9, 0.8],
                Axes → False, Boxed → False],
           {n, -π, π - 0.1π, 0.1π}];
```

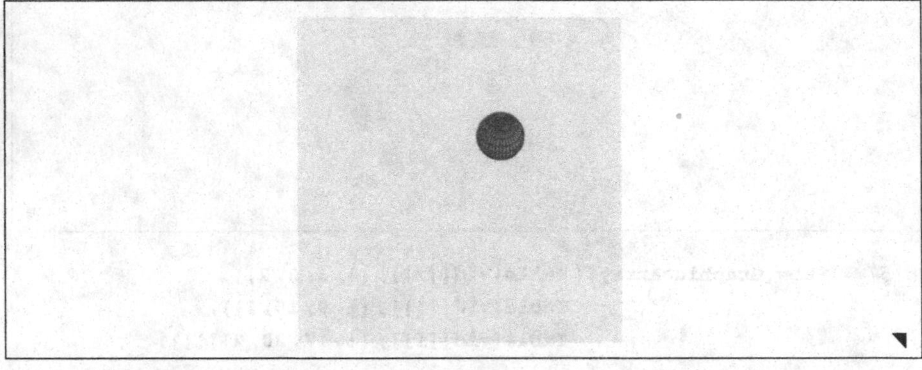

```
In[7]:= Show[GraphicsArray[{Table[wog[[i]], {i, 1, 5}],
                           Table[wog[[i]], {i, 6, 10}],
                           Table[wog[[i]], {i, 11, 15}],
                           Table[wog[[i]], {i, 16, 19}]}]];
```

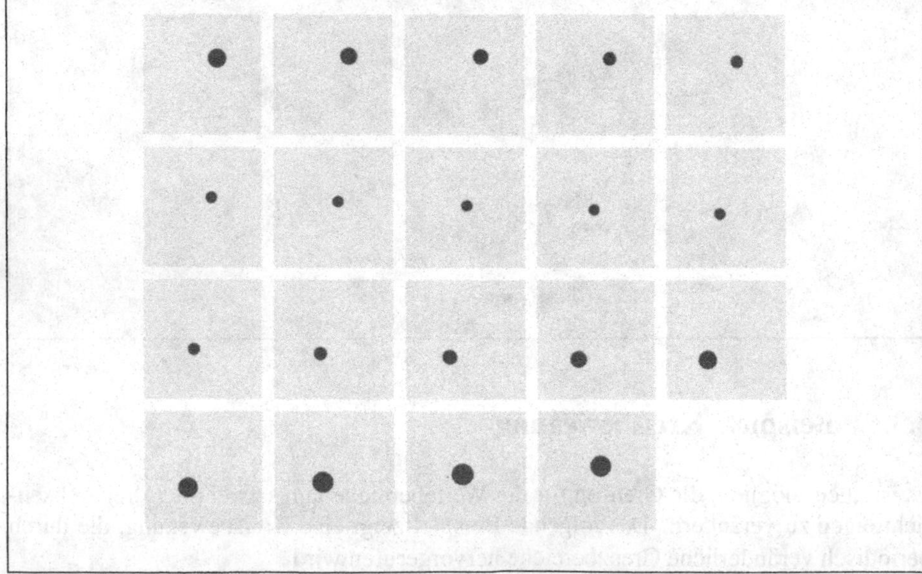

3.3.2 Beispiel: Zoom

Für die nächste Demonstration setzen wir ein abgewandeltes Möbiusband ein – siehe Abschnitt 5.1.3.

```
In[8]:= r =  1 + 0.5 * v * Cos[4u];
        x = r * Sin[u];
        y =  r * Cos[u];
        z = 0.5 * v * Sin[4u];
```

```
In[9]:= sch = ParametricPlot3D[Evaluate[{x, y, z}, {v, 0.1, 2}, {u, 0, 2π}],
                 PlotPoints → {10, 80},
                 Background → RGBColor[0.9, 0.9, 0.8],
                 Boxed → False, Axes → False ];
```

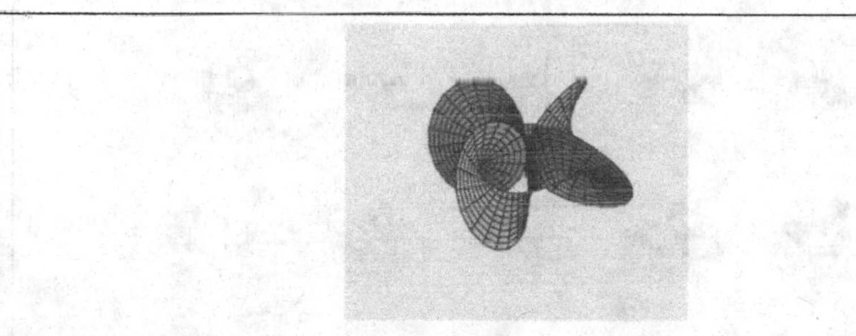

Die verschiedenen Möglichkeiten der Sichtveränderungen werden nun durch einen Zoom ergänzt, der – mit Hilfe von PlotRange – durch einen während des Ablaufs kleiner werdenden Darstellungsbereich vorgetäuscht wird. Zugleich soll sich die Richtung des Sichtstrahls ändern, wozu wir wieder die Abkürzung sicht einsetzen.

```
In[10]:= sicht[r_, θ_, ϕ_] := {r * Cos[θ Degree] Cos[ϕ Degree],
                              r * Cos[θ Degree] Sin[ϕ Degree],
                              r * Sin[θ Degree]}
```

```
In[11]:= roe = Table[Show[sch,
                      ViewPoint → sicht[-18 + 0.1w, w, 0.2 * w],
                      SphericalRegion → True,
                      PlotRange → {{-0.02w, 0.02w},
                                   {-0.02w, 0.02w},
                                   {-0.02w, 0.02w}},
                      BoxRatios → {1, 1, 0.4},
                      (* Boxed → True, *)
                      Background → RGBColor[0.9, 0.9, 0.8],
                      Boxed → False, Axes → False],
                 {w, 165, 30, -7.5}];
```

```
In[12]:= Show[GraphicsArray[Partition[roe, 5]]];
```

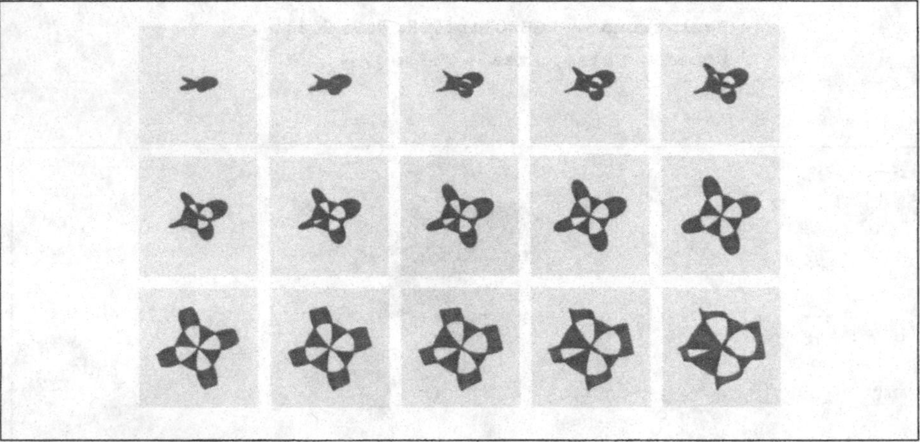

Die Interpretation dieser Bewegung ist nicht eindeutig – die Kamera könnte sich auf das Objekt zu bewegen, doch genausogut könnte sich das Objekt der Kamera nähern – von der Geometrie der Situation aus gesehen besteht kein Unterschied. Erst wenn man die Einstellung `Boxed → True` einsetzt, erkennt man, auf welche Weise der Näherungseffekt zustande kommt.

3.3.3 Beispiel: kombinierte Bewegung

Mit Hilfe von `PlotRange` kann man auch kompliziertere Kamerabewegungen simulieren, die weniger für ernsthafte Demonstrationen als für Effekte brauchbar sind. Solche Abläufe lassen sich noch interessanter gestalten, wenn man das Objekt zusätzlich rotieren läßt oder verformt. Zur Demonstration verwenden wir ein 3D-Objekt, das aus der Enneperschen Raumfläche

$$u - u^3/3 + uv^2,$$
$$v - v^3/3 + vu^2,$$
$$u^2 - v^2$$

abgeleitet wurde, einem bekannten Vertreter der Minimalflächen.

```
In[13]:= enneperVar[u_, v_, n_] :=
           {u - u^3/(n + 6) - u * Sin[v] + u v^2,
            v - v^3/(n + 6) - v * Cos[u] + v u^2, u^2 - v^2}

In[14]:= ParametricPlot3D[
           Evaluate[enneperVar[u, v, 0.]], {u, -2, 2}, {v, -2, 2}];
```

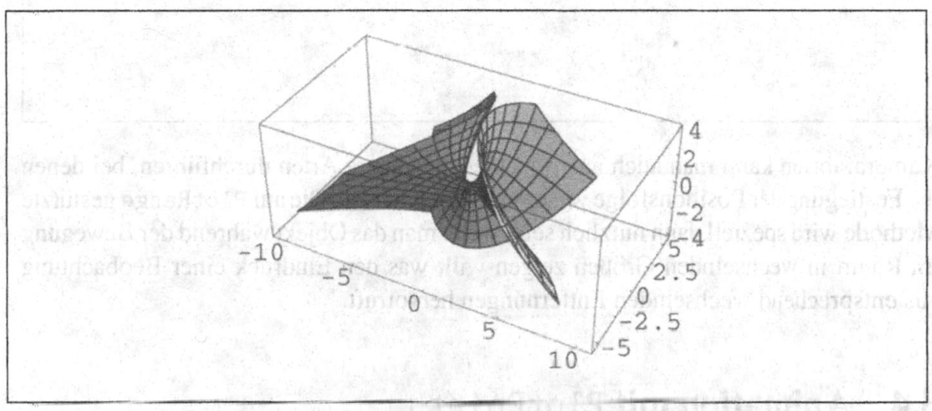


```
In[15]:= zir = Table[ParametricPlot3D[Evaluate[enneperVar[u, v, 0.]],
                 {u, -2, 2}, {v, -2, 2},
                 ViewPoint → {1.3 Cos[n*π/6], -2.4 Sin[n*π/6], 2},
                 PlotRange → {{-10 (2 + Sin[n]), 10},
                              {-10, 30 (2 + Cos[n])},
                              {-10, 10}},
                 SphericalRegion → True,
                 Background → RGBColor[0.9, 0.9, 0.8],
                 Axes → None, Boxed → False],
               {n, -0.7π, π, 0.1π}];
```

```
In[16]:= Show[GraphicsArray[Partition[zir, 6]]];
```

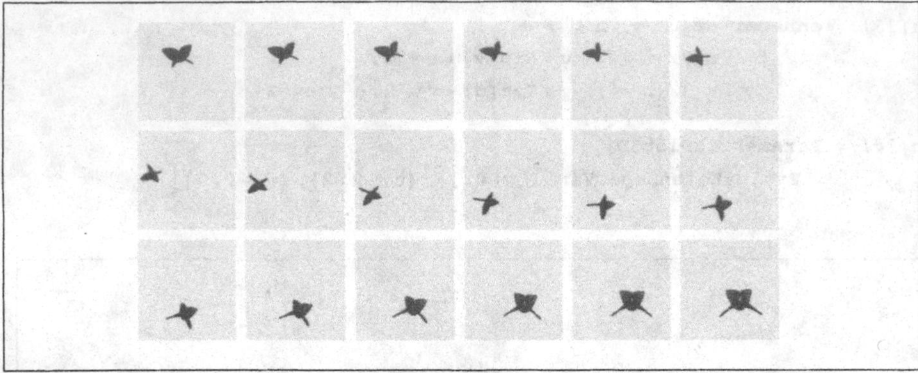

Kamerafahrten kann man auch auf verschiedene andere Arten durchführen, bei denen die Festlegung der Positionsfolge wesentlich einfacher ist. Die auf `PlotRange` gestützte Methode wird speziell dann nützlich sein, wenn man das Objekt während der Bewegung im Raum in wechselnden Größen zeigen will, was den Eindruck einer Beobachtung aus entsprechend wechselnden Entfernungen hervorruft.

3.4 Animation mit `PlotPoints`

Die Oberflächen grafischer Objekte werden in der Computergrafik mit Hilfe von mehr oder weniger feinen Anordnungen aus Polygonen nachgebildet. Welche Auflösung gewählt wird, hängt von den auferlegten Qualitätsansprüchen ab, letztendlich aber von der Rechengeschwindigkeit und der Speicherfähigkeit des verwendeten Rechensystems. *Mathematica* legt die Zahl der Stützpunkte, die die Auflösung bestimmen, automatisch fest, es ist aber auch möglich, sie mit der Hilfe der Option `PlotPoints` willkürlich zu wählen.

```
In[1]:= ?PlotPoints
Out[1]= PlotPoints is an option for plotting functions that specifies
          how many sample points to use.
```

Hinzuzufügen ist, daß die Wertangabe als Liste mit Angaben für zwei Koordinaten erfolgt. Gibt man nur einen Wert an, dann wird dieser für beide Koordinaten angewandt.

3.4.1 Beispiel: Bewegungseffekte

Im folgenden werden am Beipiel der Kugel einige der angebotenen Möglichkeiten durchprobiert.

```
In[2]:= opt[0] = Automatic;
        opt[1] =  6;
        opt[2] = {6, 12};
        opt[3] = {Automatic, 6};
        opt[4] = {6, Automatic};
```

```
In[3]:= arr =
        Table[ParametricPlot3D[{Sin[v] Cos[u], Sin[v] Sin[u], Cos[v]},
                {u, 0, 2π}, {v, 0, π},
                PlotRange → {{-1.2, 1.2}, {-1.2, 1.2}, {-1.2, 1.2}},
                PlotPoints → opt[n],
                ViewPoint → {1.3, -2.4, 2.},
                Axes → False, Boxed → False],
            {n, 0 , 4 }];
```

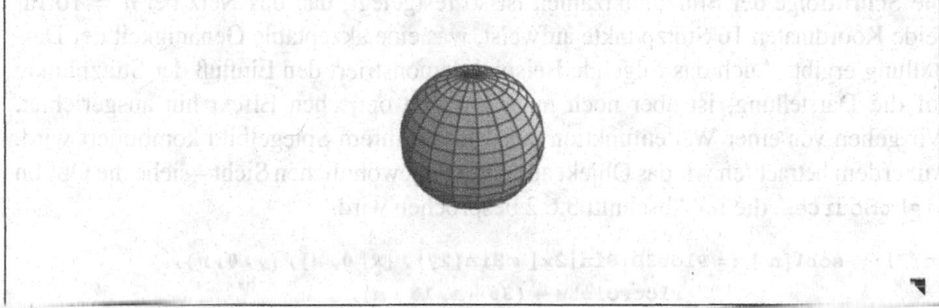

```
In[4]:= Show[GraphicsArray[arr]];
```

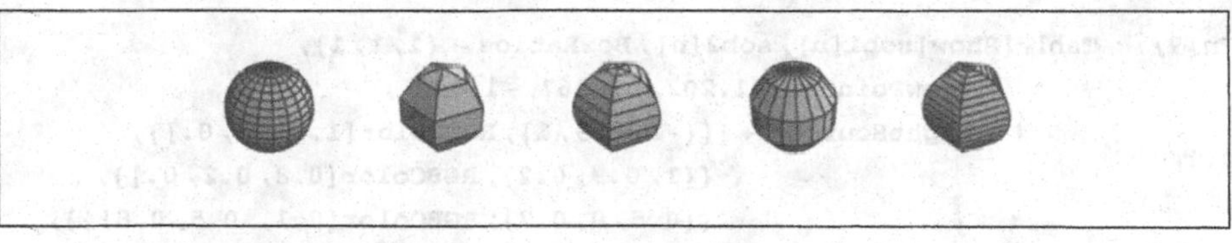

Wie man sieht, kann die Wahl der Anzahl von Stützpunkten entscheidenden Einfluß auf die Ausgabeform des Objekts haben. Speziell wenn die Zahl der Stützpunkte gering gehalten werden muß, ergeben sich, wie das folgende Beispiel zeigt, oft beträchtliche Abweichungen von der mathematisch beschriebenen Geometrie.

```
In[5]:= ber[n_] := ParametricPlot3D[
                    {Sin[v] Cos[u], Sin[v] Sin[u], (1 + Sin[u] Cos[v])},
                    {u, 0, 2π}, {v, 0, π},
                    PlotRange → {{-1.2, 1.2}, {-1.2, 1.2}, {-0.2, 1.6}},
                    PlotPoints → {6 + n, 26 - n},
                    ViewPoint → {2.687, 2.018, -0.398},
                    Axes → False, Boxed → False,
                    Background → GrayLevel[1]];

In[6]:= Table[ber[n] , {n , 0 , 20 , 1 }];
```

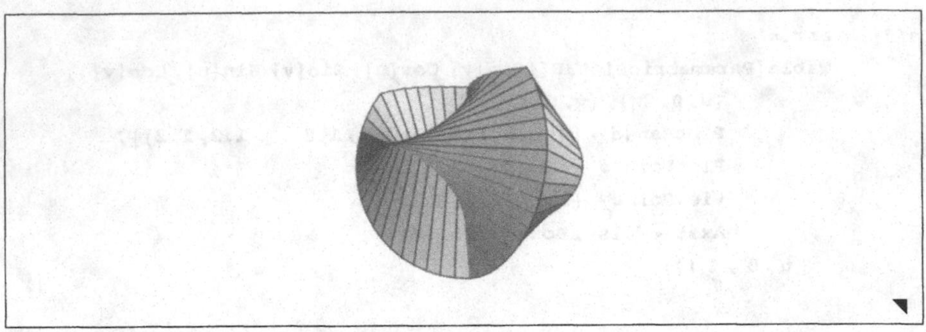

Die Schrittfolge der Stützpunktzahlen ist so festgelegt, daß das Netz bei $n = 10$ für beide Koordinaten 16 Stützpunkte aufweist, was eine akzeptable Genauigkeit der Darstellung ergibt. Auch das folgende Beispiel demonstriert den Einfluß der Stützpunkte auf die Darstellung, ist aber noch mehr auf den optischen Effekt hin ausgerichtet. Wir gehen von einer Wellenfunktion aus, die mit ihrem Spiegelbild kombiniert wird. Außerdem betrachten wir das Objekt aus einer ungewöhnlichen Sicht – siehe die Option `LightSources`, die im Abschnitt 3.6.2 besprochen wird.

```
In[7]:= sob1[n_] := Plot3D[Sin[2x] * Sin[2y], {x, 0, π}, {y, 0, π},
                    PlotPoints → {30 - n, 15 + n},
                    DisplayFunction → Identity];

In[8]:= sob2[n_] := Plot3D[-(Sin[2x] * Sin[2y]), {x, 0, π}, {y, 0, π},
                    PlotPoints → {30 - n, 15 + n},
                    DisplayFunction → Identity];

In[9]:= Table[Show[sob1[n], sob2[n], BoxRatios → {1, 1, 1},
              ViewPoint → {-1.202, -2.967, -1.096},
              LightSources → {{{-1, 0.9, 1}, RGBColor[1., 0.5, 0.]},
                              {{1, 0.9, 0.2}, RGBColor[0.8, 0.2, 0.]},
                              {{0.5, 0, 0.7}, RGBColor[0.1, 0.5, 0.8]}},
              Boxed → False, Axes → False,
              DisplayFunction → $DisplayFunction],
         {n, 0, 14, 1}];
```

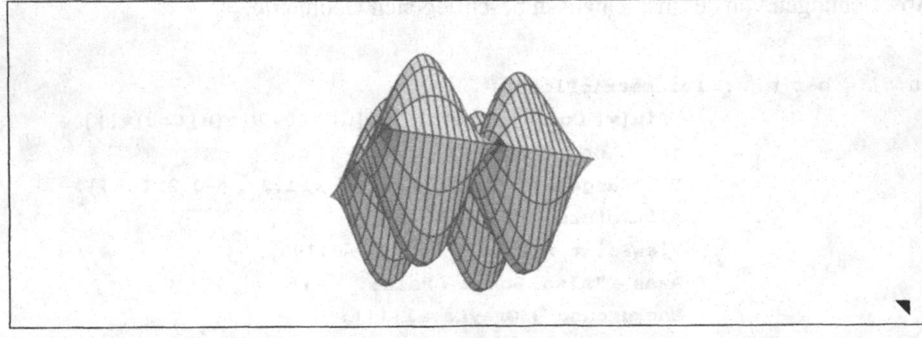

Auf diese Weise kommt ein Bewegungseffekt ohne Formveränderung zustande.

3.5 Zahlen und Text in Animationen

Bei Demonstrationen wissenschaftlicher oder technischer Art kann es mitunter wünschenswert sein, gemeinsam mit den Bildern einen laufenden Parameter zu zeigen. Wir versuchen, eine solche Aufgabe zunächst mit dem `Print`-Befehl zu lösen. Als Beispiel dient eine Raumfläche:

```
In[1]:= kue = Plot3D[Cos[x] * Cos[3y], {x, 0, 3}, {y, 0, 3}];
```

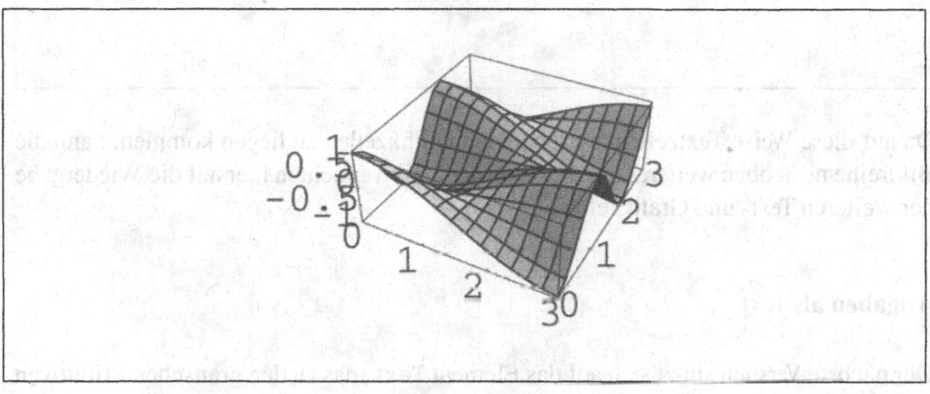

Wir verändern den Sichtpunkt und verwenden dessen Höhe als Parameter. Gemeinsam mit den Phasenbildern lassen wir den z-Wert ausdrucken.

```
In[2]:= bls =
     Table[Print[z];
       Show[
         Graphics3D[kue],
         ViewPoint → {-1.76, -2.32, z},
         SphericalRegion → True,
         BoxRatios → {1, 1, 0.4},
         Boxed → False, Axes → False],
       {z, 8.1, 1.1, -1}];
```

8.1

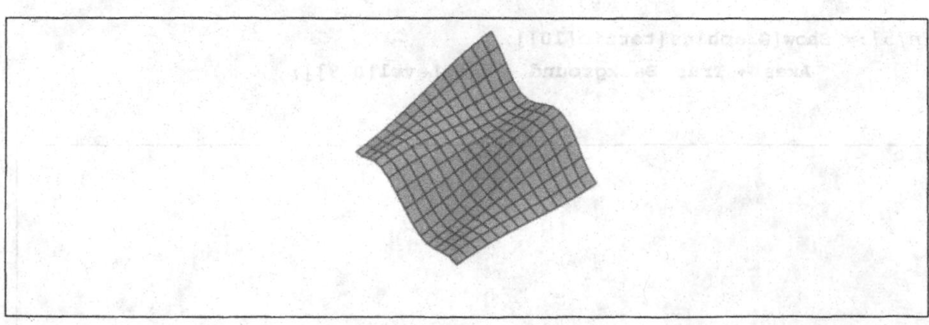

```
7.1`
```

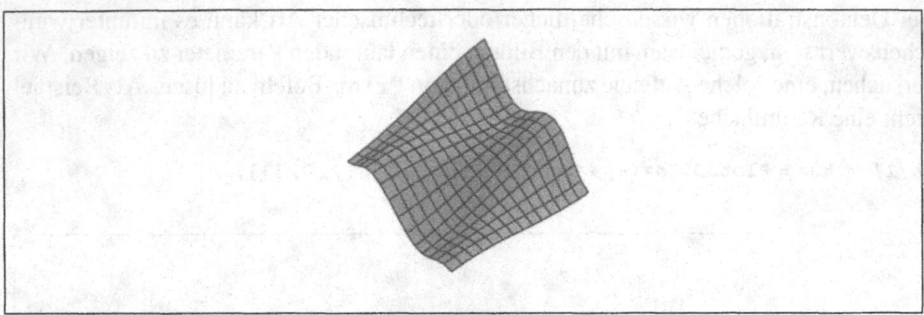

Da auf diese Weise Textzellen zwischen den Grafikzellen zu liegen kommen, kann die Bildreihe nicht ohne weiteres animiert werden. Wir verzichten hier auf die Wiedergabe der weiteren Text- und Grafikzellen.

Angaben als Text

Der nächste Versuch stützt sich auf das Element `Text`, das zu den grafischen Primitiven gehört.

```
In[3]:= ?Text

Out[3]= Text[expr, coords] is a graphics primitive that represents text
          corresponding to the printed form of expr, centered at the
          point specified by coords.
```

Der einfachste Weg zum Ziel ist sicher die Kombination der Zeichnung mit einer 2D-Grafik, die nichts anderes als den Text, in unserem Fall den laufenden Parameter, enthält. Dabei muß der Text als Funktion von z angegeben werden. Die Positionierung erfolgt mit einem Paar von Koordinaten, die sich auf den Bildrahmen beziehen.

```
In[4]:= tetzib[z_] := Text[z, {0.1, 0.1}];
```

Durch Einsetzen eines Werts für z kann man ein Beispiel für diese Art der Textdarstellung ausgeben.

```
In[5]:= Show[Graphics[tetzib[10]],
          Axes → True, Background → GrayLevel[0.9]];
```

0.2
0.15
0.1
10
0.05
0.050.10.150.2

Wenn keine Begrenzungen des Zeichenfeldes angegeben sind, wird das Koordinatensystem so skaliert, daß der Text in der Mitte sitzt.

Die Raumfläche, nun als Funktion der Betrachtungsrichtung angegeben:

```
In[6]:= ckr[z_] := Show[Graphics3D[kue],
                   ViewPoint → {-1.76, -2.32, z},
                   SphericalRegion → True, BoxRatios → {1, 1, 0.4},
                   Boxed → False, Axes → False,
                   DisplayFunction → Identity];
```

Wir setzen nun probeweise für *z* den Wert Null ein, um die Raumfläche aus horizontaler Sicht zu betrachten.

```
In[7]:= Show[Graphics[ckr[0]], Background → GrayLevel[0.9]];
```

Abschließend die Überlagerung, mit `Table` zur Animation vorbereitet.

```
In[8]:= Table[Show[ckr[z], Graphics[tetzib[z]]], {z, 8.1, 1.1, -1}];
```

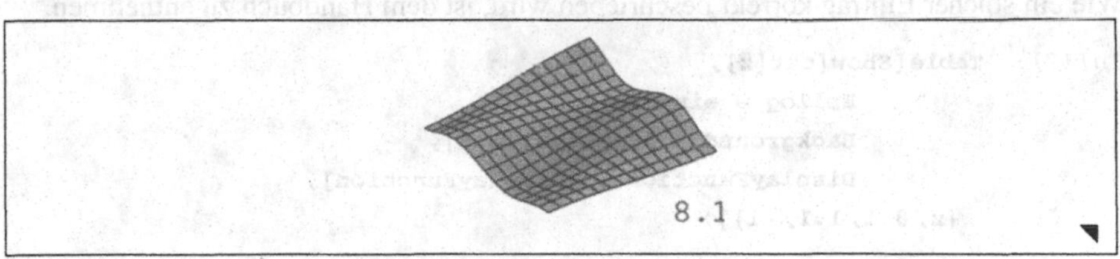

Mit `Text` kann man auch Angaben einsetzen, die eine feste Position im dreidimensionalen Raum haben und in manchen Fällen, beispielsweise bei Verlagerungen des Sichtpunkts, ihren Standort ändern.

`PlotLabel`

Die Option `PlotLabel` ist dafür gedacht, in der Mitte oberhalb der Grafik eine Überschrift anzubringen.

```
In[9]:= ?PlotLabel
Out[9]= PlotLabel is an option for graphics functions that specifies
          an overall label for a plot.
```

Die in diesem Kapitel gestellte Aufgabe läßt sich auch lösen, wenn man anstatt des Textes einen laufenden Parameter einträgt.

```
In[10]:= Table[Show[ckr[z],
                    PlotLabel → z, DisplayFunction → $DisplayFunction],
         {z, 8.1, 1.1, -1}];
```

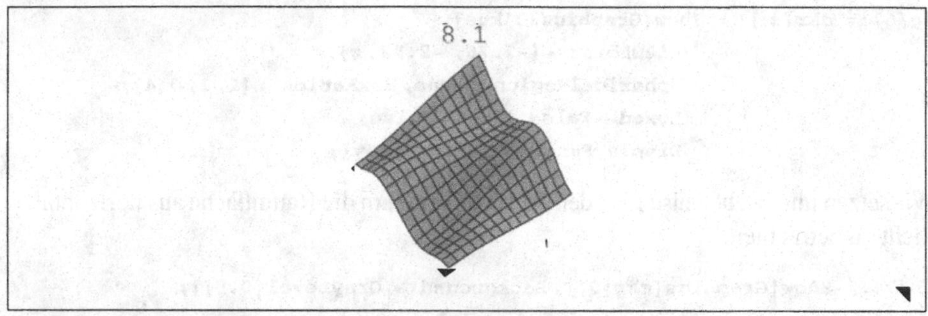

Bei allen diesen Beispielen ist es sinnvoll, die Geschwindigkeit so weit herabzusetzen, daß die Zahlen lesbar werden.

`Prolog` und `Epilog`

Auch mit den Optionen `Prolog` oder `Epilog` lassen sich Eintragungen der gewünschten Art vornehmen

```
In[11]:= eintrag = Text[z, Scaled[{1, 1}], {3, 3}];
```

Wie ein solcher Eintrag korrekt beschrieben wird, ist dem Handbuch zu entnehmen.

```
In[12]:= Table[Show[ckr[z],
                    Epilog → eintrag,
                    Background → GrayLevel[0.9],
                    DisplayFunction → $DisplayFunction],
         {z, 8.1, 1.1, -1}];
```

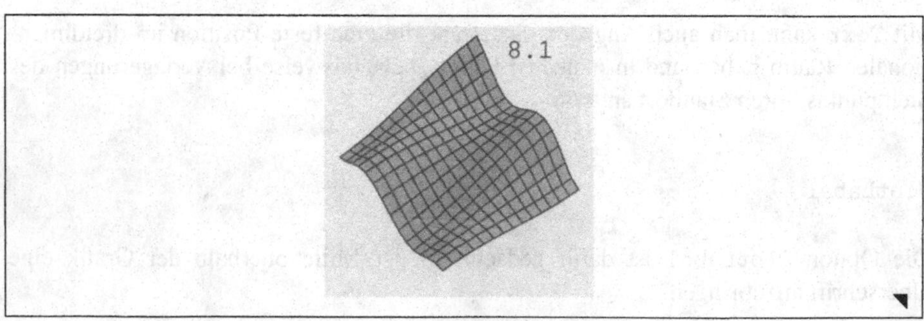

Von beiden Möglichkeiten ist `Epilog` vorzuziehen, da der Eintrag dann nach dem Rendern der Grafik erfolgt und von dieser nicht überdeckt werden kann, sondern gegebenenfalls „darübergedruckt" wird. Mit diesen Optionen lassen sich die Einträge weitgehend nach eigenen Vorstellungen gestalten, z.B. was die Schriften oder auch zusätzliche grafische Darstellungen betrifft.

Weitere Methoden

Unter den Paketen befindet sich eines, nämlich `Graphics‘Legend‘`, mit dem sich Zahlen, Text, aber auch dazugehörige Grafiken in das Bild einbeziehen lassen. Die dort angegebene Methode eignet sich allerdings nur für 2D-Darstellungen.

Es ist schließlich auch möglich, für den `Text`-Teil eigene Bilder zu erzeugen, sie mit Hilfe von `Array` mit den Zeichnungen zu Bildpaaren zu kombinieren und diese schließlich mit `Table` als Reihe auszugeben, die sich animieren läßt. Diese Methode ist für 2D und 3D in gleicher Weise anwendbar. Da das ein wenig umständlich ist, wird man allerdings nur in besonderen Fällen davon Gebrauch machen, beispielsweise dann, wenn der Text noch durch andere Elemente, beispielsweise Diagramme, ergänzt werden soll.

3.6 Farben und Licht

Bemerkung: Da viele Beispiele aus diesem Kapitel in Grauwert-Wiedergabe ihren Sinn nicht erfüllen, wird das Thema „Farben“ im Buch etwas verkürzt abgehandelt; die vollständige Fassung mit allen Farbbeispielen ist in der CD enthalten.

In den grafischen Darstellungen von *Mathematica* spielt die Farbe eine hervorragende Rolle. Vielseitige Möglichkeiten der Farbzuordnung bietet z.B. die Option `LightSources`, mit der eine Beleuchtung von 3D-Objekten mit wählbaren Farben aus drei verschiedenen, ebenfalls frei wählbaren Richtungen simuliert wird. Farben können weiter als Eigenfarben zugeordnet werden, zur Einfärbung von Kurven und Hintergründen oder auch zur Codierung von Parametern, beispielsweise der Höhe in den Dichtedarstellungen.

Für die Deklaration der Farben gibt es mehrere Möglichkeiten, entsprechend den verschiedenen Farbsystemen. Die meistbenutzten sind:

`Hue[h]` – Farbkreis der gesättigten Farben *Rot, Gelb, Grün, Blau, Rot* mit `h` zwischen 0 und 1 (bei Werten außerhalb der Grenzen wird anstatt `h` der über die ganzen Zahlen hinausgehenden Rest `Mod[h, 1]` maßgebend).

`Hue[h, s, b]` – erweiterter Farbkreis mit zusätzlicher Einstellung der Sättigung und der Helligkeit, beides wieder durch Werte zwischen 0 und 1 beschrieben.

`RGBColor[r, g, b]` – Rot-Grün-Blau-Modell – die Werte liegen zwischen 0 und 1, höhere Wertangaben werden abgeschnitten.

Für Spezialzwecke werden noch einige andere Farbsysteme angeboten, darunter solche, die der Farbtechnik bestimmter Fernsehsysteme angepaßt sind wie das YIQColor-System, das dem NTSC-Videoformat entspricht. Dazu kommen noch einige, die vom Paket `Graphics‘Colors‘` aus zugänglich sind. Nützlich für den praktischen Gebrauch ist auch die Möglichkeit, zur Beschreibung der Farben gängige Bezeichnungen zu verwenden, die der englischen Sprache entnommen sind – etwa *CadmiumYellow* oder *IvoryBlack*.

3.6.1 Farben auf der Fläche

DefaultColor

Die Farbe von Linien wird durch die Option DefaultColor bestimmt. Wir benutzen hier und im folgenden das Farbsystem GrayLevel, doch läßt sich dort, wo Farbdarstellungen möglich sind, die Wiedergabe beliebig bunt einrichten.

```
In[1]:= ube = ParametricPlot[{Cos[r], Sin[2r]}, {r, 0, 2π},
              DefaultColor → GrayLevel[0],
              Axes → False, Frame → False];
```

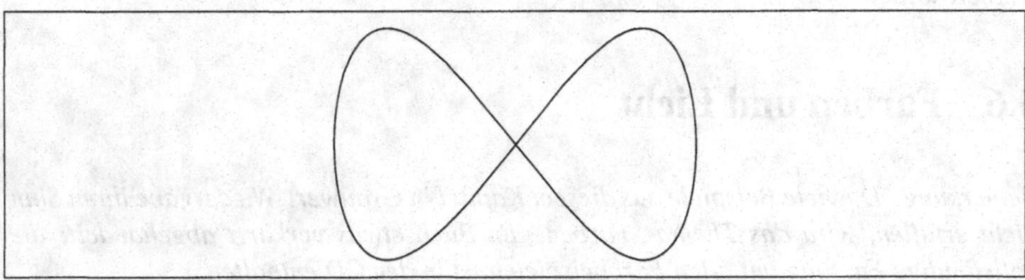

Background

Die Option Background ermöglicht die Einfärbung des gesamten Bildhintergrunds (nicht nur des durch PlotRegion gegebenen Bereichs).

```
In[2]:= Show[ube, Background → GrayLevel[0.8]];
```

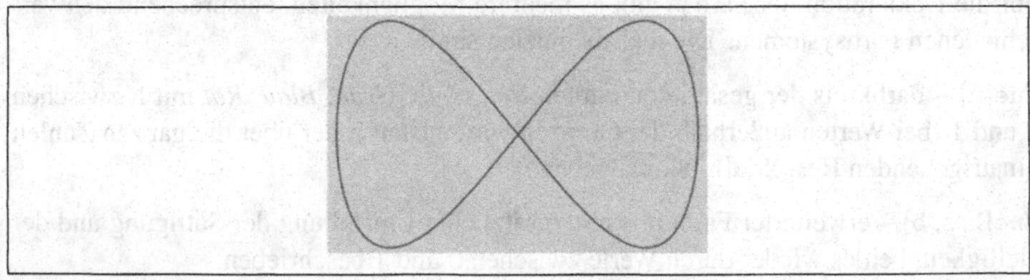

Mit dieser Option kann man als filmischen Effekt einen Wechsel der Untergrundfarbe erreichen. Die folgende Animation zeigt einen die Farbe wechselnden Hintergrund.

```
In[3]:= ulb[n_] := ParametricPlot[{Cos[r], Sin[2r]}, {r, 0, 2π},
                   Background → GrayLevel[n], Axes → False,
                   Frame → False, DisplayFunction → Identity]

In[4]:= Table[Show[Graphics[ulb[n]],
              DisplayFunction → $DisplayFunction],
         {n, 0, 1, 0.025}];
```

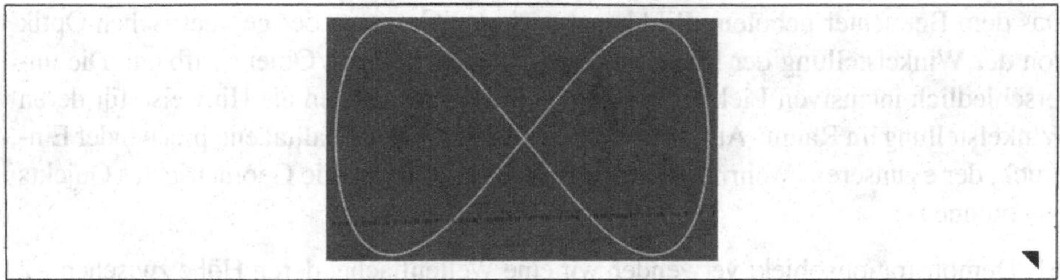

Die Zeichnung selbst wird automatisch mit der Gegenfarbe, also mit höchstmöglichem Kontrast, dargestellt.

3.6.2 3D-Objekte in Farbe

Etwas komplizierter ist die Farbzuweisung für dreidimensionale Objekte. Im Normalfall werden sie als weiß angenommen und erhalten ihre Farben durch die Beleuchtung, doch kann man diese auch ausschalten und die Oberflächen in verschiedener Art einfärben.

Farbige Beleuchtung

Die Option `LightSources` dient zur Simulation einer Beleuchtung mit drei punktförmigen Lichtquellen. Um ihren Gebrauch zu demonstrieren, fragen wir nach den vorgegebenen Werten für die dreidimensionale Grafik.

```
In[5]:= Options[Graphics3D, LightSources]
Out[5]= {LightSources →
          {{{1., 0., 1.}, RGBColor[1, 0, 0]},
           {{1., 1., 1.}, RGBColor[0, 1, 0]},
           {{0., 1., 1.}, RGBColor[0, 0, 1]}}}
```

Wie zu erwarten ist, braucht man drei Angaben – für jede Lichtquelle eine. Als erstes wird die Richtung festgelegt, aus der das Licht einfällt; dazu dient ein eigenes Koordinatensystem, das den Zweck erfüllt, die Positionen der Lichtquellen von Standpunktänderungen des Beobachters unabhängig zu machen. Es ist so angelegt, daß die x-Achse und die y-Achse in der Ebene der Bilddarstellung liegen; dabei wird die x-Achse nach rechts und die y-Achse nach oben aufgetragen. Die z-Achse steht zur Bildebene senkrecht und ist zum Betrachter hin ausgerichtet. Auf die Richtungsangabe folgt die Angabe der Farben mit den bekannten Farbsystemen.

Im vorgegebenen Fall strahlt die erste Lichtquelle rotes Licht aus, die zweite grünes und die dritte blaues. Da die drei z-Koordinaten positiv sind, liegen alle drei Lichtquellen oberhalb der Zeichenebene, u.zw. die rote oberhalb des Zentrums, die grüne oben rechts und die blaue rechts vom Zentrums. Im übrigen ist die optionale Farbgebung bei *Mathematica* mit ihren gedämpften Blautönen bemerkenswert dezent.

Das dem Betrachter gebotene Bild hängt nach den Gesetzen der geometrischen Optik von der Winkelstellung der Polygone ab, aus denen sich das Objekt aufbaut. Die unterschiedlich intensiven Lichtreflexe an den Polygonen dienen als Hinweise für deren Winkelstellung im Raum. Auf diese Weise entsteht ein der Realität entsprechender Eindruck, der es unserem Wahrnehmungsvermögen erleichtert, die Geometrie des Objekts zu erkennen.

Als Demonstrationsobjekt verwenden wir eine Wellenfläche, deren Höhe zwischen −2 und 2 liegt. Dabei beschränken wir uns auf wenige Stützpunkte, so daß die Polygone und die von ihrer Winkelstellung im Raum abhängigen unterschiedlichen Lichtreflexionen gut erkennen sind. Wir behalten die im RGB-System vorgegebenen Werte im Buch bei, da hier auch die Wiedergabe mit Grauwerten einen brauchbaren Eindruck vom Sachverhalt gibt.

```
In[6]:= f[x_, y_] := Sin[x * Sin[0.1y]] + Cos[y * Cos[0.1y]]

In[7]:= Plot3D[f[x, y], {x, -10, 10}, {y, -10, 10},
          PlotPoints → 12, Axes → False, Boxed → False];
```

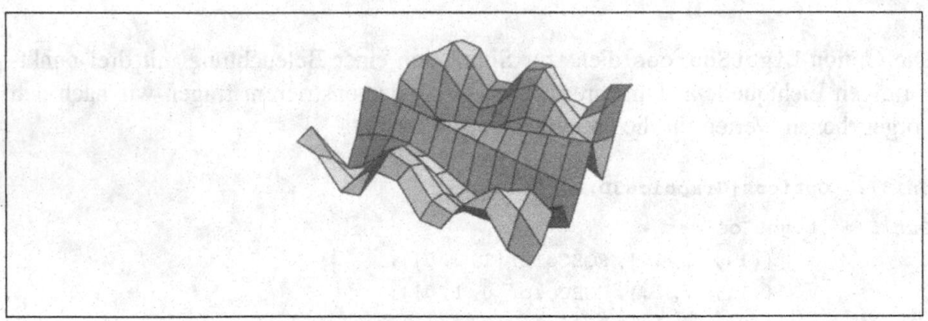

Um die Abhängigkeit der Beleuchtungssituation von der Position der Lichtquellen zu demonstrieren, bewegen wir zwei von ihnen von links nach rechts. Dazu schreiben wir die Spezifikation für `LightSources` als Veränderliche.

```
In[8]:= licht[n_] := {{{n, 0, 1}, RGBColor[1, 0, 0]},
                      {{n, 1, 1}, RGBColor[0, 1, 0]},
                      {{0, 1, 1}, RGBColor[0, 0, 1]}}

In[9]:= Table[Plot3D[f[x, y], {x, -10, 10}, {y, -10, 10},
                PlotPoints → 12, LightSources → licht[n],
                Axes → False, Boxed → False],
          {n, -1, 1, 0.1}];
```

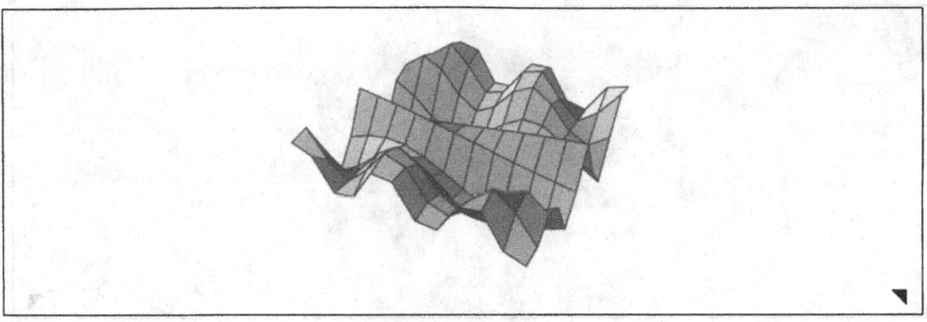

Es folgt eine Bewegung zweier Lichtquellen von ihrer Position oberhalb der Bildebene zu einer Position darunter.

```
In[10]:= licht11[n_] := {{{1, 0, n}, RGBColor[1, 0, 0]},
                         {{1, 1, n}, RGBColor[0, 1, 0]},
                         {{0., 1, 1.}, RGBColor[0, 0, 1]}}

In[11]:= Table[Plot3D[f[x, y], {x, -10, 10}, {y, -10, 10},
                PlotPoints → 12, LightSources → licht11[n],
                Axes → False, Boxed → False],
           {n, 1, -1, -0.1}];
```

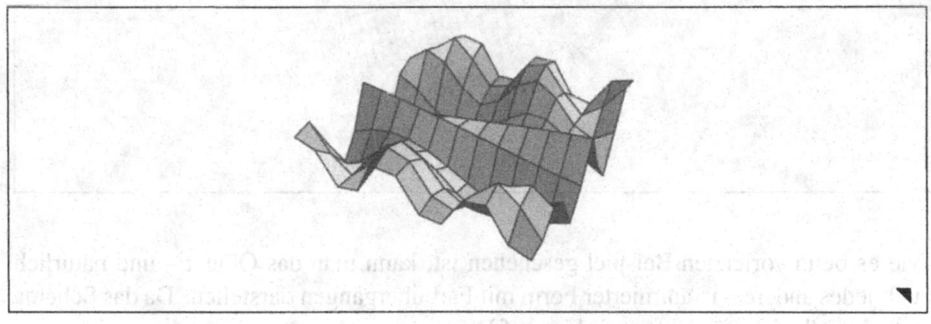

Simulation von Streulicht

Mit Hilfe der Anweisung `AmbientLight → Color` kann man das Objekt zusätzlich durch gleichmäßiges Streulicht aus der Umgebung beleuchten. Vorgabe eines Grauwerts führt zu einer neutralen Aufhellung, mit farbigem Streulicht läßt sich der Gesamteindruck der Farben verändern. Die folgende Animation zeigt dasselbe Objekt unter zunehmendem Streulicht.

```
In[12]:= Table[Plot3D[f[x, y], {x, -10, 10}, {y, -10, 10},
                PlotPoints → 32, AmbientLight → GrayLevel[n],
                Axes → False, Boxed → False],
           {n, 0, 1, 0.02}];
```

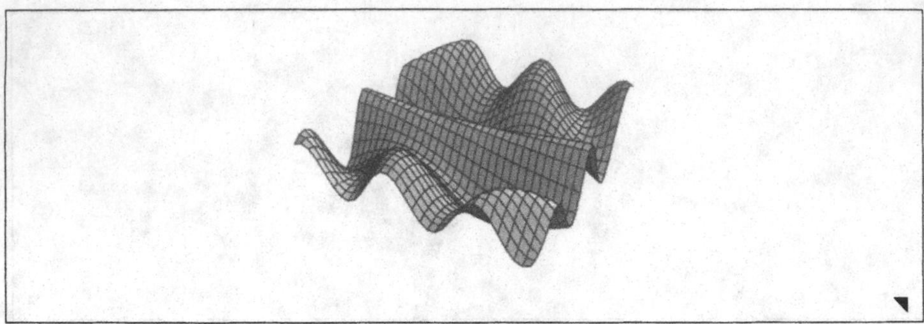

Die Anweisung Shading → False bewirkt, daß das Objekt farblos-weiß und ohne Schatten dargestellt wird..

```
In[13]:= Plot3D[f[x,y],{x,-10,10},{y,-10,10},
         PlotPoints → 32, Shading → False, Axes → False, Boxed → False];
```

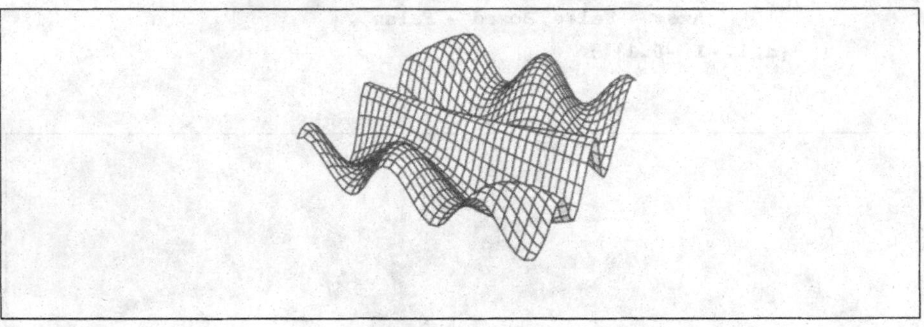

Wie es beim vorletzten Beispiel geschehen ist, kann man das Objekt – und natürlich auch jedes andere – in animierter Form mit Farbübergängen darstellen. Da das Schema stets dasselbe ist, verzichten wir hier auf Demonstrationen.

Einfärbung

Die Anweisung Lighting → False bewirkt, daß das Objekt in Grautönen, u.zw. ansteigend mit der z-Achse, eingefärbt wird. Als Demonstrationsobjekt wählen wir eine Wellenfläche, deren Höhe zwischen –2 und 2 liegt.

```
In[14]:= Plot3D[f[x,y],{x,-10,10},{y,-10,10},
         PlotPoints → 32, Lighting → False,
         Axes → False, Boxed → False];
```

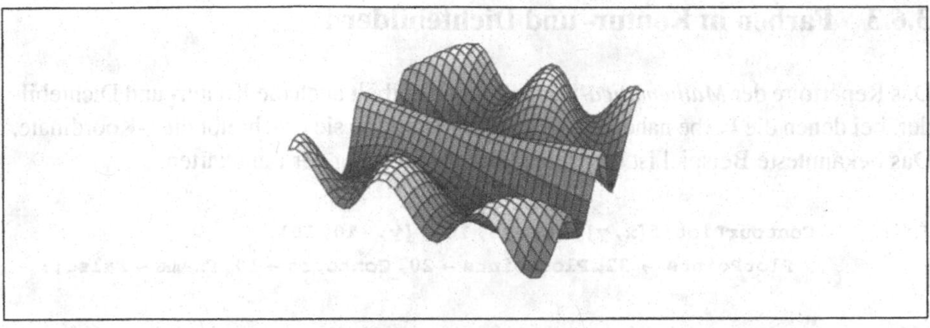

Weiter besteht noch die Möglichkeit der Einfärbung mit Hilfe der oben beschriebenen Farbcodes. Die Anweisung wird nach der Funktion eingefügt – wobei beide durch eine geschlungene Klammer zusammengefaßt und durch ein Komma getrennt werden. Im folgenden Beispiel ist die Farbverteilung durch eine Kreisfunktion bestimmt.

```
In[15]:= Plot3D[{f[x, y], RGBColor[0.9, 1 - 0.07 * Sqrt[x^2 + y^2], 0.3]},
         {x, -10, 10}, {y, -10, 10},
         PlotPoints → 32, Axes → False, Boxed → False];
```

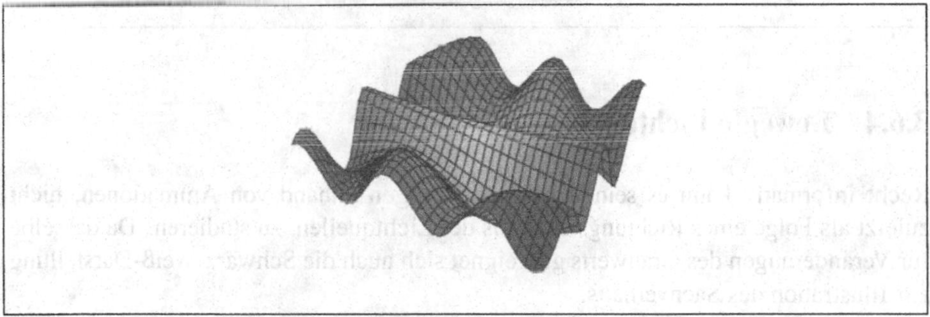

Von oben ist die kreissymmetrische Farbverteilung besser erkennbar.

```
In[16]:= Plot3D[{f[x, y], RGBColor[0.9, 1 - 0.07 * Sqrt[x^2 + y^2], 0.3]},
         {x, -10, 10}, {y, -10, 10},
         ViewPoint → {0.0, 0.0, 0.3}
         PlotPoints → 32, Axes → False, Boxed → False];
```

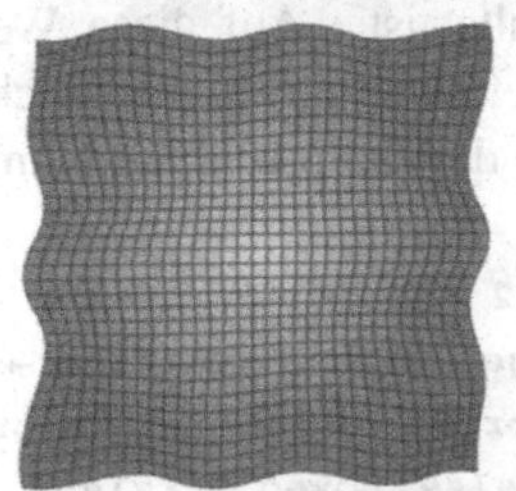

3.6.3 Farben in Kontur- und Dichtebildern

Das Repertoire der *Mathematica*-Darstellungen enthält auch die Kontur- und Dichtebilder, bei denen die Farbe nahezu unverzichtbar ist, denn sie beschreibt die z-Koordinate. Das bekannteste Beispiel ist die Höhenliniendarstellung der Landkarten.

```
In[17]:= ContourPlot[f[x,y],{x,-10,10},{y,-10,10},
           PlotPoints → 32,PlotPoints → 20,Contours → 10,Frame → False];
```

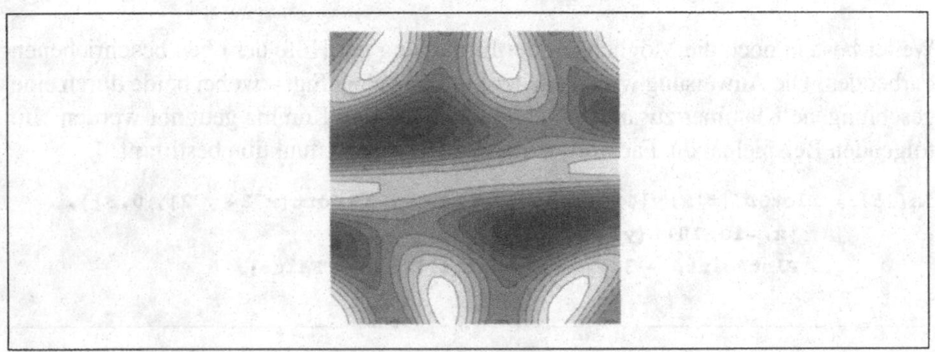

3.6.4 Bewegte Lichtquellen

Recht informativ kann es sein, Farbveränderungen anhand von Animationen, nicht zuletzt als Folge eines Richtungswechsels der Lichtquellen, zu studieren. Da dasselbe für Veränderungen des Grauwerts gilt, eignet sich auch die Schwarz-Weiß-Darstellung zur Illustration des Sachverhalts.

Wir zeigen das am Beispiel einer Raumfläche. Um Bewegungen der Lichtquellen zu veranlassan, führen wir eine Abkürzung ein:

```
In[18]:= licht[u_] := {{{Cos[u],0.,Sin[u]},RGBColor[1,1,0]},
                       {{0.0,1.0,1.0}, RGBColor[0,0.8,1]}}
```

Nun lassen wir eine gelb leuchtende Lichtquelle auf einer horizontalen Ebene um das Objekt kreisen, zusätzlich wird die Szene von der zweiten Lichtquelle leicht aufgehellt, während die dritte ausgeschaltet ist. Auf diese Weise ist der Zusammenhang der Drehbewegung mit den Lichteffekten gut zu überblicken. Ähnlich wie beim Tag- und Nachtzyklus wechseln Phasen der Helligkeit und Dunkelheit.

```
In[19]:= Table[Plot3D[(x^2 + 4y^2) * E^(1 - x^2 - y^2),{x,-5,5},{y,-5,5},
                 PlotRange → All, BoxRatios → Automatic,
                 LightSources → licht[u], PlotPoints → 24,
                 Axes → False, Boxed → False],
           {u,0,2π - 0.05π,0.05π}];
```

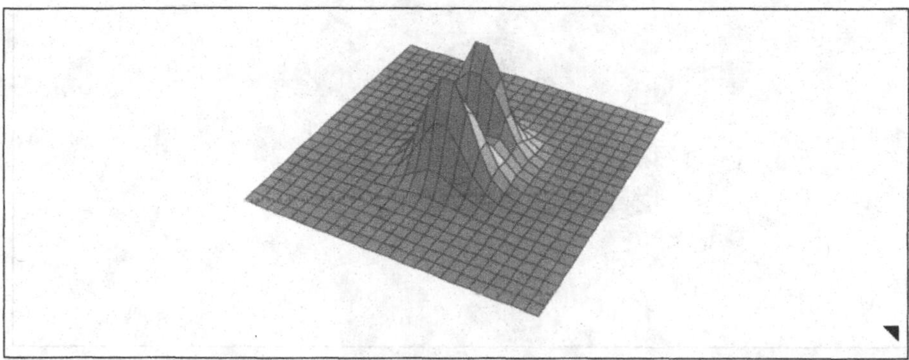

Dieses Kapitel deutet an, daß *Mathematica* viele Möglichkeiten für den Einsatz von Farben bei der Gestaltung von Grafiken bietet, die hier keineswegs alle erwähnt werden können; eine ausführliche Beschreibung findet sich im Handbuch. Recht informativ kann es sein, Farbveränderungen anhand von Animationen, nicht zuletzt als Folge eines Richtungswechsels der Lichtquellen, zu studieren.

3.7 Programm zum Titelbild *t3*

Die visuell interessanten Gebilde, die sich insbesondere bei Abwandlungen von Ringen ergeben, sind ein Anreiz für freie ästhetische Experimente. Eine ganze Reihe merkwürdiger Konfigurationen entsteht, wenn man die Röhre längs des Umlaufkreises in verschiedener Weise einschnürt und/oder verdrillt. Darüber mehr im fünften Teil, Kapitel 5.1., über Verwandlungen geometrischer Körper mit Hilfe von Formparametern.

Objekt „Zackenkrone"

Wir greifen den Dingen ein wenig vor und schließen direkt an das Ende des Abschnitts 5.1.4 an. Ausgangsbasis soll das dort aus einem Torus entwickelte Objekt sein. Es ergibt sich aus synchronen Schwankungen von Ring- und Röhrendurchmesser.

```
In[1]:= ParametricPlot3D[
          Evaluate[{(1 + 0.3 * Cos[3v] + 0.3 * Cos[3v] * Cos[ϕ]) * Cos[v],
                    (1 + 0.3 * Cos[3v] + 0.3 * Cos[3v] * Cos[ϕ]) * Sin[v],
                    0.1 * Sin[ϕ]},
                   {ϕ, 0, 2 π}, {v, 0, 2 π}],
          PlotPoints → {24, 64}, Boxed → False, Axes → False];
```

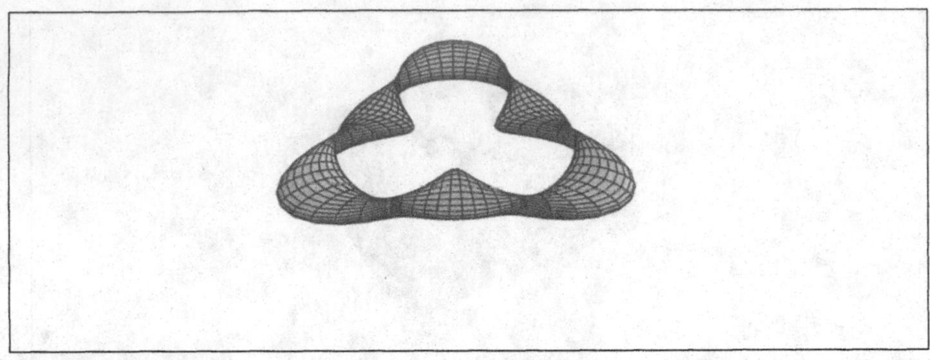

Für den nächsten Versuch wird eine Abhängigkeit gewählt, die zusätzlich zu Verdrillungen führt.

```
In[2]:= te1 = (0.3 + 0.1 * Cos[3v] + 0.2 * Cos[4v] * Cos[φ]) Cos[v + 0.2];
        te2 = (0.3 + 0.1 * Cos[3v] + 0.2 * Sin[4v] * Cos[φ]) Sin[v + 0.2];
        te3 = 0.1 Sin[φ] * Sin[4v];
```

```
In[3]:= r7 =
        ParametricPlot3D[Evaluate[{te1, te2, te3}, {φ, 0, 2 π}, {v, 0, 2π}],
          PlotPoints → {24, 64}, Boxed → False, Axes → False];
```

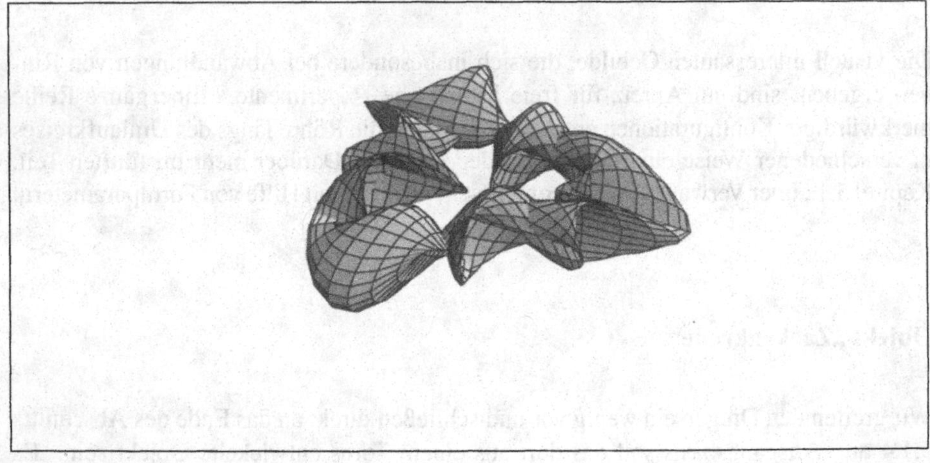

Die Symmetrie dieses Gebildes erschließt sich besser, wenn man es zusätzlich von oben und von der Seite betrachtet.

Ansicht in Richtung der Symmetrieachse

```
In[4]:= ParametricPlot3D[Evaluate[{te1, te2, te3}, {φ, 0, 2 π}, {v, 0, 2π}],
          ViewPoint → {0, 0, 5}, PlotPoints → {24, 64},
          Boxed → False, Axes → False];
```

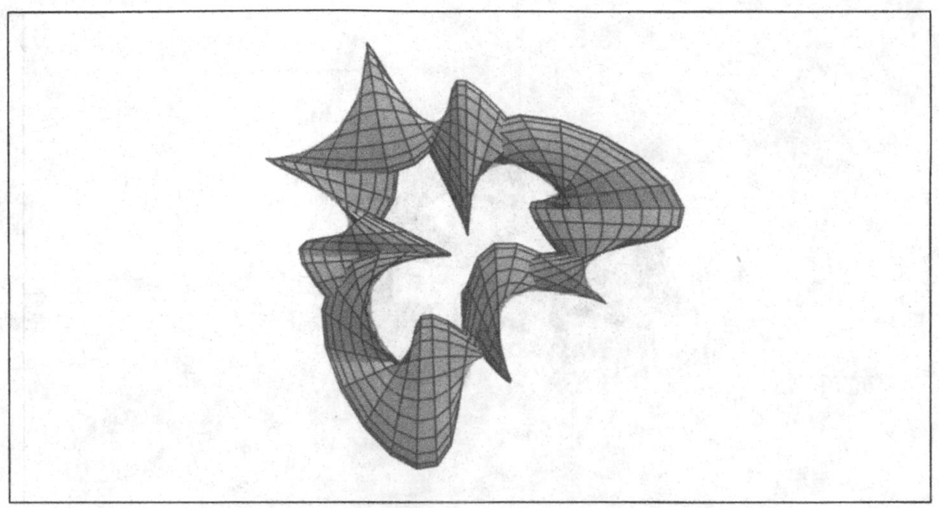

Ansicht in Richtung aus der *x*-*y*-Ebene

```
In[5]:= ParametricPlot3D[Evaluate[{te1, te3, te2}, {φ, 0, 2 π}, {v, 0, 2 π}],
          ViewPoint → {0, 0, 9}, PlotPoints → {24, 64},
          Boxed → False, Axes → False];
```

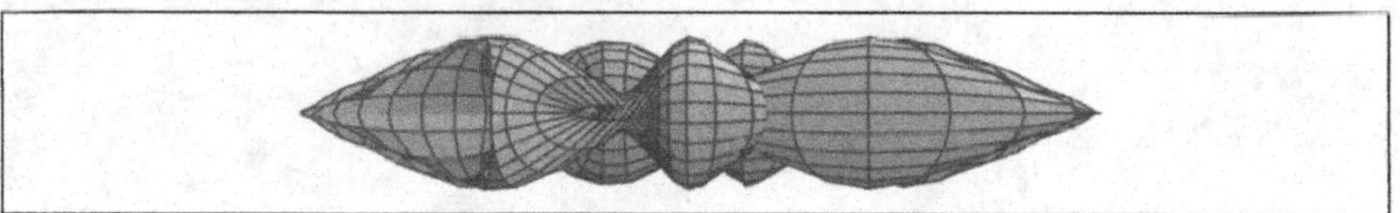

Sicht schräg von oben

Abschließend wurde das Objekt in eine visuell günstige Lage gebracht und mit höherer Auflösung dargestellt.

```
In[6]:= r7fein =
         ParametricPlot3D[Evaluate[{te1, te2, te3}, {φ, 0, 2 π}, {v, 0, 2 π}],
           ViewPoint → {3.18, -1.716, 6.572},
           LightSources →
                 {{{3.0, 1.9, 1.0}, RGBColor[0.3, 0.8, 0.4]},
                   {{1.0, 1.9, 0.2}, RGBColor[0.8, 0.2, 0.2]},
                   {{0.5, 0.3, 0.3}, RGBColor[1, 0.6, 0.9]}},
           ViewVertical → {-1, 0.5, 0}, PlotPoints → {32, 128},
           Boxed → False, Axes → False];
```

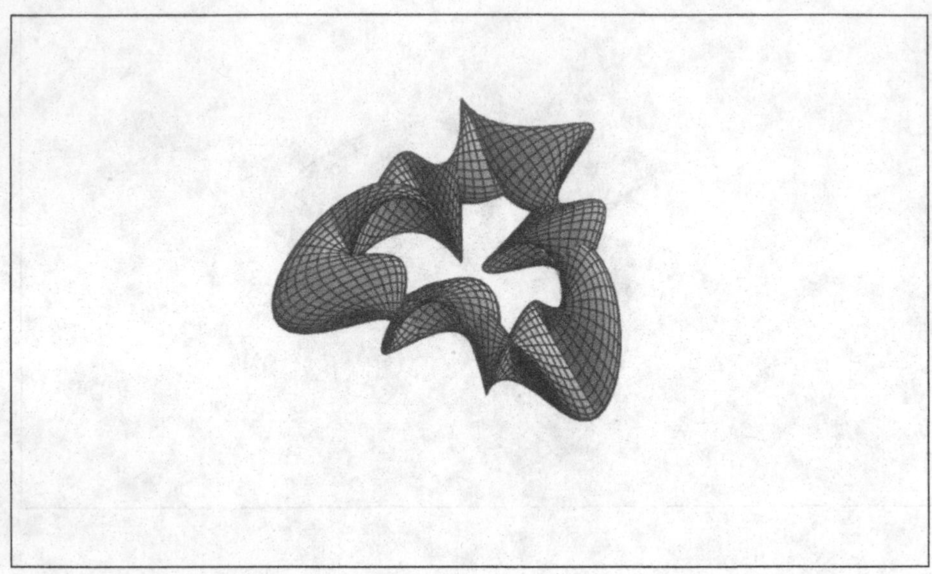

Diese Darstellung wird für den Innentitel *t3* benutzt.

4. Bewegungen von Kurven

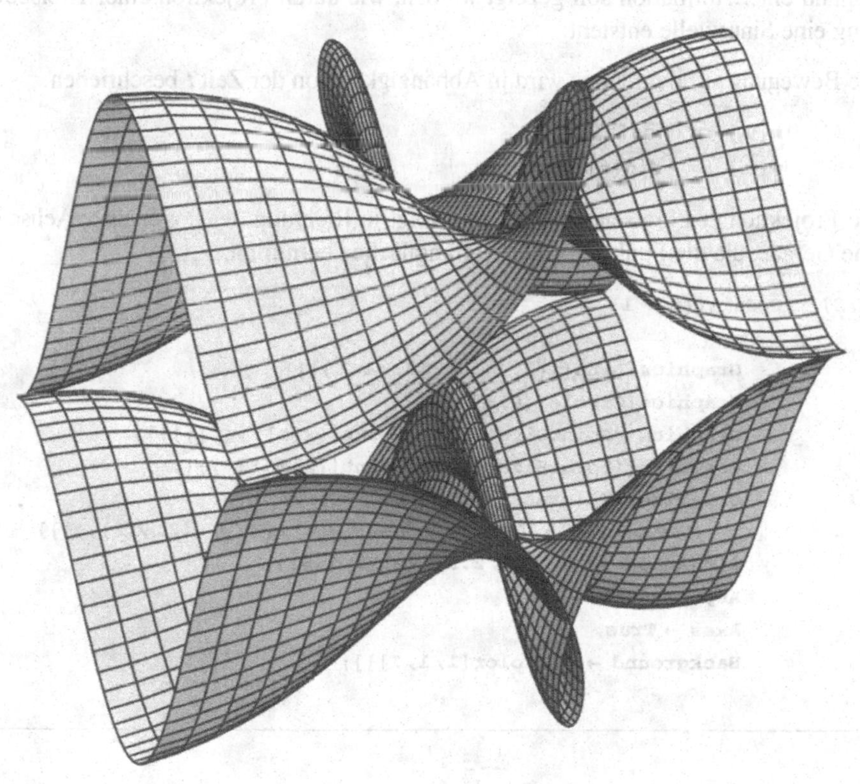

t4

Aus einer Abrollkurve gewonnene Raumfläche. Erläuterungen in Kapitel 4.7.

4.1 Schwingungen und Wellen

Während die Visualisierung, speziell mit Hilfe von Animationen, in der reinen Mathematik nur zögernd aufgegriffen wird, ist sie im Bereich der Physik und der Technik längst ein selbstverständliches Mittel der Beschreibung und Demonstration geworden. Aus diesem Anwendungsfeld stammen die Themen, die in diesem Teil des Buches mit filmischen Mitteln bearbeitet werden. Am Anfang der Demonstrationen steht die Wellenbewegung, bei der der Zusammenhang zwischen Physik, Mathematik und Technik besonders deutlich wird.

4.1.1 Die Sinuswelle

Anhand einer Animation soll gezeigt werden, wie durch Projektion einer Kreisbewegung eine Sinuswelle entsteht.

Die Bewegung auf dem Kreis wird in Abhängigkeit von der Zeit *t* beschrieben.

```
In[1]:= x[t_] := Cos[t];
        y[t_] := -Sin[t];
```

Die Projektion des kreisenden Punktes erfolgt in Richtung der positiven *x*-Achse auf eine Gerade, die die Funktion einer Auffangfläche übernimmt.

```
In[2]:= Module[{t = 1},
          Show[
            Graphics[Line[{{2,1.3 },{2,-4.3 }}]],
            Graphics[Circle[{0,0},1]],
            Graphics[{PointSize[0.05],Point[{x[t],y[t]}]}],
            Graphics[{PointSize[0.05],Point[{2,y[t]}]}],
            Graphics[{Thickness[0.015],
                RGBColor[0.5,0.8,1],Line[{{x[t],y[t]},{2,y[t]}}]}],
            PlotRange → {{-1.5,2.5},{-1.5,1.5}},
            AspectRatio →3/4,
            Axes →True,
            Background → RGBColor[1,1,1]]];
```

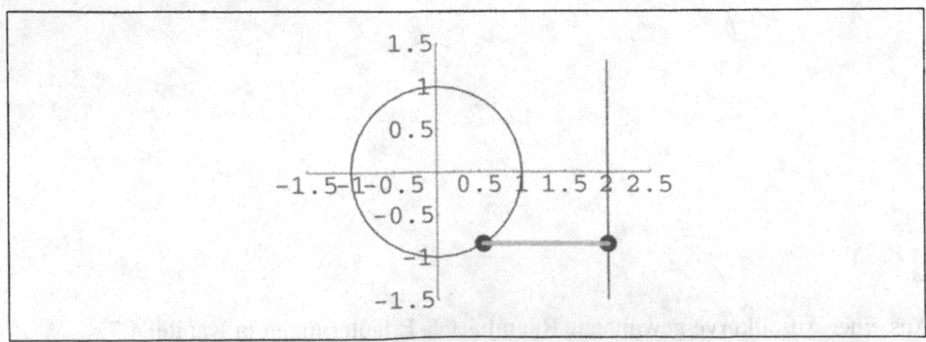

Die Fortsetzung der posiiven x-Achse dient nun als Zeitachse, über der der Ausschlag in der y-Richtung aufgetragen ist.

```
In[3]:= Table[
          Show[
            Graphics[Line[{{-3.3, 0 }, {10, 0 }}]],
            Graphics[Line[{{0, 1.3 }, {0, -1.3 }}]],
            Graphics[Circle[{-2, 0}, 1]],
            Graphics[{PointSize[0.025], Point[{x[t] - 2, y[t]}]}],
            Graphics[{PointSize[0.025], Point[{0, y[t]}]}],
            Graphics[{Thickness[0.01],
              RGBColor[0.5, 0.8, 1],
              Line[{{x[t] - 2, y[t] }, {0, y[t] }}]}],
            Plot[y[x + t], {x, 0.0001, t}, DisplayFunction → Identity],
            PlotRange → {{-3.5, 10}, {-1.5, 1.5}},
            AspectRatio → 3/13.5,
            Axes → False,
            Background → RGBColor[1, 1, 1]],
          {t, 0., 4.π  0.1π, 0.1π}];
```

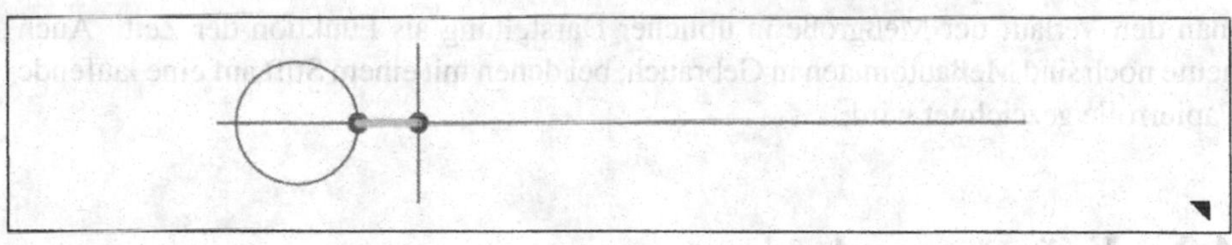

Wie sich herausstellt, sind durch Sinuskurven beschriebene Prozesse in Natur und Technik von grundlegender Wichtigkeit. Während bei unseren Beispielen die Bewegungsform erzwungen ist, ergibt sich diese Wellenform in vielen Teilbereichen der Physik als Lösung von Differentialgleichungen für alle möglichen Schwingungsprozesse.

4.1.2 Überlagerte Wellen

Auf dieselbe Weise lassen sich überlagerte Schwingungen aufzeichnen.

```
In[4]:= xx[t_] := 0.5 * ( Cos[t] + Cos[3t + 1]);
        yy[t_] := 0.5 * (-Sin[t] - Sin[3t + 1]);
```

```
In[5]:= Table[
          Show[
            Graphics[Line[{{-3.3, 0 }, {10, 0 }}]],
            Graphics[Line[{{0, 1.3 }, {0, -1.3 }}]],
            ParametricPlot[{xx[u] - 2, yy[u]}, {u, 0, 3π},
              DisplayFunction → Identity],
            Graphics[{PointSize[0.025], Point[{xx[t] - 2, yy[t]}]}],
            Graphics[{PointSize[0.025], Point[{0, yy[t]}]}],
            Graphics[{Thickness[0.01], RGBColor[0.5, 0.8, 1],
              Line[{{xx[t] - 2, yy[t] }, {0, yy[t] }}]}],
            Plot[yy[xx + t], {xx, 0.0001, t}, DisplayFunction → Identity],
            PlotRange → {{-3.5, 10}, {-1.5, 1.5}}, AspectRatio → 3/13.5,
            Axes → False, Background → RGBColor[1, 1, 1]],
          {t, 0., 4.π - 0.1π, 0.1π}];
```

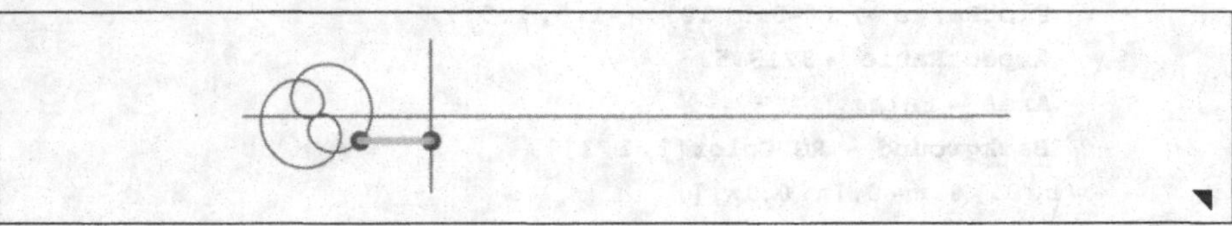

Diese Darstellung entspricht der üblichen Art der Registrierung zeitabhängiger Prozesse, wie sie beispielsweise von Erdbebenwellen bekannt ist. Auf diese Weise erhält man den Verlauf der Meßgröße in üblicher Darstellung als Funktion der Zeit. Auch heute noch sind Meßautomaten in Gebrauch, bei denen mit einem Stift auf eine laufende Papierrolle gezeichnet wird.

4.2 Krümmungskreis

Die Krümmung einer Kurve spielt nicht nur in der Mathematik, sondern auch in vielen technischen Bereichen eine wichtige Rolle. Sie wird durch den Krümmungskreis veranschaulicht. Er ist, etwas vereinfacht ausgedrückt, jener Kreis, der sich der Kurve $f(x)$ am besten anschmiegt. Näheres darüber findet man in vielen grundlegenden Darstellungen, etwa in W. Leupold u.a.: „Analysis für Ingenieure", Thun und Frankfurt/Main, 1989, S. 380 und H. Schupp, H. Dabrock: „Höhere Kurven", BI-Wissenschaftsverlag Mannheim, Leipzig, Wien, Zürich, 1995, S. 193ff.

Evolute und Krümmungsradius

Als Krümmungsradius versteht man den Radius des Krümmungskreises an einem bestimmten Punkt der Kurve. Wie sich beweisen läßt, gilt für ihn die Formel

$$\frac{(1+f'^2)^{3/2}}{f''}$$

Als Beispiel soll eine Wellenfunktion dienen:

```
In[1]:= y[x_] := Cos[x];

In[2]:= kruemmPlot =
        Plot[y[x], {x, -4, 12},
          AspectRatio → 1/4, PlotRange → {{-4, 12}, {-2, 2}},
          Background → RGBColor[1, 1, 1], Axes → True];
```

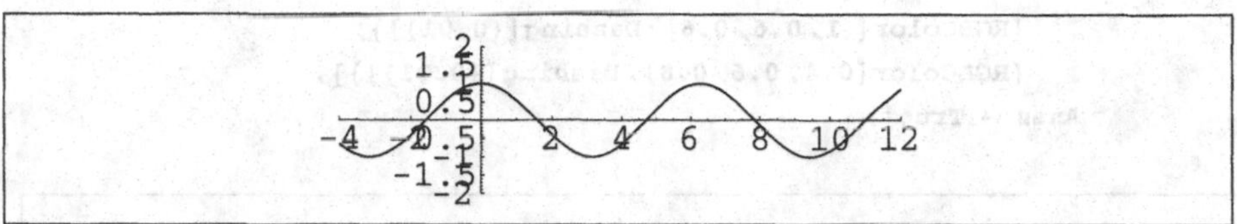

Die Ableitungen sind:

```
In[3]:= y'[x_] := D[y[x], x]
        y''[x_]:= D[y[x], {x, 2}]
```

Damit kann man den Krümmungsradius der oben angegebenen Formel gemäß angeben:

```
In[4]:= kR[x_] := (1 + (y'[x])^2)^(3/2)/y''[x]//Evaluate
```

Alle Krümmungsmittelpunkte zusammen ergeben eine Kurve, die nach Christiaan Huygens (1629-1695) als Evolute bezeichnet wird. Wir stellen sie in einem Diagramm, das auch die Ursprungskurve enthält, rotgestrichelt (im Druck schwarz) dar.

```
In[5]:= zei =
        Plot[{y[x], kR[x]}, {x, -4, 12},
          AspectRatio → 1/2,
          PlotRange → {{-4.5,12.5}, {-4, 4}},
          PlotStyle → {{}, {RGBColor[1, 0.6, 0.6], Dashing[{0.01}]}},
          Axes → True,
          Background → RGBColor[1, 1, 1]];
```

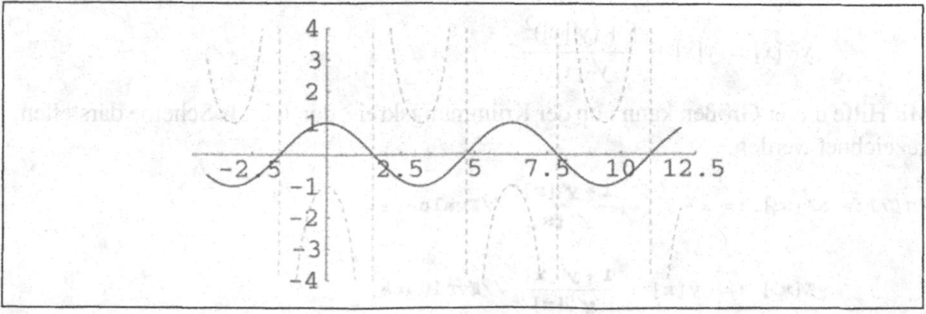

Die Grafik bestätigt, daß der Absolutwert des Krümmungsradius an den Wellenbäuchen und -tälern Minimalwerte annimmt und an den Wendepunkten unendlich wird. Da der

Krümmungsradius bei kleiner Krümmung groß ist, und umgekehrt, verwendet man nicht ihn selbst, sondern seinen Kehrwert als Maß für die Krümmung. Diese tragen wir in das Diagramm blaugestrichelt (im Druck schwarz) ein.

```
In[6]:= kru =
      Plot[{y[x], kR[x], 1/kR[x]}, {x, -4, 12},
        AspectRatio → 1/2,
        PlotRange → {{-4.5, 12.5}, {-4, 4}},
        PlotStyle → {{},
            {RGBColor[ 1, 0.6, 0.6], Dashing[{0.01}]},
            {RGBColor[0.4, 0.6, 0.8], Dashing[{0.01}]}},
        Axes → True];
```

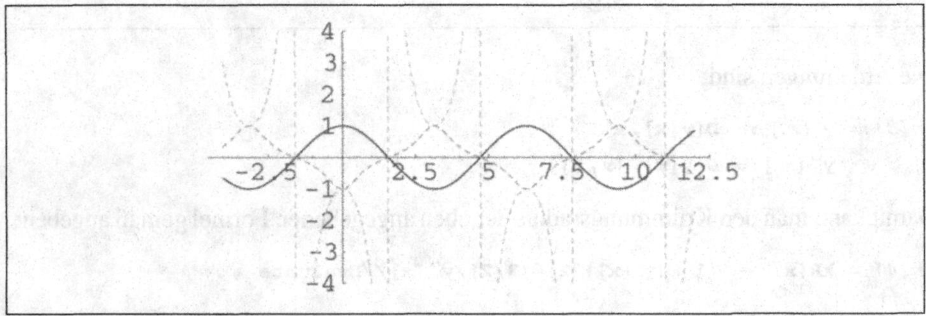

Der Formel gemäß weist die Krümmung an den Wellenbäuchen und -tälern Extremwerte auf und geht an den Wendepunkten durch Null.

Krümmungskreis

Weitaus anschaulicher ist es, die Abhängigkeit mit Hilfe des anliegenden Krümmungskreises zu demonstrieren, was sich am besten durch eine Animation erreichen läßt. Der Mittelpunkt des Krümmungskreises ist gegeben durch $\{xK, yK\}$ mit

$$xK[x] = x - y'[x]\frac{1 + (y'[x])^2}{y''[x]}$$

$$yK[x] = y[x] + \frac{1 + (y'[x])^2}{y''[x]}$$

Mit Hilfe dieser Größen kann nun der Krümmungskreis, den wir als Scheibe darstellen, gezeichnet werden.

```
In[7]:= xK[x_] := x - y'[x] (1 + y'[x]^2)/(y''[x]) //Evaluate;

        yK[x_] :=  y[x] +  (1 + y'[x]^2)/(y''[x]) //Evaluate;

        kK[x_] := {RGBColor[0.6, 0.6, 0.8],
                   Disk[{xK[x], yK[x]}, Abs[kR[x]]]};
```

Die Animation zeigt das veränderliche Ausmaß des Krümmungskreises längs der Kurve, zur Verdeutlichung ist auch der Berührungspunkt eingezeichnet.

```
In[8]:= Table[
      Show[Graphics[kK[x]], kruemmPlot,
        Graphics[{PointSize[0.025], Point[{x, y[x]}]}],
        PlotRange → {{-4.5, 12.5}, {-4, 4}}, AspectRatio → 1/2],
      {x, -4, 12, 0.2}];
```

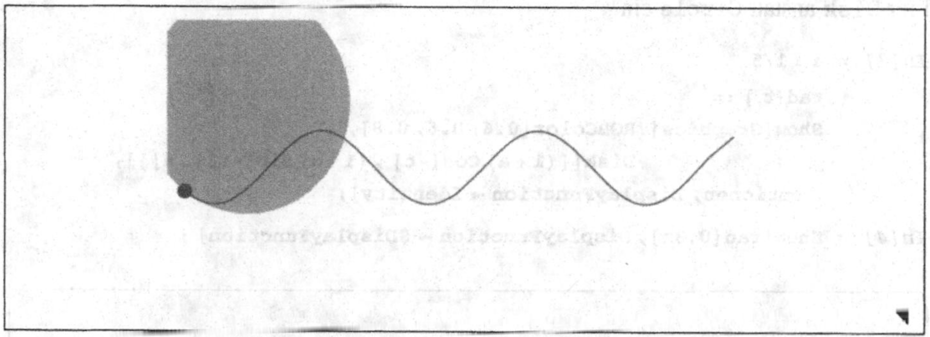

Mit derselben Methode kann man die Bewegung des Krümmungskreises auf jeder anderen stetigen Kurve demonstrieren.

4.3 Abrollkurven

Bekannte Beispiele für überlagerte Bewegungen sind Abrollkurven, auch Zykloiden genannt. Sie kommen zustande, wenn ein Rad auf einer Geraden, einem Kreis oder auf einer anderen Kurve abrollt. Als Beispiel für die Veranschaulichung soll der Umlauf um einen Kreis dienen, wobei in der Regel Rosetten entstehen. Wir müssen dazu vier verschiedene Teile kombinieren: den Basiskreis, das Rad, einen Zeiger, dessen Spitze die Kurve hinterläßt, und die Kurve selbst. Diese Teile werden in den folgenden Abschnitten aufgebaut und schließlich in einem Programm zusammengefaßt, das die Phasenbilder der Bewegung ausgibt, wenn man die bestimmenden Parameter, u.zw. die Abmessungen des Rades sowie die Zahl der Schleifen, die „Periodizität", eingibt.

4.3.1 Abrollen auf einem Kreis

Der Einfachheit halber setzen wir den Radius des Basiskreises mit 1 fest. Zur Platzersparnis werden die Optionen für die Ausgabe der Grafiken in einem Ausdruck zusammengefaßt.

```
In[1]:= optionen = {Axes → False,
                    AspectRatio → 1,
                    PlotRange → {{-1.6, 1.6}, {-1.6, 1.6}},
                    Background → GrayLevel[1]};
```

```
In[2]:= kreis = Show[Graphics[Circle[{0, 0}, 1]], optionen];
```

Auf die Abildung des Basiskreises können wir verzichten.

Rad

Soll sich die Rollkurve nach n Umläufen schließen, dann muß der Radumfang ein Teiler des Basiskreisumfangs sein. Um das umlaufende Rad einfärben zu können, setzen wir hier `Disk` anstatt `Circle` ein.

```
In[3]:= a = 1/5;
        rad[t_] :=
        Show[Graphics[{RGBColor[0.6, 0.6, 0.8],
                        Disk[{(1 + a) Cos[-t], (1 + a) Sin[-t]}, a]}],
          optionen, DisplayFunction → Identity];
```

```
In[4]:= Show[rad[0.3π], DisplayFunction → $DisplayFunction] ;
```

Basiskreis mit Rad

Durch Festlegen des Winkels greifen wir ein Bild heraus und überzeugen uns davon, daß das Programm die beiden Teile richtig kombiniert hat.

```
In[5]:= Show[kreis, rad[0.5], DisplayFunction → $DisplayFunction];
```

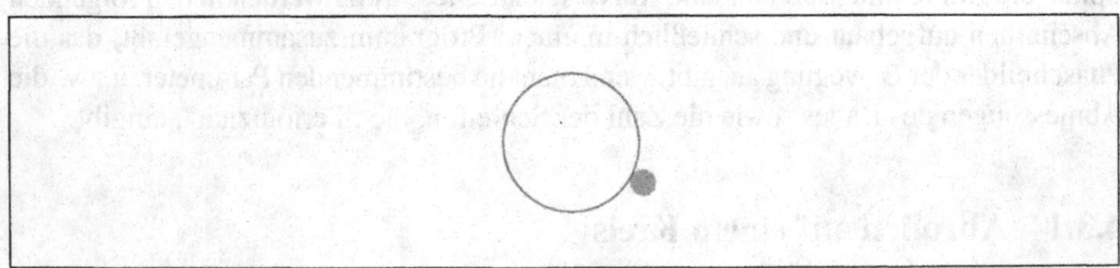

Umlauf um Basiskreis

Nun lassen wir das kleine Rad um das größere laufen.

```
In[6]:= uml = Table[Show[{kreis, rad[t]}], {t, 0, 2π - 0.1π, 0.1π}];
```

```
In[7]:= Show[GraphicsArray[Table[uml[[i]], {i, 1, 19, 3}]]];
```

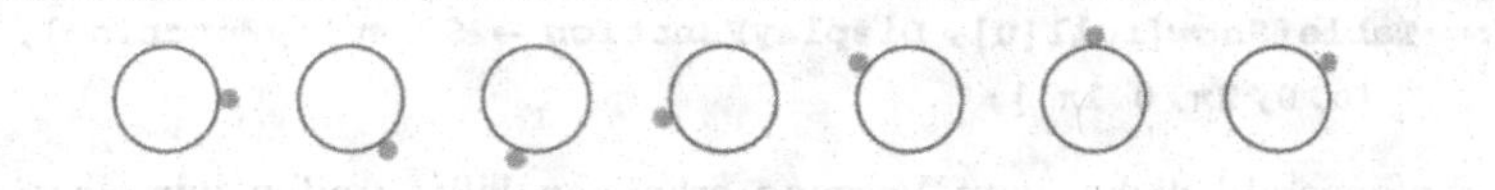

Abrollkurve

Es folgt die Erzeugung der Abrollkurve. Die Mittelpunkte der Kreise in ihren wechselnden Positionen liegen nicht auf dem Basiskreis, sondern auf einem größeren, dessen Radius sich additiv aus jenen des Basiskreises und des Rades zusammensetzt; die entstehenden Kurven nennt man Epizykloiden. Das Rad kann aber auch im Inneren abrollen, was wir berücksichtigen können, indem wir einen negativen Radius des Rades angeben; der Kreis, auf dem die Mittelpunkte des Rades liegen, ist dann kleiner als der Basiskreis. Da `ParametricPlot` den Start mit einem Punkt nicht zuläßt, beginnt die Kurve mit einem kurzen Strich der Länge 0.0001.

Zu beachten ist, daß die Zahl der Umdrehungen, die das Rad bei einem Umlauf vollführt, um 1 größer ist als die Periodenzahl. Das liegt daran, daß das Rad zum Abrollen seines Umfangs etwas mehr als eine volle Drehung ausführen muß. Diese zusätzlichen Drehwinkel zusammengenommen ergeben 360 Grad. Die Drehung um den Kreis kommt also zu den Umdrehungen beim Abrollen hinzu. Das hat zur Folge, daß in den Cosinus- und Sinusfunktionen, die die Drehbewegung des Rades beschreiben, eine um 1 erhöhte Kreisfrequenz, also $n + 1$, einzusetzen ist.

```
In[8]:= roll[u_] :=
        Show[ParametricPlot[
              {(1 + a) Cos[t] + a * Cos[10t], (1 + a) Sin[t] + a * Sin[10t]},
              {t, 0.0001π, -u - 0.0001π}, DisplayFunction → Identity],
          optionen];
In[9]:= Show[roll[2π], DisplayFunction → $DisplayFunction];
```

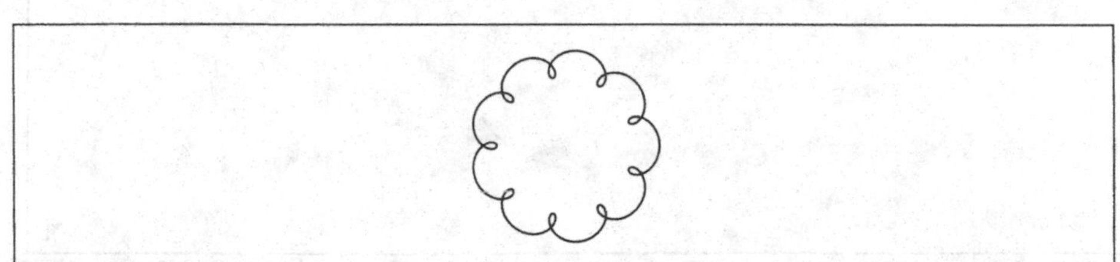

Wie zu sehen ist, führt die Kreisfrequenz 10 im Sinne der oben gegebenen Erläuterung zu einer Periodenzahl von 9.

Abrollkurve im Aufbau

Für einen filmischen Ablauf, der die Entstehung der Kurve zeigen soll, brauchen wir eine Reihe von Darstellungen, die sie während des schrittweisen Wachsens zeigen. Das geschieht mit Hilfe der Operation `Table`.

```
In[10]:= Table[Show[roll[u], DisplayFunction → $DisplayFunction],
           {u, 0, 2π, 0.1π}];
```

Da das Anfangsbild nichts vom Vorgang erkennen läßt, greifen wir eines aus dem laufenden Prozess heraus.

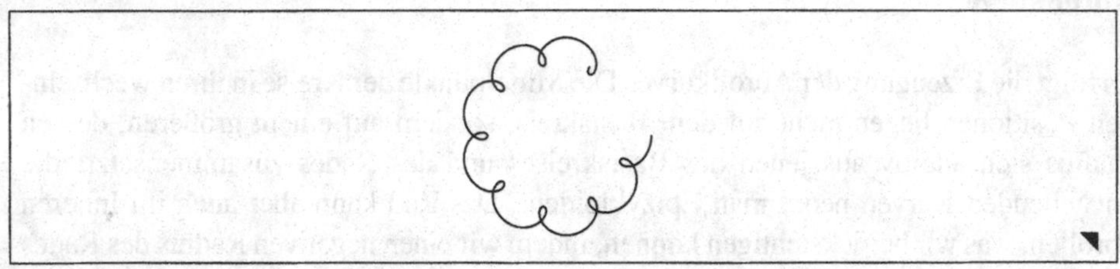

Kombination von Basiskreis, Rad und Kurve.

Die Kombination dieser drei Objekte läßt das Prinzip gut erkennen. Um auch die fertiggestellte Kurve zu zeigen, behalten wir bei diesen und den folgenden Abläufen auch das nach einer vollständigen Umrundung entstandene, sonst meist unterdrückte Phasenbild bei.

```
In[11]:= Table[Show[{kreis, rad[t], roll[t]},
                DisplayFunction → $DisplayFunction],
          {t, 0, 2π, 0.1π}];
```

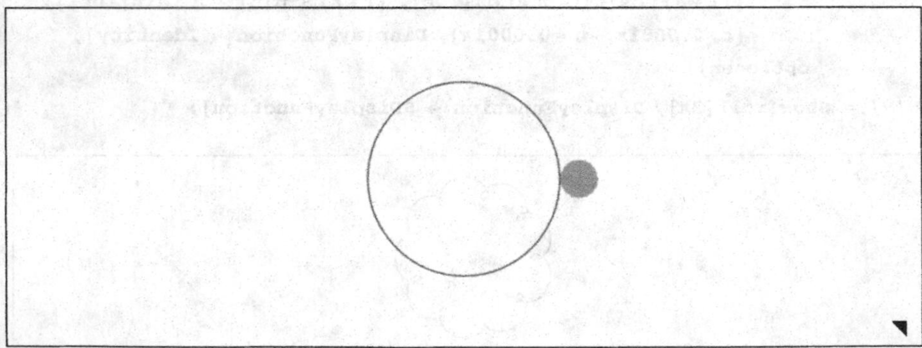

Wieder sehen wir uns ein Bild aus der Mitte des Ablaufs an.

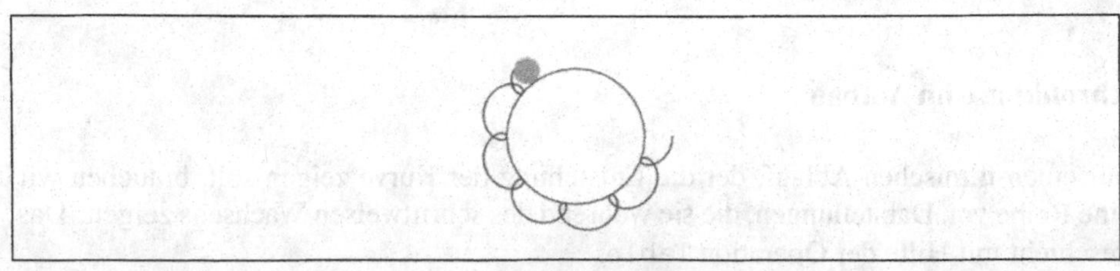

Zeiger

Um die Drehung des Rades sichtbar zu machen, wird ein Zeiger eingefügt. Er ist als Pfeil dargestellt, dessen Spitze auch die Position des Schreibstifts angibt. Für die Zeichnung eines Pfeils stellt *Mathematica* ein eigenes Paket zur Verfügung.

```
In[12]:= Needs["Graphics`Arrow`"]
```

```
In[13]:= zeiger[t_] :=
         Show[
           Graphics[
             Arrow[
               {(1 + a) Cos[t] - a * Cos[10t], (1 + a) Sin[t] - a * Sin[10t]},
               {(1 + a) Cos[t] + a * Cos[10t], (1 + a) Sin[t] + a * Sin[10t]}]],
           optionen, DisplayFunction → Identity];
```

```
In[14]:= zeb =
         Table[Show[zeiger[-t], DisplayFunction → $DisplayFunction],
           {t, 0, 2π, 0.02π}];
```

Kombination aller Elemente

Die Kombination aller Elemente läßt gut erkennen, wie eine Zykloide entsteht. Was da schematisch gezeigt wird, läßt sich auch mechanisch realisieren, und mit Hilfe eines Schreibstifts könnte man die Kurve sogar zu Papier bringen. Im übrigen gibt es im Handel ein grafisches Spiel, mit dem man Zykloiden erzeugen kann.

```
In[15]:= rik =
         Table[Show[{kreis, rad[t], roll[t], zeiger[-t]},
                 DisplayFunction → $DisplayFunction],
           {t, 0, 2π, 0.02π}];
```

```
In[16]:= Show[GraphicsArray[{Table[rik[[i]], {i, 1, 50, 10}],
                             Table[rik[[i]], {i, 51, 100, 10}]}]];
```

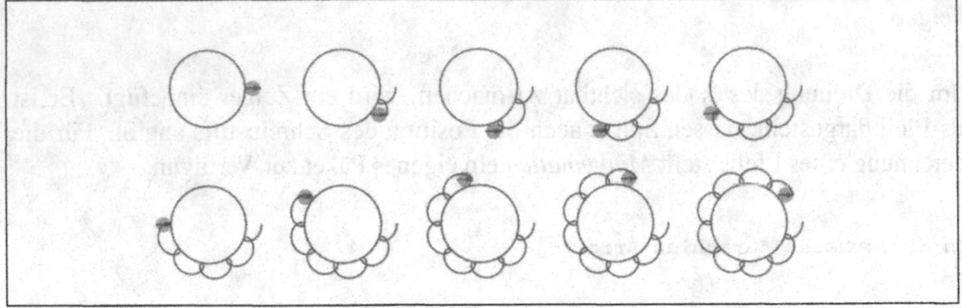

Allgemeiner Fall

Die Form der Epizykloiden ist – wie schon ausgeführt – durch drei Größen bestimmt: den Radius des Rades, die Entfernung des Schreibstifts vom Radzentrum und die Zahl der Abschnitte, die als Schleifen oder Wellen in Rosetten auftreten. Beschränkt man sich auf Abrollkurven, die sich nach dem ersten Umlauf des Rades schließen, dann ist der Radius des Rades nicht mehr frei wählbar, sondern hängt von der gewählten Zahl der Schleifen ab, denn das Rad muß nach einem Umlauf in seine Ausgangslage zurückkehren. Das ist nur der Fall, wenn sich der Radumfang ohne Rest auf den Umfang des Einheitskreises auftragen läßt – dieser muß also ein ganzzahlig Vielfaches des Radumfangs sein. Diese Beziehung gilt auch für die Radien: Der Radius des Basiskreises, den wir als 1 angenommen haben, muß ein Vielfaches des Radradius sein.

Die Vorschrift, daß sich die Kurven nach einem Umlauf schließen sollen, ist aber nicht zwingend; man könnte genausogut eine höhere Zahl von Umläufen festlegen. Auf diesen allgemeinen Fall ist das folgende Programm ausgerichtet, das die bisher erarbeiteten Resultate zusammenfaßt.

```
In[17]:= zykloide[a_, b_, n_] :=
         Module[{kreis, roll, rad, zeiger, c},
           kreis = Show[Graphics[Circle[{0, 0}, 1]],
                     DisplayFunction → Identity];
           rad[t_] := Show[Graphics[Circle[{(1 + a) * Cos[t],
                                   (1 + a) * Sin[-t]}, Abs[a]]],
                      DisplayFunction → Identity];
           roll[u_] :=
           Show[ParametricPlot[
                 {(1 + a) * Cos[t] - (a + Abs[b]) * Cos[(n + 1) * t],
                  (1 + a) * Sin[t] - (a + Abs[b]) * Sin[(n + 1) * t]},
                 {t, 0.0001π, -u - 0.0001π},
                 PlotStyle → RGBColor[0.2, 0.2, 0.8],
                 DisplayFunction → Identity]];
```

```
zeiger[t_] :=
Show[
Graphics[Arrow[
            {(1 + a) Cos[t] + a * Cos[(n + 1) * t],
             (1 + a) Sin[-t] + a * Sin[-(n + 1) * t]},
            {(1 + a) Cos[t] - (a + Abs[b]) * Cos[ (n + 1) * t],
             (1 + a) Sin[-t] - (a + Abs[b]) * Sin[-(n + 1) * t]},
           HeadLength → 0.02, HeadWidth → 0.9]],
  DisplayFunction → Identity];
If[a > 0 && b >= 0, c = 2a + b,
  If[a > 0 && - 1 < b < 0, c = 2a,
    If[a < 0 && b >= 0, c = b,
      If[a < 0 && - 1 < b < 0, c = 0,
        Print[Unzulässige Abmessungen]]]]];
Table[Show[{kreis, rad[t], roll[t], zeiger[t]},
        AspectRatio → 1,
        PlotRange → {{-1.3 - c, 1.3 + c}, {-1.3 - c, 1.3 + c}},
        Background → GrayLevel[1],
        DisplayFunction → $DisplayFunction],
    {t, 0, 2π, 0.02π}]],
```

```
In[18]:= zykloide[0.5, 0.3, 3];
```

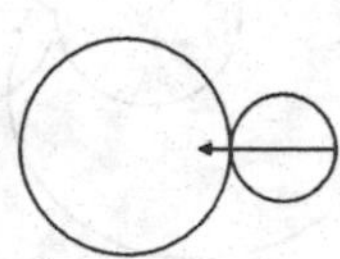

Die Kurve nach einem Umlauf:

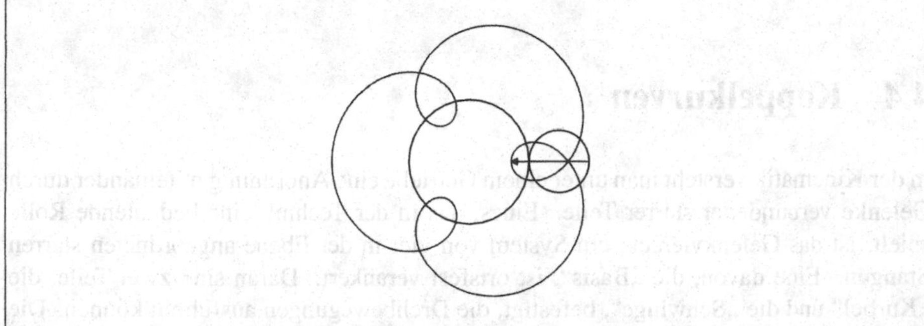

Mit diesem Programm läßt sich eine reiche Ausbeute verschiedenster Rollkurven erzeugen. Die Wahl negativer Werte für den Radius des Rades beispielsweise führt zu einem anderen bekannten Typ, den Hypozykloiden, bei denen das Rad im Innern des Basiskreises umläuft. Viele der resultierenden Rosetten sind von ornamentalem Reiz, mathematisch wichtiger sind allerdings jene Kurven, die auf nur wenigen Umläufen beruhen. Für die sogenannte Herzkurve, lateinisch Kardioide, ist nur ein einziger Umlauf nötig.

```
In[19]:= zykloide[1, 0, 1];
```

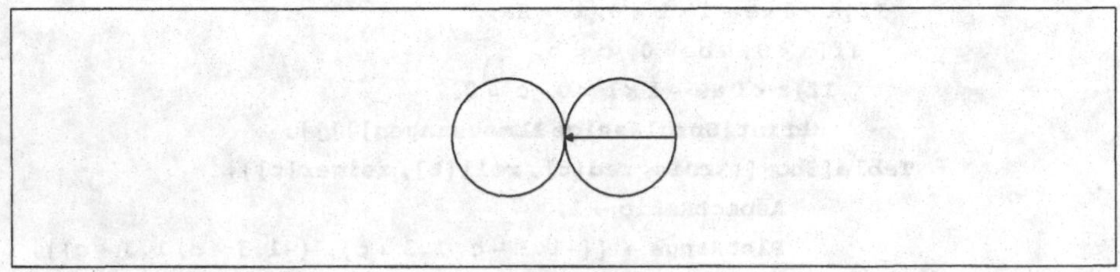

Das letzte Bild des Ablaufs, die vollständige Herzkurve:

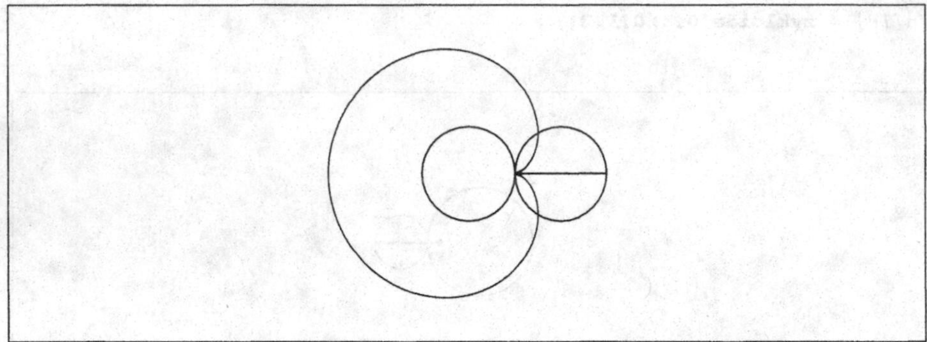

Das Programm läßt sich in verschiedener Art verändern und erweitern. So kommt man zu den Zykloiden im engeren Sinn, wenn man das Rad auf einer Geraden ablaufen läßt. Man kann aber auch mit anderen, ungewöhnlichen Basiskurven experimentieren und wird dabei manche Überraschung erleben.

4.4 Koppelkurven

In der Kinematik versteht man unter einem Getriebe eine Anordnung miteinander durch Gelenke verbundener starrer Teile. Eines, das in der Technik eine bedeutende Rolle spielt, ist das Gelenkviereck, ein System von vier in der Ebene angeordneten starren Stangen. Eine davon, die „Basis“, ist ortsfest verankert. Daran sind zwei Teile, die „Kurbel“ und die „Schwinge“, befestigt, die Drehbewegungen ausführen können. Die

„Kurbel“ dient zum Antrieb des Systems, durch den Drehwinkel sind die Positionen aller übrigen Teile festgelegt. Ein wichtiger Teil ist schließlich die „Koppel“, mit der Kurbel und Schwinge verbunden sind. Während diese nur Drehungen ausführen können, vollzieht die Koppel eine kompliziertere Bewegung. Auf diese Weise lassen sich manche technisch interessanten Bewegungsabläufe vollziehen.

Eine gute Möglichkeit, sich eine Übersicht über die Bewegung zu verschaffen, ist es, an beliebigen Stellen der Koppel einen Schreibstift einzusetzen, der während dem Ablauf eine Spur auf einer Unterlage hinterläßt: die sogenannte „Koppelkurve“. Eine solche Anordnung läßt sich auch grafisch simulieren, was mit dem folgenden Programm geschehen soll.

4.4.1 Das Gelenkviereck

Die folgende Zeichnung informiert über die Benennung der Winkel, Strecken und Punkte.

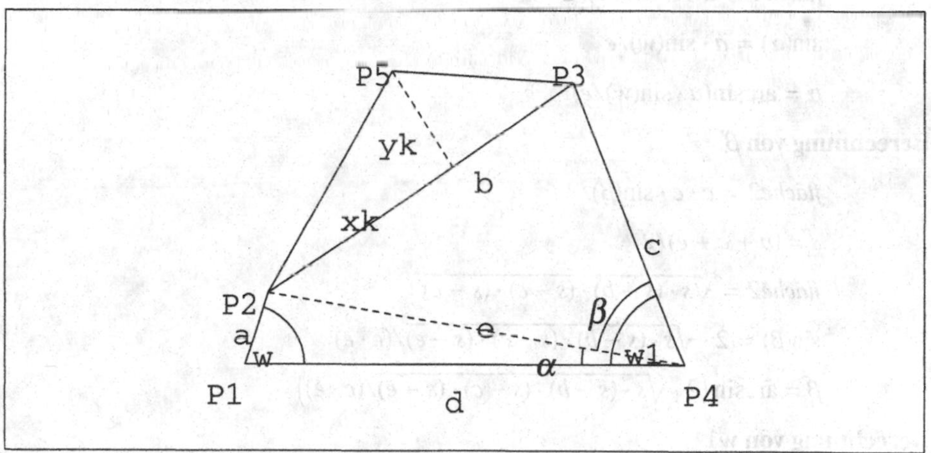

Das Programm für die Zeichnung ist am Schluß des Kapitels wiedergegeben.

Folgende Systemgrößen müssen festgelegt werden.

```
In[1]:= a = 1 (*Kurbel*);
        b = 5 (*Koppel*);
        c = 4 (*Schwinge*);
        d = 6 (*Basis*);
```

Als bestimmende Größe kommt noch der von der Kurbel eingenommene Winkel hinzu. Wenn es darum geht, das System in der Bewegung darzustellen und/oder die dabei von einzelnen Systemkomponenten durchlaufenen Kurven zu zeichnen, dann dient dieser Winkel als (veränderlicher) Parameter. Da aber das Getriebe im ersten Schritt der Programmentwicklung ruhend wiedergegeben werden soll, wird er nun zunächst einmal willkürlich gewählt.

```
In[2]:= w = 2π/5;
```

Der Einfachheit halber setzen wir den Drehpunkt zwischen Basis und Kurbel in den Nullpunkt des Koordinatensystems und ordnen die Basis längs der x-Achse an. Durch den Drehwinkel der Kurbel ist die Anordnung des Systems eindeutig bestimmt.

Berechnung der maßgebenden Parameter

Bei der folgenden Berechnung werden die Größen nach praktischen, auf den speziellen Fall ausgerichteten Gesichtspunkten definiert; das gilt beispielsweise für die Richtungen, nach denen die Winkel gezählt werden – w beispielsweise im Gegenuhrzeigersinn.

$$e = \sqrt{(d - a \cdot \cos(w))^2 + (a \cdot \sin(w))^2}$$

Berechnung von α

$$fläche1 = a \cdot d \cdot \sin(w)/2$$

$$fläche1 = d \cdot e \cdot \sin(\alpha)/2$$

$$\sin(\alpha) = a \cdot \sin(w)/e$$

$$\alpha = \arcsin(a \cdot \sin(w)/e)$$

Berechnung von β

$$fläche2 = c \cdot e \cdot \sin(\beta)/2$$

$$s = (b + c + e)/2$$

$$fläche2 = \sqrt{s \cdot (s-b) \cdot (s-c) \cdot (s-e)}$$

$$\sin(\beta) = 2 \cdot \sqrt{s \cdot (s-b) \cdot (s-c) \cdot (s-e)}/(c \cdot e)$$

$$\beta = \arcsin\left(2 \cdot \sqrt{s \cdot (s-b) \cdot (s-c) \cdot (s-e)}/(c \cdot e)\right)$$

Berechnung von $w1$

$$w1 = \alpha + \beta$$

$$w1 = \arcsin\left(a \cdot \sin(w)/e\right) + \arcsin\left(2 \cdot \sqrt{s \cdot (s-b) \cdot (s-c) \cdot (s-e)}/(c \cdot e)\right)$$

Nun ist es möglich, die Koordinaten der beiden beweglichen Punkte P3 und P5 mit Hilfe der gegebenen Systemgrößen zu beschreiben.

```
In[3]:= e = Sqrt[(d - a * Cos[w])^2 + (a * Sin[w])^2];
        s = (b + c + e)/2;
        w1 = ArcSin[a * Sin[w]/e]
              +ArcSin[2 Sqrt[s * (s - b) * (s - c) * (s - e)]/(c * e)];
        pkt1 = {0, 0};
        pkt2 = {a * Cos[w], a * Sin[w]};
        pkt3 = {d - c * Cos[w1], c * Sin[w1]};
        pkt4 = {d, 0};
```

Damit läßt sich der Rahmen des Gelenkvierecks in der vorgegebenen Konfiguration zeichnen.

```
In[4]:= Show[Graphics[Line[{pkt1, pkt2, pkt3, pkt4, pkt1}]],
          PlotRange → {{-4, 10}, {-4, 8}},
          AspectRatio → Automatic, Frame → True];
```

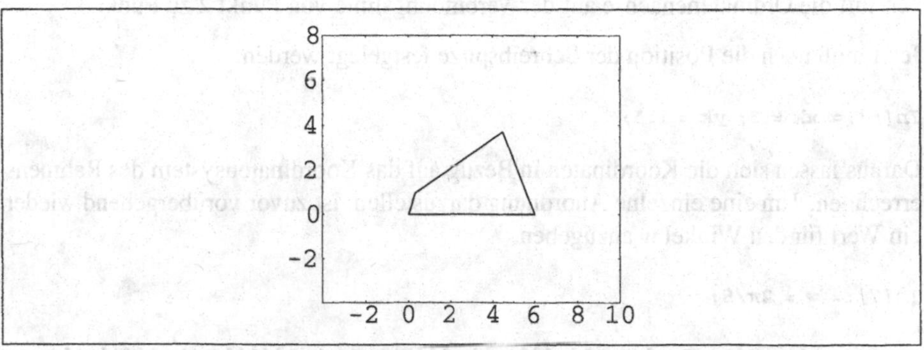

Soll nun der Rahmen in Bewegung gesetzt werden, dann muß zuerst die Festsetzung des Kurbelwinkels aufgehoben werden, und die in der Berechnung auftretenden Koordinaten müssen neu – nämlich als Funktionen von w – definiert werden.

```
In[5]:= Clear[w]
        eF = Sqrt[(d - a * Cos[w])^2 + (a * Sin[w])^2];
        sF = (b + c + eF)/2;
        w1F = ArcSin[ a * Sin[w]/eF]
              + ArcSin[2 Sqrt[sF * (sF - b) * (sF - c) * (sF - eF)]/(c * eF)];
        pkt1 = {0, 0};
        pkt2F = {a * Cos[w], a * Sin[w]};
        pkt3F = {d - c * Cos[w1F], c * Sin[w1F]};
        pkt4 = {d, 0};
        rahmenBewegt = Graphics[Line[{pkt1, pkt2F, pkt3F, pkt4, pkt1}]] ;
        Table[Show[rahmenBewegt, PlotRange → {{-4, 10}, {-4, 8}},
              AspectRatio → Automatic, Frame → True],
          {w, 2π/5, 2π + 2π/5, 0.1π}];
```

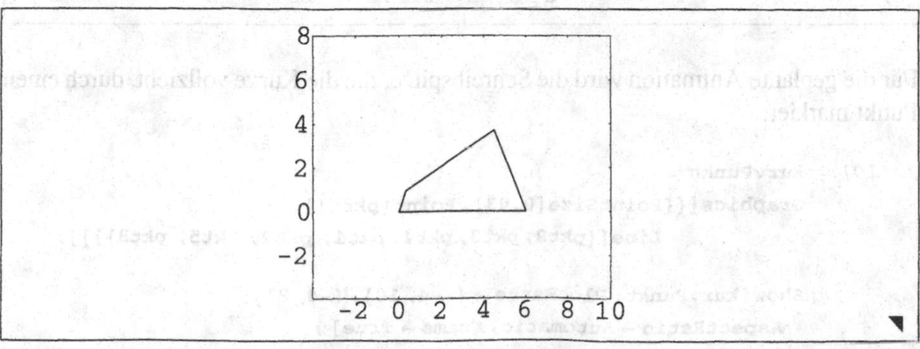

System mit Aufsatz für Schreibspitze

Bisher wurde die Koppel als Stange aufgefaßt, doch sie kann auch andere Formen haben, und dann – das ist der allgemeinere Fall – kann auch die Schreibspitze außerhalb des Rahmens liegen. Wir geben die Position des Schreibspitze in Bezug auf die Koppel an, wobei ein mit dieser fest verbundenes Koordinatensystem zugrundegelegt ist; dabei verläuft die Ordinatenenachse auf der Verbindungslinie von Punkt 2 zu Punkt 3.

Jetzt muß noch die Position der Schreibspitze festgelegt werden:

```
In[6]:= xk = 3; yk = 1.5;
```

Daraus lassen sich die Koordinaten in Bezug auf das Koordinatensystem des Rahmens errechnen. Um eine einzelne Anordnung darzustellen, ist zuvor vorübergehend wieder ein Wert für den Winkel *w* anzugeben.

```
In[7]:= w = 2π/5;

In[8]:= wk = N[ArcTan[(pkt3[[2]] -pkt2[[2]])/(pkt3[[1]] -pkt2[[1]])]];
        x5 = N[xk * Cos[wk] - yk * Sin[wk]];
        y5 = N[xk * Sin[wk] + yk * Cos[wk]];
        pkt5 = {N[ a * Cos[w] + x5],N[ a * Sin[w] + y5]};

In[9]:= Show[Graphics[Line[{pkt2, pkt3, pkt4, pkt1, pkt2, pkt5, pkt3}]],
          PlotRange → {{-4, 10}, {-4, 8}},
          AspectRatio → Automatic, Frame → True];
```

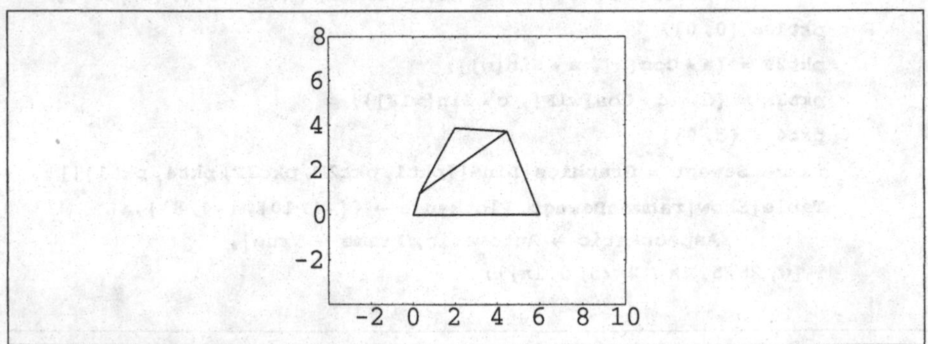

Für die geplante Animation wird die Schreibspitze, die die Kurve vollzieht, durch einen Punkt markiert.

```
In[10]:= kurvPunkt =
         Graphics[{{PointSize[0.03], Point[pkt5]},
                   Line[{pkt2, pkt3, pkt4, pkt1, pkt2, pkt5, pkt3}]}];

         Show[kurvPunkt, PlotRange → {{-4, 10}, {-4, 8}},
           AspectRatio → Automatic, Frame → True];
```

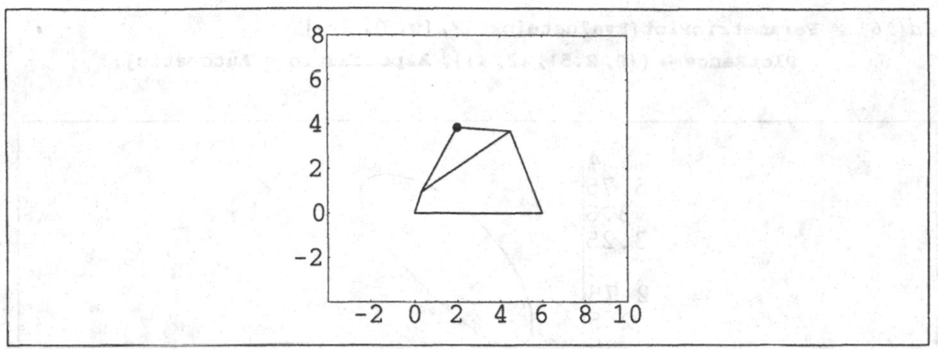

System in Bewegung

Beim Übergang vom Einzelfall zum Ablauf muß wieder berücksichtigt werden, daß alle von der Bewegung betroffenen Größen als Funktionen vom Winkel *w* aufzufassen sind, der nun erneut als unabhängig Variable auftritt.

```
In[11]:= Clear[w]

In[12]:= wkF = N[ArcTan[(pkt3F[[2]] - pkt2F[[2]]) / (pkt3F[[1]] - pkt2F[[1]])]];
         x5F = xk * Cos[wkF] - yk * Sin[wkF];
         y5F = xk * Sin[wkF] + yk * Cos[wkF];
         pkt5F = {a * Cos[w] + x5F, a * Sin[w] + y5F};

In[13]:= koppelKurve =
         Graphics[{{PointSize[0.03], Point[pkt5F]},
                   Line[{pkt2F, pkt3F, pkt4, pkt1, pkt2F, pkt5F, pkt3F}]},
           PlotRange → {{-4, 10}, {-4, 8}},
           AspectRatio → Automatic,
           Frame → False, Axes → False];

In[14]:= kog = Table[Show[koppelKurve], {w, π/2, π/2 + 2π - 0.1π, 0.1π}];
```

Wir sehen uns einige weitere Phasen aus dem Ablauf an.

```
In[15]:= Show[GraphicsArray[Table [kog[[i]], {i, 5, 20, 5}]] ];
```

Koppelkurve

Da nun die Koordinaten des Koppelpunkts als Funktionen des Kurbelwinkels *w* bekannt sind, kann man mit `ParametricPlot` die Koppelkurve zeichnen lassen.

```
In[16]:= ParametricPlot[Evaluate[pkt5F, {w, 0, 2π}],
          PlotRange → {{0, 2.5}, {2, 4}}, AspectRatio → Automatic];
```

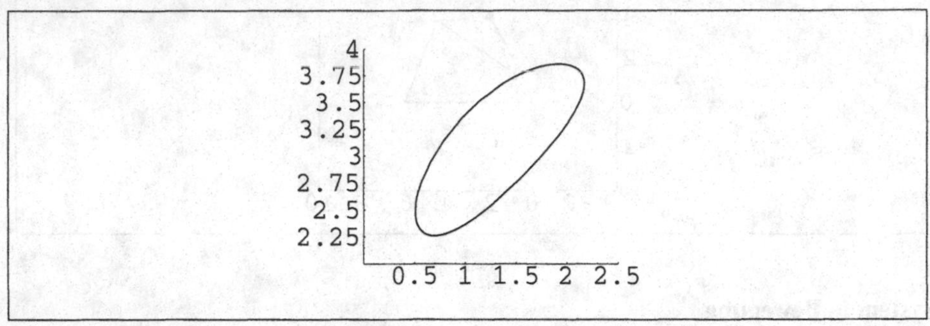

Bewegter Rahmen mit eingetragenen Punkten

Die Rolle, die das Gelenkviereck dabei spielt, kommt besser zum Ausdruck, wenn man den Aufbau der Kurve zusammen mit der Bewegung des Rahmens zeigt.

```
In[17]:= koppelPunkt =
          Graphics[{{PointSize[0.02], Point[pkt5F]},
            {GrayLevel[0.7],
             Line[{pkt2F, pkt3F, pkt4, pkt1, pkt2F, pkt5F, pkt3F}]}},
          AspectRatio → Automatic] ;

In[18]:= Show[Table[Show[koppelPunkt, DisplayFunction → Identity],
              {w, π/2, 2π + π/2, π/8}],
          DisplayFunction → $DisplayFunction,
          PlotRange → {{-2, 7}, {-2, 5}}, AspectRatio → Automatic];
```

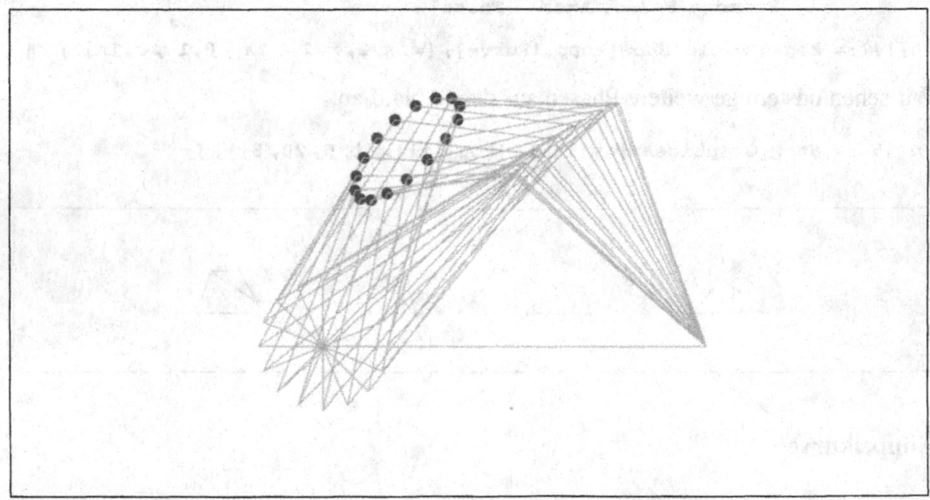

Dieselbe Darstellung wird nun schrittweise aus den Phasenbildern aufgebaut.

```
In[19]:= Table[
          Show[Table[Show[koppelPunkt, DisplayFunction → Identity],
                  {w, π/2, π/2 + n * π/8, π/8}],
            PlotRange → {{-1.5, 6.5}, {-1.5, 4.5}},
            DisplayFunction → $DisplayFunction],
          {n, 0, 15}];
```

Da aus dem Anfangsbild nichts vom Bewegungsablauf zu sehen ist, wird eine Phase aus der Mitte des Ablaufs gezeigt.

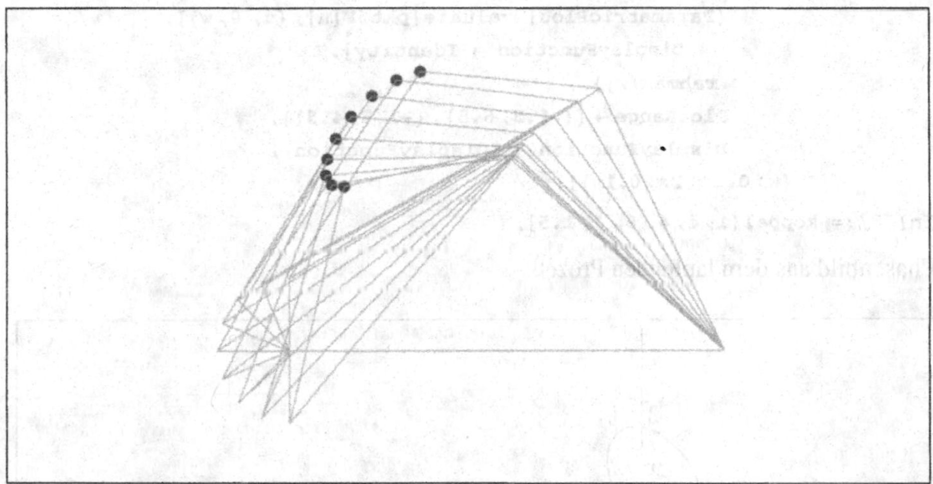

Ein Programm für Koppelkurven

Zum Abschluß des Themas der Koppelkurven wird ein Programm für eine Animation angegeben, die das Gelenkviereck in Bewegung und die Koppelkurve während der Entstehung zeigt. Innerhalb des `Module`-Ausdrucks müssen die Funktionen von *w* explizit definiert werden, weil für die beiden ineinander verschachtelten `Table`-Operationen verschiedene laufende Parameter erforderlich sind.

```
In[20]:= koppel[a_, b_, c_, d_, xk_, yk_] :=
         Module[{pkt1 = {0, 0}, pkt4 = {d, 0}, eF, sF, w1F, pkt2F, pkt3F, wkF,
                  x5F, y5F, pkt5F, rahmen},
           eF[v_] := Abs[Sqrt[(d - a * Cos[v])^2 + (a * Sin[v])^2]];
           sF[v_] := (b + c + eF[v])/2;
           w1F[v_] := ArcSin[a * Sin[v]/eF[v]]
                      + ArcSin[
                          2 Sqrt[
                            sF[v] * (sF[v] - b) * (sF[v] - c) * (sF[v] - eF[v])]/
                          (c * eF[v])];
```

```
pkt2F[v_] := {a * Cos[v], a * Sin[v]};
pkt3F[v_] := {d - c * Cos[w1F[v]], c * Sin[w1F[v]]};
wkF[v_] := ArcTan[(pkt3F[v][[2]] - pkt2F[v][[2]])/
              (pkt3F[v][[1]] - pkt2F[v][[1]])];
x5F[v_] := xk * Cos[wkF[v]] - yk * Sin[wkF[v]];
y5F[v_] := xk * Sin[wkF[v]] + yk * Cos[wkF[v]];
pkt5F[v_] := { a * Cos[v] + x5F[v], a * Sin[v] + y5F[v]};
rahmen[v_] := Graphics[Line[{pkt2F[v], pkt3F[v],
        pkt4, pkt1, pkt2F[v], pkt5F[v], pkt3F[v]}]];
Table[Show[
       {ParametricPlot[Evaluate[pkt5F[u], {u, 0, w}],
          DisplayFunction → Identity],
        rahmen[w]},
       PlotRange → {{-1.5, 6.5}, {-1.5, 4.5}},
       DisplayFunction → $DisplayFunction],
    {w, 0.1π, 2π, 0.1π}]];
```

In[21]:= **koppel[1, 4, 4, 6, 1, 1.5];**

Phasenbild aus dem laufenden Prozeß:

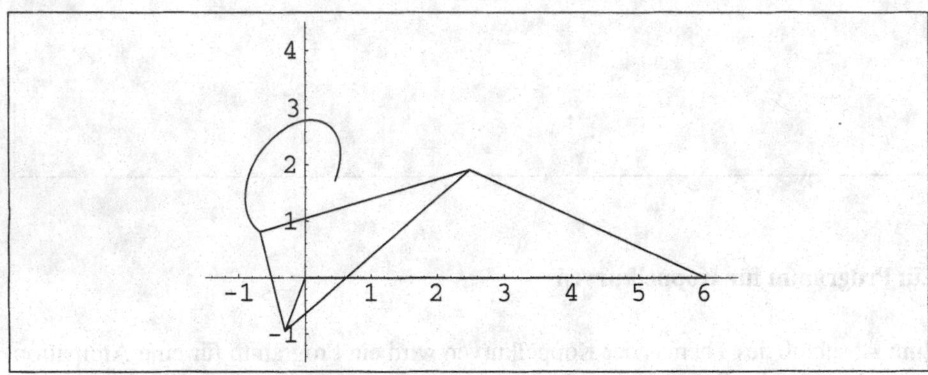

In[22]:= **koppel[1, 4, 3, 6, 3, 1.5];**

Phasenbild aus dem laufenden Prozeß:

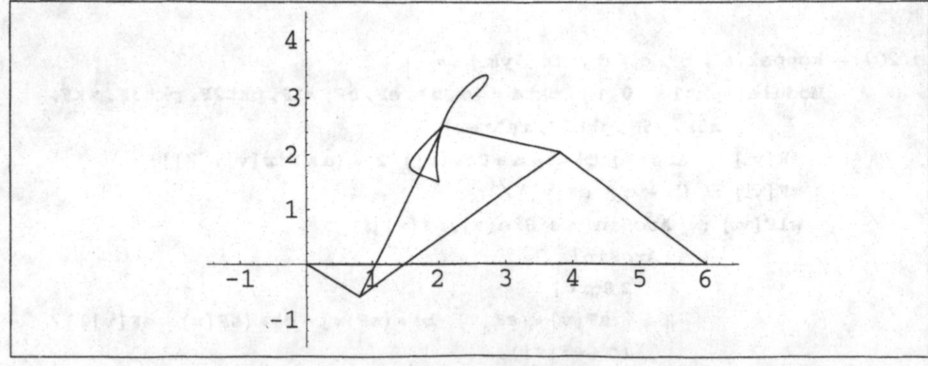

```
In[23]:= koppel[1, 2.5, 2, 3, 1, -1.8];
```

Phasenbild aus dem laufenden Prozeß:

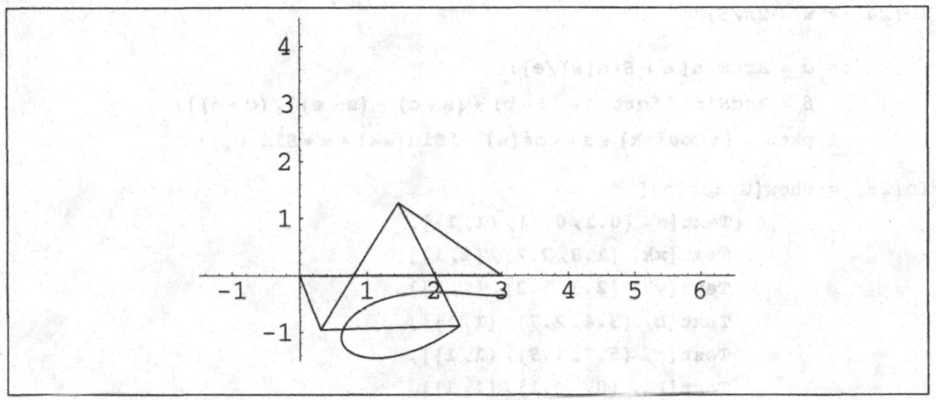

Ändert man die Maße der Koppelglieder, dann ergeben sich viele verschiedene Kurven – eine Herausforderung zu eigenen Experimenten. Zu beachten ist nur, daß ein Gelenkviereck nur funktionsfähig ist, wenn zwei Bedingungen für die Maße der Koppelglieder erfüllt sind:

1. Koppel und Schwinge zusammengenommen müssen länger sein als Kurbel und Basis zusammengenommen. Mathematisch ausgedrückt:

$$|b| + |c| \geq |a| + |d|$$

2. Koppel und Schwinge zusammengenommen müssen kürzer sein als die Basis, vermindert um die Kurbel. Mathematisch ausgedrückt:

$$|b| + |c| \leq |d| - |a|$$

Wie man anhand der Zeichnung überprüfen kann, läßt sich die Kurbel nicht rundherum bewegen, wenn diese Bedingungen nicht erfüllt sind. Für manche Zwecke genügt allerdings auch eine schwingende Bewegung der Kurbel – das Programm zeichnet dann nur die Phasenbilder innerhalb des zugelassenen Bewegungsspielraums und gibt ansonsten Fehlermeldungen aus. Mit Hilfe von `If`-Bedingungen könnte man das Programm noch ein wenig eleganter gestalten, u.zw. so, daß es bei unzulässigen Abmessungen mit Meldungen darauf aufmerksam macht. Varianten des Systems und der Kurven erhält man auch, wenn man die Aufgaben der Stangen vertauscht, also eines der beweglichen Glieder als Basis verwendet, während das bisher als Basis verwendete Glied beweglich wird. Weiter läßt sich die Anordnung auf Systeme erweitern, die mehr als vier Glieder enthalten, wobei – um zu eindeutigen Konfigurationen zu kommen – zusätzliche Randbedingungen vorgegeben werden müssen.

Anhang – Programm für die Zeichnung

Für den beispielhaften Fall werden die Winkel und Streckenlängen willkürlich festgelegt.

```
In[24]:= w = 2π/5;

In[25]:= α = ArcSin[a * Sin[w]/e];
         β = ArcSin[2 Sqrt[s * (s - b) * (s - c) * (s - e)]/(c * e)];
         pkt6 = {3 Cos[wk] + a * Cos[w], 3 Sin[wk] + a * Sin[w]};

In[26]:= Show[Graphics[
              {Text[a, {0.1, 0.7}, {1, 1}],
               Text[xk, {1.8, 2.2}, {1, 1}],
               Text[yk, {2.3, 3.2}, {1, 1}],
               Text[b, {3.4, 2.7}, {1, 1}],
               Text[c, {5.7, 1.9}, {1, 1}],
               Text[P1, {0, -0.1}, {1, 1}],
               Text[w, {0.5, 0.4}, {1, 1}],
               Text[P2, {0.2, 1.1}, {1, 1}],
               Text[e, {3.4, 0.8}, {1, 1}],
               Text[P5, {2, 4.1}, {1, 1}],
               Text[P3, {4.7, 4.1}, {1, 1}],
               Text[d, {3, -0.2}, {1, 1}],
               Text[α, {4.3, 0.29}, {1, 1}],
               Text[β, {5, 1}, {1, 1}],
               Text[w1, {5.8, 0.45}, {1, 1}],
               Text[P4, {6.5, -0.1}, {1, 1}],
               Line[{pkt2, pkt5, pkt3, pkt4, pkt1, pkt2, pkt3}],
               {Dashing[{0.01, 0.01}], Line[{pkt2, pkt4}]},
               {Dashing[{0.01, 0.01}], Line[{pkt5, pkt6}]},
               Circle[{0, 0}, 0.8, {0, w}],
               Circle[{6, 0}, 1, {π - w1, π}],
               Circle[{6, 0}, 1.4, {π - α, π}],
               Circle[{6, 0}, 1.2, {π - α - β, π - α}]}],
          PlotRange → {{-1, 7}, {-1, 4.5}},
          DefaultFont → {Times - New - Roman, 12},
          Background → GrayLevel[1],
          AspectRatio → Automatic];
```

4.5 Pendelbewegung

Seit rund 20 Jahren hat die sogenannte Chaostheorie allgemeine Aufmerksamkeit erregt. Unter anderem geht es dabei um die Tatsache, daß der Ablauf mancher Prozesse in hohem Maß von den Anfangsbedingungen des Systems abhängig ist, so daß schon kleine, oft nicht mehr meßbare Änderungen zu völlig veränderten Resultaten führen.

Beispiele dafür liefern die gekoppelten Pendel, beispielsweise in Form einer Kette, bei der ein zweites Pendel am Ende des ersten drehbar befestigt ist, ebenso ein drittes am Ende des zweiten usw. Die Bewegung solcher Pendel läßt sich mit Animationen simulieren, und man kann dann ausprobieren, auf welche Parameteränderungen – beispielsweise der Anfangswinkel – der Ablauf besonders stark reagiert.

4.5.1 Dreifachpendel

Zunächst fertigen wir eine Zeichnung eines Dreifachpendels mit vorgegebenen Ausschlagwinkeln an. Die Länge der Glieder soll 1 betragen, zu ihrer besseren Unterscheidung setzen wir Farben ein.

```
In[1]:= Needs["Graphics`Colors`"]

In[2]:= angles = {0.1, 0.5, 1};

In[3]:= pendulumLines[angles_] :=
        Module[{x1, y1, x2, y2, x3, y3},
          x1 = Sin[angles[[1]]];
          y1 = - Cos[angles[[1]]];
          x2 = x1 + Sin[angles[[2]]];
          y2 = y1 - Cos[angles[[2]]];
          x3 = x2 + Sin[angles[[3]]];
          y3 = y2 - Cos[angles[[3]]];
          Graphics[{Thickness[0.01],
              {{Apricot, Line[{{0, 0}, {x1, y1}}]},
               {BurntSienna, Line[{{x1, y1}, {x2, y2}}]},
               {Orchid, Line[{{x2, y2}, {x3, y3}}]}},
               {Thickness[0.005],
                 Circle[{0, 0}, 0.1],
                 Circle[{x1, y1}, 0.1],
                 Circle[{x2, y2}, 0.1],
                 Circle[{x3, y3}, 0.1]}}},
            AspectRatio → Automatic,
            PlotRange → {{-3, 3}, {-3, 3}},
            Background → GrayLevel[1]]];

In[4]:= Show[Graphics[pendulumLines[angles]],
          PlotRange → {{-1.7, 1.7}, {-3, 0.3}},
          Background → GrayLevel [1]];
```

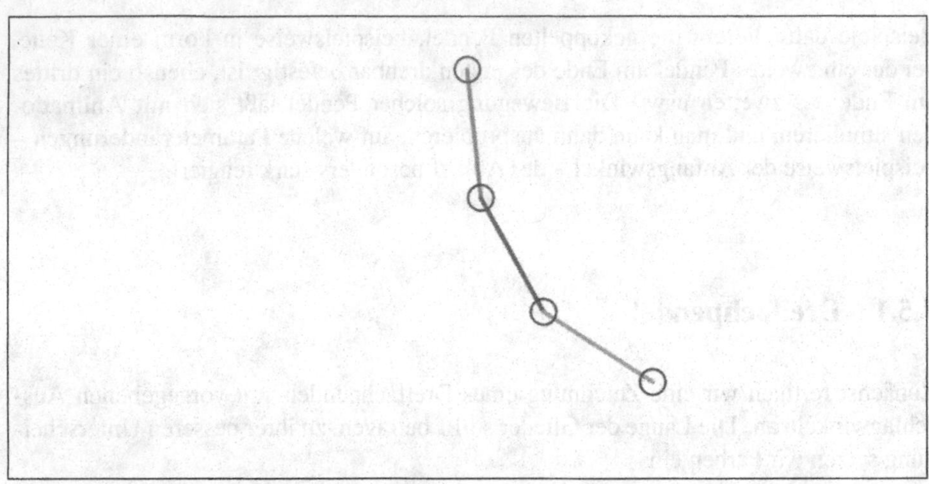

Um zur bewegten Darstellung überzugehen, bedarf es einigen Rechenaufwands, wobei die Theorie der klassischen Mechanik zum Einsatz kommt. Sie erlaubt es, aufgrund der Anfangsbedingungen – für Winkel und Drehgeschwindigkeit – die künftigen Winkelveränderungen zu ermitteln und durch eine Integration auch die Positionen der Glieder. Da eine Ableitung zu weit vom Thema ab führen würde, sei hier auf die Literatur verwiesen. Eine gute Darstellung der Verhältnisse bis hin zur filmischen Darstellung findet man bei Stephan Kaufmann „*Mathematica* als Werkzeug“, Birkhäuser Verlag Basel, Boston, Berlin 1992, wo den gekoppelten Pendeln mehrere Kapitel gewidmet sind. Wir übernehmen die Berechnungen und Ergebnisse ohne Kommentar.

```
In[5]:= angles = {phi1[t], phi2[t], phi3[t]};

In[6]:= velocities = {phi1'[t], phi2'[t], phi3'[t]};

In[7]:= variables = Flatten[{angles, velocities}];

In[8]:= Clear[x1, y1, x2, y2, x3, y3]
```

In[9]:= $\mathbf{ep} = -\frac{1}{2}\,(\mathbf{m\,l\,g})\,(\mathbf{5\,Cos[phi1[t]] + 3\,Cos[phi2[t]] + Cos[phi3[t]]});$

In[10]:= $\mathbf{ek1} = \frac{(\mathbf{m\,l^2})\,\mathbf{phi1'[t]^2}}{\mathbf{2\,3}};$

In[11]:= $\mathbf{ek2} = \frac{1}{2}\,(\mathbf{m\,l^2})\left(\frac{1}{12}\,\mathbf{phi2'[t]^2} + \left(\mathbf{phi1'[t]\,Cos[phi1[t]]} + \frac{1}{2}\,\mathbf{phi2'[t]\,Cos[phi2[t]]}\right)^2 + \left(\mathbf{phi1'[t]\,Sin[phi1[t]]} + \frac{1}{2}\,\mathbf{phi2'[t]\,Sin[phi2[t]]}\right)^2\right);$

```
In[12]:= ek3 = 1/2 (m l^2) (1/12 phi3'[t]^2
              + (phi1'[t] Cos[phi1[t]] + phi2'[t] Cos[phi2[t]]
                 + 1/2 phi3'[t] Cos[phi3[t]])^2
              + (phi1'[t] Sin[phi1[t]] + phi2'[t] Sin[phi2[t]]
                 + 1/2 phi3'[t] Sin[phi3[t]])^2);
```

```
In[13]:= ek = ek1 + ek2 + ek3;
```

```
In[14]:= lag = ek - ep;
```

```
In[15]:= lagEquations = {∂t (∂phi1'[t] lag) - ∂phi1[t] lag == 0,
                         ∂t (∂phi2'[t] lag) - ∂phi2[t] lag == 0,
                         ∂t (∂phi3'[t] lag) - ∂phi3[t] lag == 0};
```

Damit liegen Angaben über den Bewegungsablauf in Form der Winkelfunktionen vor, diese lassen sich somit aufgrund der Anfangswinkel und -geschwindigkeiten bestimmen. Wir können die Ausgangssituation willkürlich wählen und auf dieser Basis experimentieren.

```
In[16]:= initials = {phi1[0] == 3, phi2[0] == 0.5, phi3[0] == 1,
                     phi1'[0] == 0, phi2'[0] == 0, phi3'[0] == 0};
```

```
In[17]:= valueRule = {m → 1, l → 1, g → 1};
```

Die Integration erfolgt über 10 Zeiteinheiten; stehen Rechensysteme mit höherer Speicherkapazität zur Verfügung, dann kann die Zeitspanne weiter ausgedehnt werden.

```
In[18]:= lagSolRule =
          NDSolve[Evaluate[Flatten[{lagEquations, initials}] /.valueRule],
            angles, {t, 0, 10}];
```

```
In[19]:= Table[Show[pendulumLines[angles/.lagSolRule[[1]]],
               Background → GrayLevel [1]],
            {t, 0, 10, (*0.5*)0.05}];
```

Schließlich wird mittels eines Arrays eine Vorstellung vom Bewegungsablauf gegeben.

```
In[20]:= tafel =
          Table[pendulumLines[angles/.lagSolRule[[1]] ], {t, 0, 10, 0.25}];
```

```
In[21]:= Show[GraphicsArray[Partition[tafel[[Range[1, 39, 2]]], 3]],
           Background → GrayLevel[0.9],
           GraphicsSpacing → {0.1, 0.1}];
```

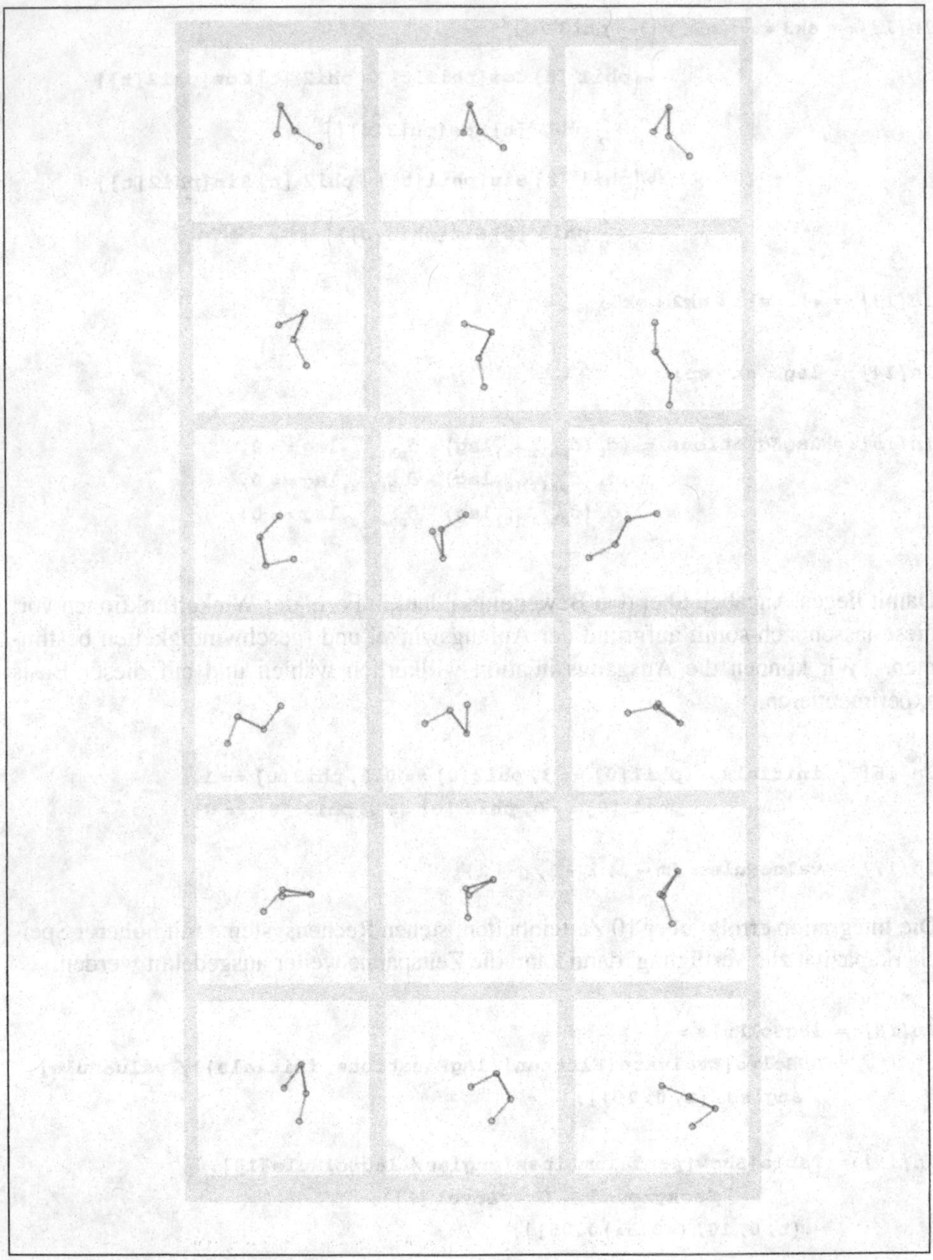

Durch die Wahl anderer Anfangsbedingungen erhält man verschiedene Varianten der Abläufe. Wer mit der Theorie der klassischen Mechanik vertraut ist, kann auf entsprechende Weise weitere Arten gekoppelter Schwingungen simulieren, die im übrigen auch in anderen Bereichen, wie etwa in jenem der Elektrizität, wichtig sind.

4.6 Punkt auf Raumkurve

Es ist die Aufgabe gestellt, eine Raumkurve darzustellen und auf ihr einen Punkt laufen zu lassen. Als Beispiel dient eine räumliche Lissajous-Kurve, die in Parameterdarstellung erstellt wird.

Zunächst setzen wir einige für das ganze Kapitel geltende Optionen fest; insbesondere brauchen wir hier die umschreibende Box, weil dann die Lage des Punktes und der Verlauf der Raumkurve besser zu erkennen sind.

4.6.1 Lissajous-Kurve

Wir zeichnen eine einfache räumliche Lissajous-Kurve.

```
In[1]:= lis = ParametricPlot3D[{Sin[t], Cos[2t], Cos[3t]}, {t, 0, 2π},
                 DisplayFunction → Identity];

In[2]:= bil = Show[lis,
                 PlotRange → {{-1.1, 1.1}, {-1.1, 1.1}, {-1.1, 1.1}},
                 Boxed → True, Axes → False,
                 DisplayFunction → $DisplayFunction];
```

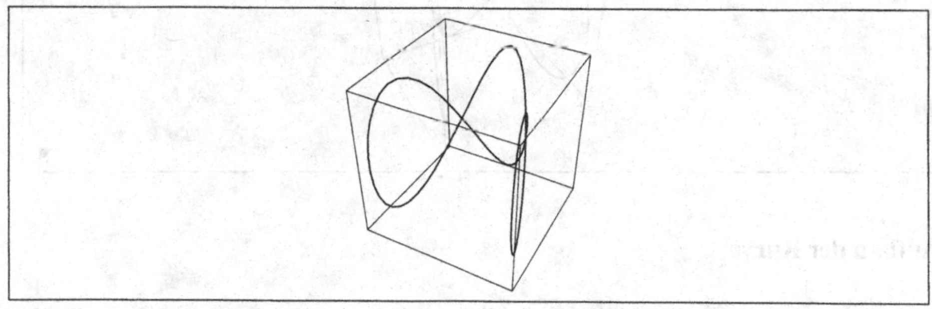

Punkt auf der Kurve

Nun definieren wir einen Punkt auf der Kurve.

```
In[3]:= pkt = Graphics3D[
                 {PointSize[0.05], Point[{Sin[t], Cos[2t], Cos[3t]}]},
                 PlotRange → {{-1.1, 1.1}, {-1.1, 1.1}, {-1.1, 1.1}},
                 Boxed → True, Axes → False,
                 SphericalRegion → True];

In[4]:= Table[Show[pkt], {t, 0, 2π, 0.05π}];
```

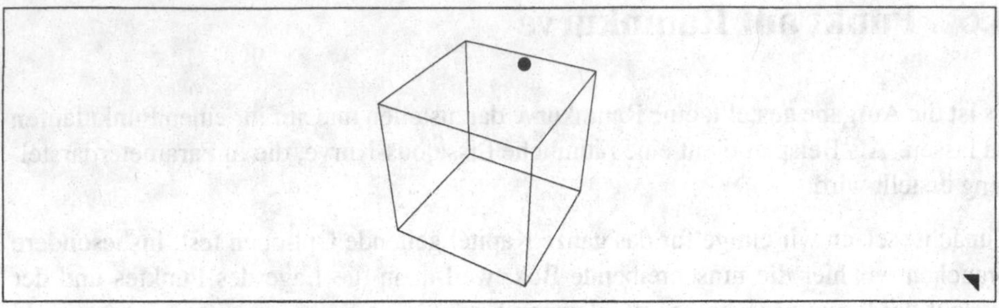

Lauf des Punktes auf der Kurve

Beide Bilddarstellungen zusammengefaßt ergeben die Bewegung des Punktes auf der Kurve.

```
In[5]:= Table[Show[bil, pkt,
              PlotRange → {{-1.1, 1.1}, {-1.1, 1.1}, {-1.1, 1.1}},
              Boxed → True, Axes → False],
        {t, 0, 2π, 0.05π}];
```

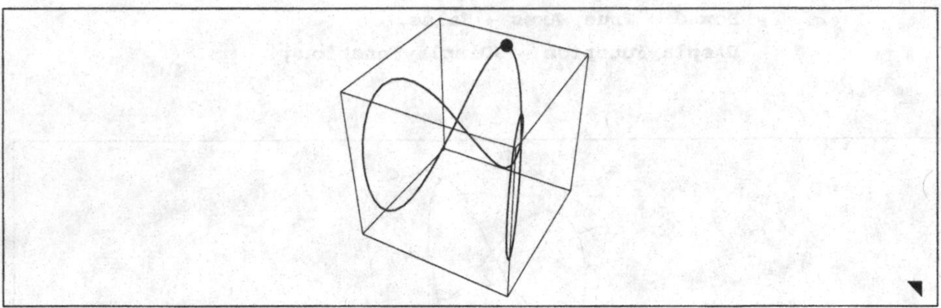

Aufbau der Kurve

In manchen Fällen mag man eine Darstellung vorziehen, bei der der laufende Punkt eine Spur hinterläßt, die Kurve also „in den Raum zeichnet". Zu diesem Zweck muß die Kurve in Teilstücken aufgebaut werden, die sich vom (willkürlich wählbaren) Anfangspunkt der Kurve bis zum jeweiligen Standort des Punkts erstrecken. Diese werden als Funktion des Parameters wiedergegeben.

Die Kurve muß nun mit Hilfe eines weiteren Parameters festgesetzt werden, der angibt, bis zu welchem Punkt sie dargestellt wird.

```
In[6]:= neu[t_] :=
        ParametricPlot3D[{Sin[s], Cos[2s], Cos[3s]}, {s, 0.01, t},
           DisplayFunction → Identity]
```

Zur Probe wird ein Teilstück gezeichnet, das bis zum Wert 1 des Parameters reicht.

```
In[7]:= Show[neu[1], PlotRange → {{-1.1, 1.1}, {-1.1, 1.1}, {-1.1, 1.1}},
        Boxed → True, Axes → False,
        DisplayFunction → $DisplayFunction];
```

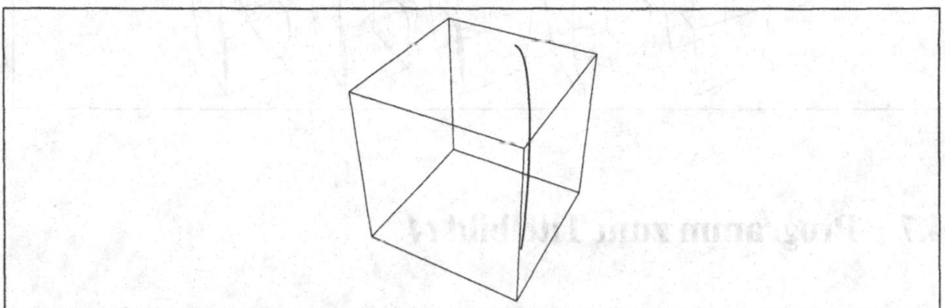

Nun werden die Phasenbilder der Animation erzeugt.

```
In[8]:= Table[
         Show[neu[t],
          PlotRange → {{-1.1, 1.1}, {-1.1, 1.1}, {-1.1, 1.1}},
          Boxed → True, Axes → False,
          DisplayFunction → $DisplayFunction ],
         {t, 0, 2π, 0.05π}];
```

Da auf dem Anfangsbild wenig zu sehen ist, greifen wir eines aus der Mitte heraus.

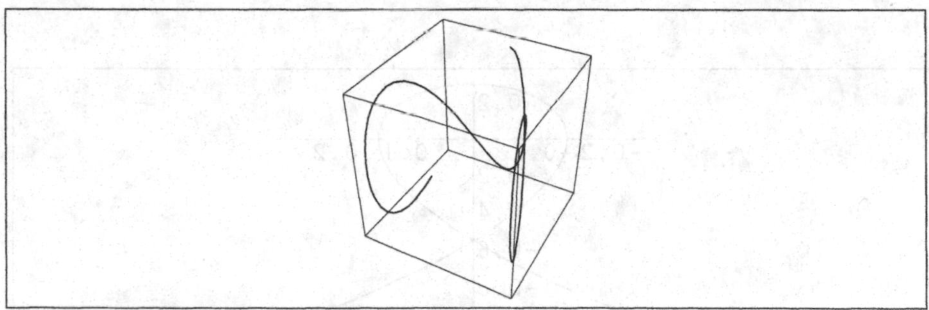

Punkt mit nachgezogener Spur

Es folgt die Kombination der Bildreihen – der Teilstücke und der Punkte:

```
In[9]:= nac =
         Table[
           Show[neu[t], pkt,
             PlotRange → {{-1.1, 1.1}, {-1.1, 1.1}, {-1.1, 1.1}},
             Boxed → True, Axes → False,
             DisplayFunction → $DisplayFunction ],
           {t, 0, 2π, 0.05π}];
```

```
In[10]:= Show[GraphicsArray[Table[nac[[i]], {i, 1, 41, 10}]]];
```

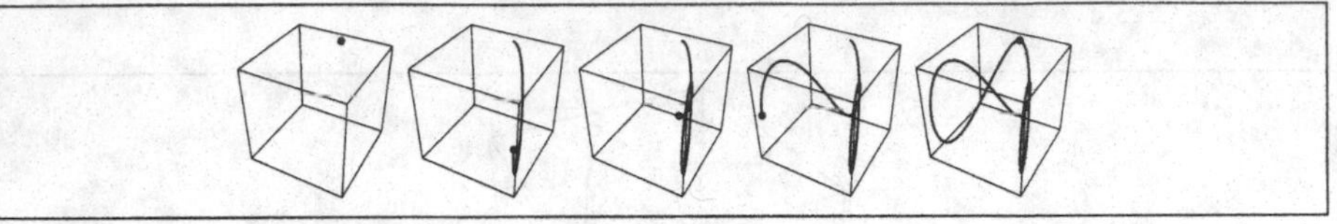

4.7 Programm zum Titelbild *t4*

Wir gehen von einer Rollkurve aus, wobei das Rad diesmal auf der Unterseite der Geraden abrollt. (Siehe auch Kapitel 4.3.)

```
In[1]:= a = 1; b = 1.3;
        x0[t_] := Cos[t];
        y0[t_] := Sin[t];
        x1[t_] := a * t - b * Sin[t];
        y1[t_] := a - b * Cos[t];
```

```
In[2]:= ParametricPlot[{x1[u], -y1[u]}, {u, -0.5π, 0.5π}];
```

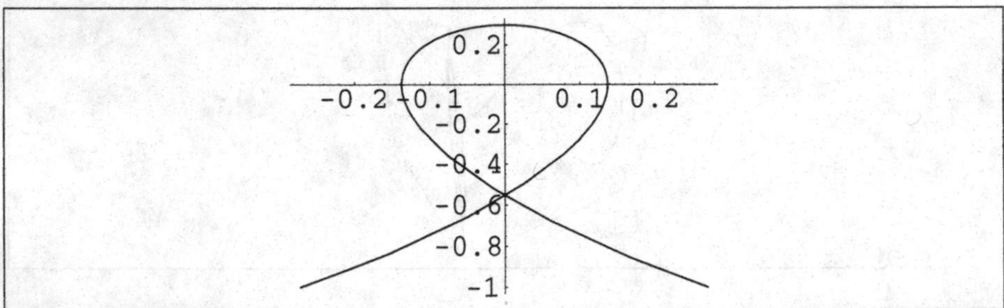

Kurve im Raum

Wir ordnen die Kurve nun als 3D-Objekt im Raum an, u.zw. so, daß sie in der Ebene $z = 0$ liegt.

```
In[3]:= zz = 0;
        ParametricPlot3D[{x1[u], -y1[u], zz}, {u, -0.5π, 0.5 π},
         BoxRatios → {1, 1, 0.4}];
```

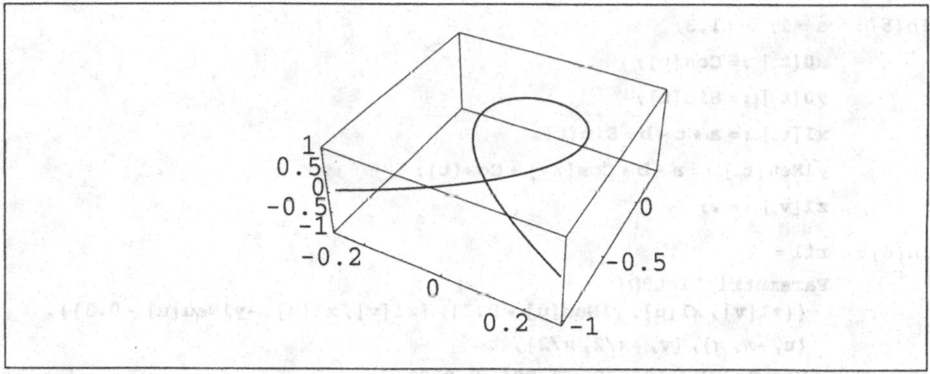

Raumfläche

Durch Parallelverschiebung wird daraus eine Raumfläche; dazu braucht lediglich eine weitere Koordinate in `ParametricPlot` eingeführt werden. Wir entscheiden uns für den einfachsten Fall, nämlich jenen der linearen Abhängigkeit: Die Kurve wird parallel verschoben und baut dabei eine Fläche auf.

```
In[4]:= z1[v_] := v;
        ParametricPlot3D[{z1[v], x1[u], -y1[u]},
          {u, -0.5π, 0.5 π}, {v, -3, 3},
          BoxRatios → {1, 1, 0.6}];
```

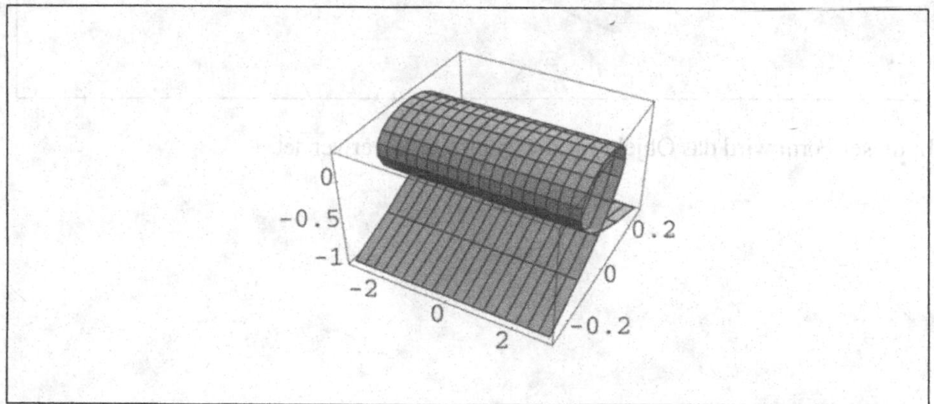

Doppelte Sattelfläche

Wir führen eine kompliziertere Abhängigkeit von z ein und fassen das entstehende Objekt mit seinem Spiegelbild zusammen (siehe auch Kapitel 5.7.).

```
In[5]:= a = 1; b = 1.3;
        x0[t_] := Cos[t];
        y0[t_] := Sin[t];
        x1[t_] := a * t - b * Sin[t];
        y1Neu[t_] := a - b * Cos[2v] * Cos[t];
        z1[v_] := v;

In[6]:= rfl =
        ParametricPlot3D[
          {{z1[v], x1[u], y1Neu[u] + 0.3}, {z1[v], x1[u], -y1Neu[u] - 0.3}},
          {u, -π, π}, {v, -π/2, π/2},
          ViewPoint → {2.528, -2.091, 0.829},
          AmbientLight → RGBColor[0.1, 0.2, 0.1],
          PlotPoints → {48, 48},
          Boxed → False, Axes → False];
```

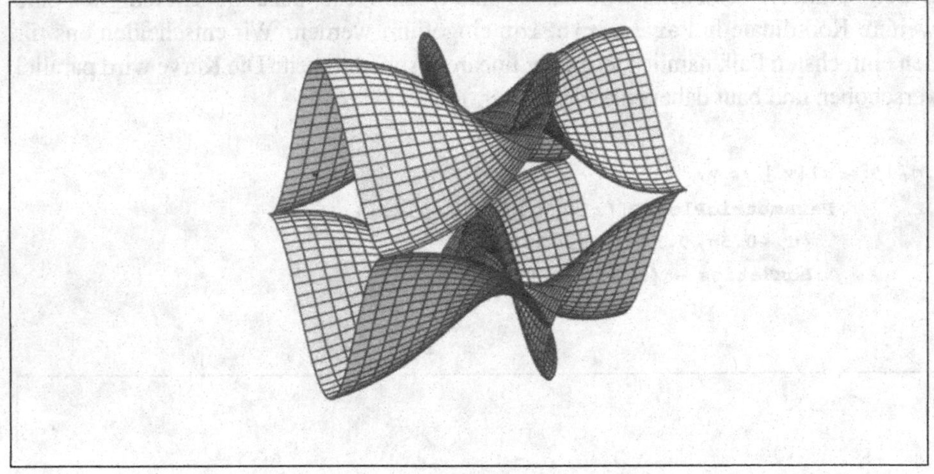

In dieser Form wird das Objekt für die Titelseite *t4* verwendet.

5. Animationen im Raum

t5

„Maske“ – ein mit Hilfe von komplexen Funktionen entwickeltes Gebilde. Erläuterungen in Kapitel 5.7.

5.1 Änderungen von Parametern

Im Mittelpunkt aller mathematisch ausdrückbaren Umformungen stehen jene, die durch Veränderungen von Parametern veranlaßt werden. Unter einem Parameter versteht man eine zusätzlich zu den Variablen auftretende Hilfsvariable, die es ermöglicht, eine Schar zusammengehöriger Funktionen mit einem gemeinsamen analytischen Ausdruck zu beschreiben. Stellt man diese Funktionen grafisch dar, dann erhält man Bildreihen, die den Einfluß des Parameters ausdrücken. Verändert sich dieser in kleinen Schritten, dann lassen sich so – stetige Abhängigkeiten vorausgesetzt – die Phasenbilder von Animationen herstellen. Genau das ist der Weg, den wir in diesem Kapitel beschreiten werden.

Um eine gewisse Systematik zu erreichen, beginnt die Darstellung mit den elementaren geometrischen Körpern, die schon früher als Beispiele herangezogen wurden. Wir führen einen Parameter in den Ausdruck ein und stellen fest, welche Art von Verformungen sich dadurch ergeben.

5.1.1 Abwandlungen der Kugel

Die einfachste Art, eine Kugeloberfläche zu verformen, ist eine Veränderung des Radius in Abhängigkeit von den beiden Winkelkoordinaten. Dazu ist das Paket `Graphics'ParametricPlot3D'`, beschrieben im Abschnitt 1.2.6, gut geeignet.

```
In[7]:= Needs["Graphics`ParametricPlot3D`"]
```

Wir gehen von einer Kugel aus und verformen sie in zunehmendem Maß. Zunächst führen wir eine Abhängigkeit des Radius r vom Umlaufwinkel ϕ ein.

```
In[8]:= lan =
        Table[SphericalPlot3D[3 + n * Sin[3ϕ], {θ, 0, π}, {ϕ, 0, 2π},
              Boxed → False, Axes → False],
           {n, 0, 1, 0.1}];

In[9]:= Show[GraphicsArray[Table[lan[[i]], {i, 1, 11, 3}]]];
```

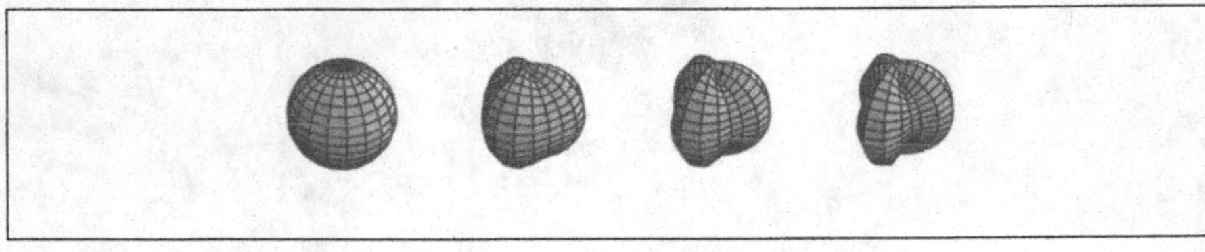

Zur Verkürzung des Verfahrens führen wir einen eigenen Operator ein:

```
In[10]:= filmKug[r_] :=
         Table[SphericalPlot3D[ r, {θ, 0, π}, {ϕ, 0, 2π},
               Boxed → False, Axes → False, SphericalRegion → True],
            {n, 0, 1, 0.1}]
```

Die beabsichtigten Animationen lassen sich nun viel einfacher veranlassen. Wir wenden uns zuerst der Abhängigkeit des Radius vom Neigungswinkel θ zu.

```
In[11]:= hoc = filmKug[1.5 + n * Sin[3θ]];
```

```
In[12]:= Show[GraphicsArray[Table[hoc[[i]], {i, 1, 11, 3}]]];
```

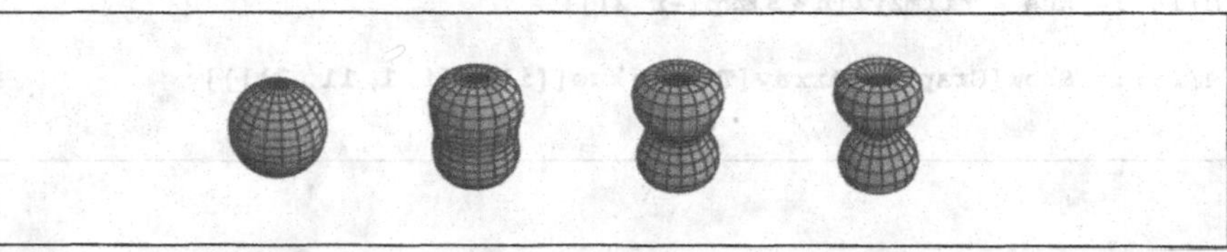

Noch zwei Beispiele für Abhängigkeiten des Radius von beiden Winkeln.

```
In[13]:= dop = filmKug[(1.5 + n * 0.3 Sin[3θ]) * (1.5 + n * 0.3 Sin[3ϕ])];
```

```
In[14]:= Show[GraphicsArray[Table[dop[[i]], {i, 1, 11, 3}]]];
```

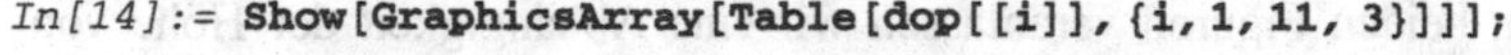

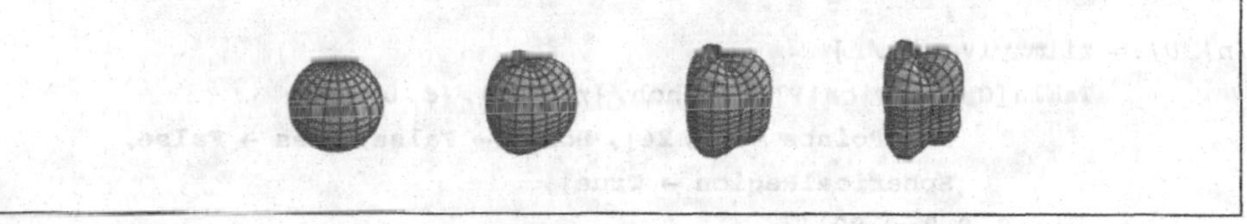

```
In[15]:= fla = filmKug[(1.5 - n * Sin[3θ]) + (1.5 - n * Sin[3ϕ])];
```

```
In[16]:= Show[GraphicsArray[Table[fla[[i]], {i, 1, 11, 3}]]];
```

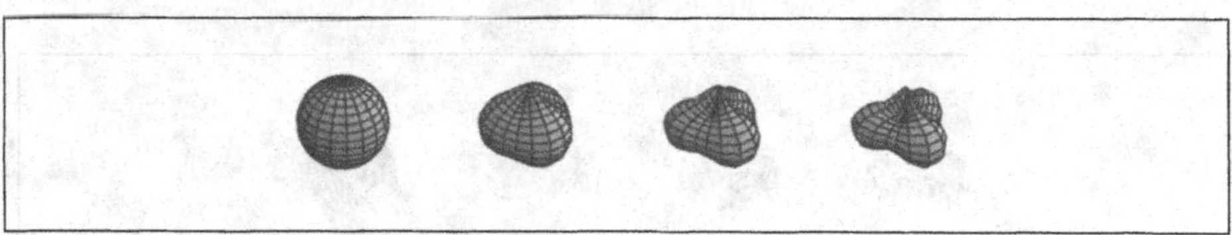

Dieselben Parameteränderungen kann man natürlich auch an der üblichen Darstellung der Kugel mit sphärischen Koordinaten vornehmen.

5.1.2 Abwandlungen des Zylinders

Auch die Parameterdarstellung des Zylinders läßt verschiedene Abwandlungen zu. Diesmal geht es um eine Abhängigkeit der Höhe z vom Radius und vom Winkel.

Wieder definieren wir einen Prozeß, der zu einer zunehmenden Verformung führt. Die Grundfigur von `CylindricalPlot3D` ist nicht der Zylinder, sondern die flache Scheibe. Diese ist auf dem ersten Bild der folgenden Bildreihe zu sehen, bei der die Höhe z vom Radius r abhängig ist. Zuerst führen wir wieder einen Ausdruck für die Generierung der Bildreihe ein, wobei die Zahl der Stützpunkte und die Schrittweite des Iterators den gegebenen Randbedingungen angepaßt werden.

```
In[17]:= filmZyl[z_] :=
         Table[CylindricalPlot3D[z, {r, 0, 1}, {ϕ, 0, 2π},
                  PlotPoints → {8, 12}, Boxed → False, Axes → False,
                  SphericalRegion → True],
             {n, 0, 1, 0.1}];

In[18]:= kue = filmZyl[n * 3 Exp[-r^2]];

In[19]:= Show[GraphicsArray[Table[kue[[i]], {i, 1, 11, 3}]]];
```

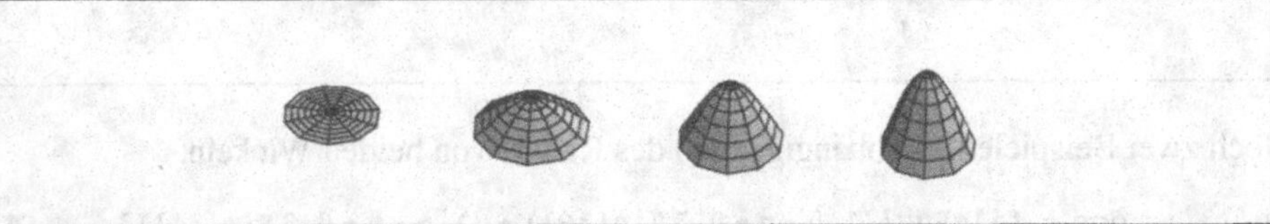

Bei den nächsten beiden Figuren veranlassen wir eine Abhängigkeit der Höhe von Radius und Winkel.

```
In[20]:= filmZylVar[hoh_] :=
         Table[CylindricalPlot3D[hoh, {r, 0, 1}, {ϕ, 0, 2π},
                  PlotPoints → {8, 24}, Boxed → False, Axes → False,
                  SphericalRegion → True],
             {n, 0, 0.2, 0.02}];

In[21]:= hut = filmZylVar[3n * Sin[3ϕ] + Exp[-r^2]];

In[22]:= Show[GraphicsArray[Table[hut[[i]], {i, 1, 11, 3}]]];
```

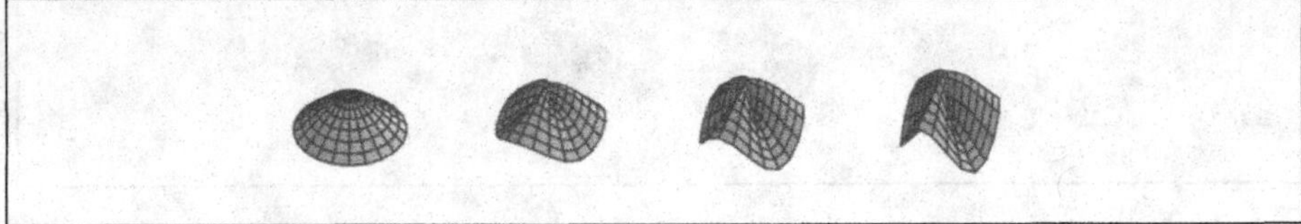

Nun wird anstelle der Addition im Exponenten eine Multiplikation eingesetzt.

```
In[23]:= eir = filmZylVar[3n * Sin[3ϕ] * Exp[-r^2]];

In[24]:= Show[GraphicsArray[Table[eir[[i]], {i, 1, 11, 3}]]];
```

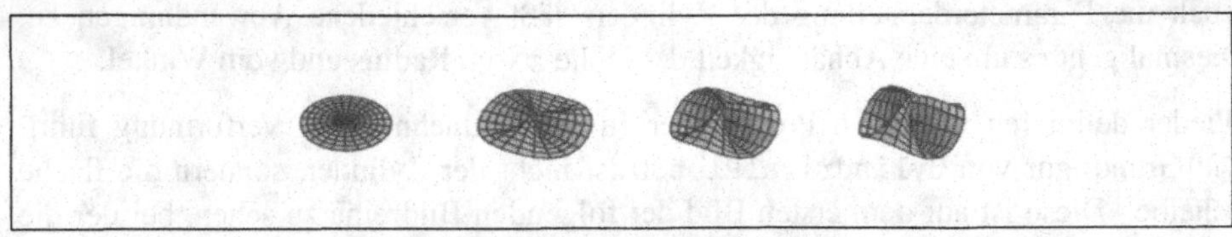

Aus dem Zylinder lassen sich weitere interessante Formen ableiten, beispielsweise die Schraubenfläche oder das im folgenden beschriebene Möbiusband.

5.1.3 Abwandlungen des Möbiusbandes

Wie gehen diesmal wie im Abschnitt 1.2.4. von der Parameterdarstellung des Zylinders aus.

```
In[25]:= r = 1;
         x = r * Cos[φ];
         y = r * Sin[φ];
         z = v;

In[26]:= ParametricPlot3D[Evaluate[{x, y, z}, {φ, 0, 2π}, {v, -0.5, 0.5}],
           PlotPoints → {24, 2}, Boxed → False, Axes → False ];
```

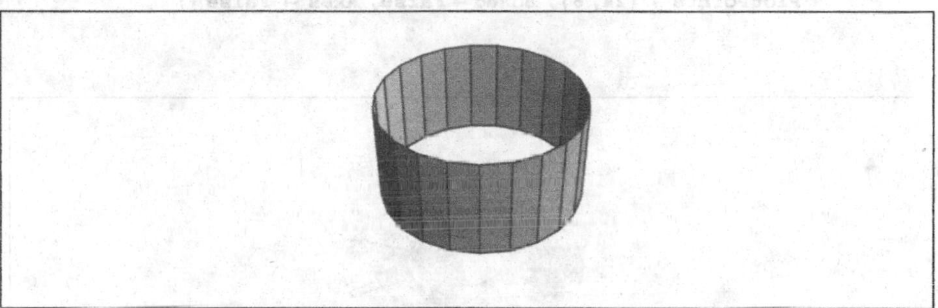

Die für das Möbiusband typische Verdrillung erreicht man, indem man die Zylinderwände in Abhängigkeit vom Umlaufwinkel ϕ aus der Vertikalen hinausbiegt. Da sich auf diese Weise – durch schwächere oder stärkere Verdrillung – eine ganze Schar von Objekten erzeugen läßt, wird dafür ein Parameter k eingeführt.

```
In[27]:= k = 0.5;
         r = 1 + 0.5 * v * Cos[k * φ];
         x = r * Cos[φ];
         y = r * Sin[φ];
         z = 0.5 v * Sin[k * φ];

In[28]:= ParametricPlot3D[Evaluate[{x, y, z}, {φ, 0, 2π}, {v, -1, 1}],
           PlotPoints → {24, 6}, Boxed → False, Axes → False ];
```

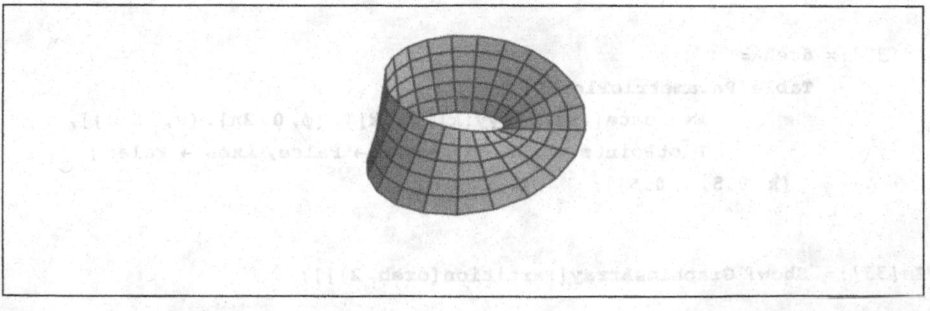

Der Wert $k = 0$ erfaßt den Spezialfall ohne Verdrehung – die Figur entartet zu einer Lochscheibe.

```
In[29]:= k = 0;
         r = 1+0.5*v* Cos[k*ϕ];
         x = r* Cos[ϕ];
         y = r* Sin[ϕ];
         z = 0.5* v * Sin[k* ϕ];
```

```
In[30]:= ParametricPlot3D[Evaluate[{x, y, z}, {ϕ, 0, 2π}, {v, -1, 1}],
           PlotPoints → {24, 6}, Boxed → False, Axes → False];
```

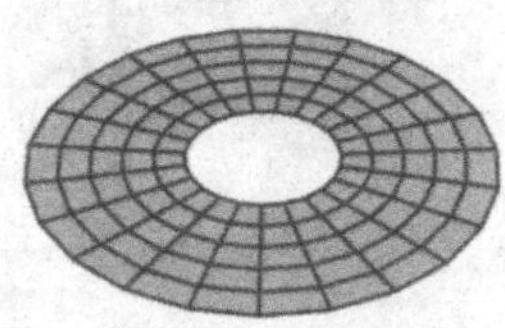

Die Verdrillungen ergeben nur geschlossene Bänder, wenn die Argumente des Umlaufwinkels als Vielfache von 180° auftreten.

```
In[31]:= xx[k_] := (1+0.5v* Cos[k*ϕ]) * Cos[ϕ];
         yy[k_] := (1+0.5v* Cos[k*ϕ]) * Sin[ϕ];
         zz[k_] :=      0.5v* Sin[k*ϕ];
```

```
In[32]:= dreh =
          Table[ParametricPlot3D[
                 Evaluate[{xx[k], yy[k], zz[k]}, {ϕ, 0, 2π}, {v, -1, 1}],
                 PlotPoints → {30, 8}, Boxed → False, Axes → False],
            {k, 0.5, 3, 0.5}];
```

```
In[33]:= Show[ GraphicsArray[Partition[dreh, 2]]];
```

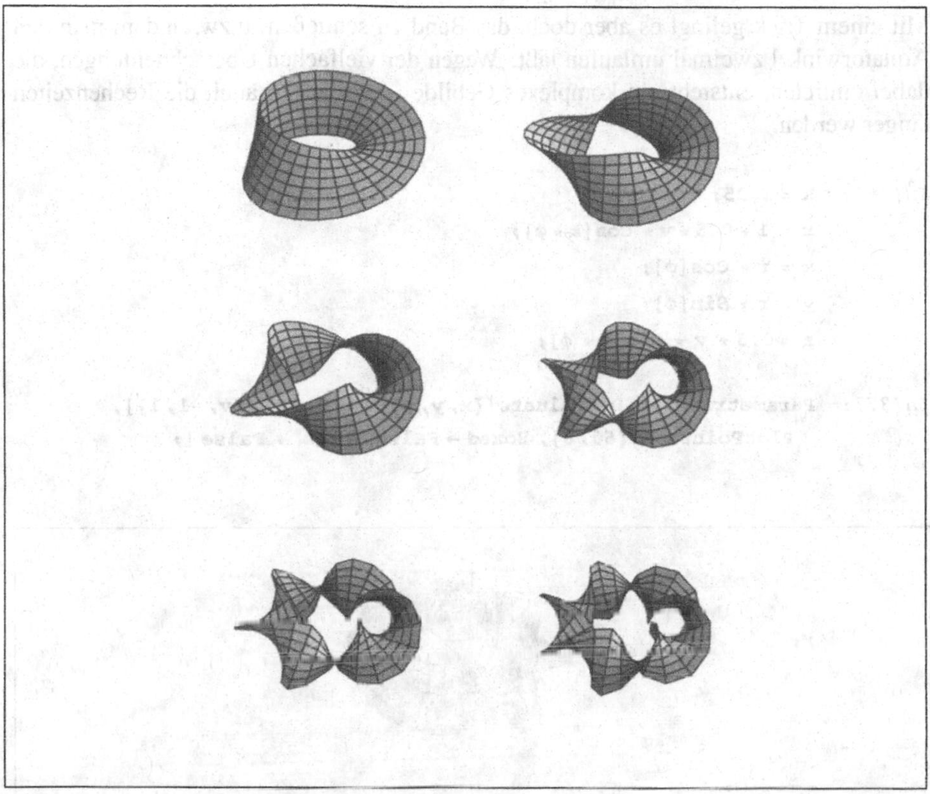

Hier die Gegenprobe: Tritt *k* nicht als Vielfaches von 0.5 auf, dann entstehen keine geschlossenen Bänder.

```
In[34]:= k = 1.25;
         r = 1 + 0.5 * v * Cos[k * ϕ];
         x = r * Cos[ϕ];
         y = r * Sin[ϕ];
         z = 0.5 * v * Sin[k * ϕ];

In[35]:= ParametricPlot3D[Evaluate[{x, y, z}, {ϕ, 0, 2π}, {v, -1, 1}],
           PlotPoints → {30, 8}, Boxed → False, Axes → False];
```

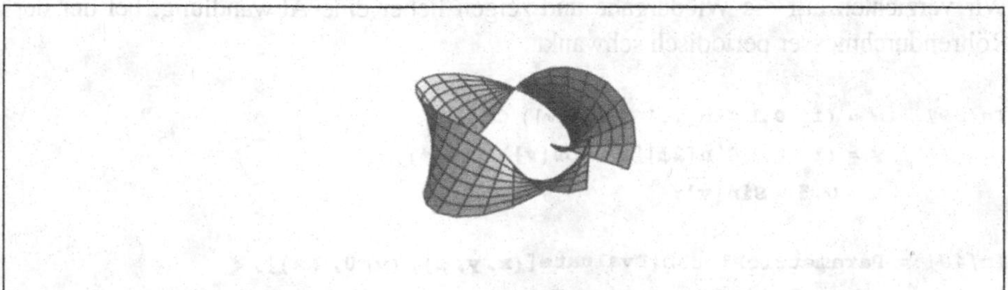

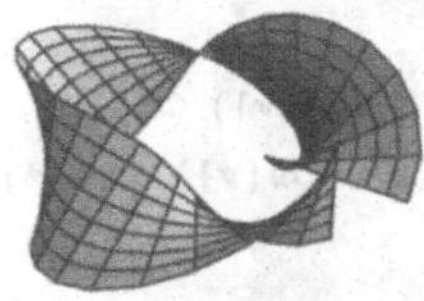

Mit einem Trick gelingt es aber doch, das Band zu schließen, u.zw. indem man den Äquatorwinkel zweimal umlaufen läßt. Wegen der vielfachen Überschneidungen, die dabei eintreten, entsteht ein komplexes Gebilde – weswegen auch die Rechenzeiten länger werden.

```
In[36]:= k = 1.25;
         r = 1 + 0.5 * v * Cos[k * ϕ];
         x = r * Cos[ϕ];
         y = r * Sin[ϕ];
         z = 0.5 * v * Sin[k * ϕ];

In[37]:= ParametricPlot3D[Evaluate[{x, y, z}, {ϕ, 0, 4π}, {v, -1, 1}],
           PlotPoints → {60, 8}, Boxed → False, Axes → False ];
```

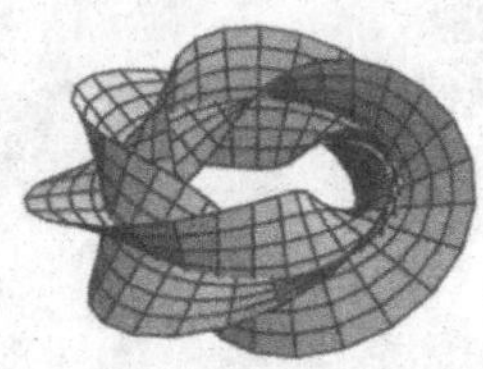

5.1.4 Abwandlungen des Torus

Auch der Torus ist ein dankbares Objekt für Verformungen. Wir gehen von der Parameterdarstellung aus. Der Radius des Rings ist als 1 festgelegt, der Radius des Röhrenquerschnitts wird mit *v* bezeichnet.

```
In[38]:= x = (1 + 0.5 * Cos[v]) Cos[ϕ];
         y = (1 + 0.5 * Cos[v]) Sin[ϕ];
         z = 0.5 * Sin[v];
```

Wir verzichten auf die Wiedergabe und zeigen lieber eine Abwandlung, bei der der Röhrendurchmesser periodisch schwankt.

```
In[39]:= x = (1 + 0.5 Sin[2ϕ]^2 Cos[v]) Cos[ϕ];
         y = (1 + 0.5 Sin[2ϕ]^2 * Cos[v]) Sin[ϕ];
         z = 0.5 * Sin[v];

In[40]:= ParametricPlot3D[Evaluate[{x, y, z}, {v, 0, 2 π}],
           Boxed → False, Axes → False];
```

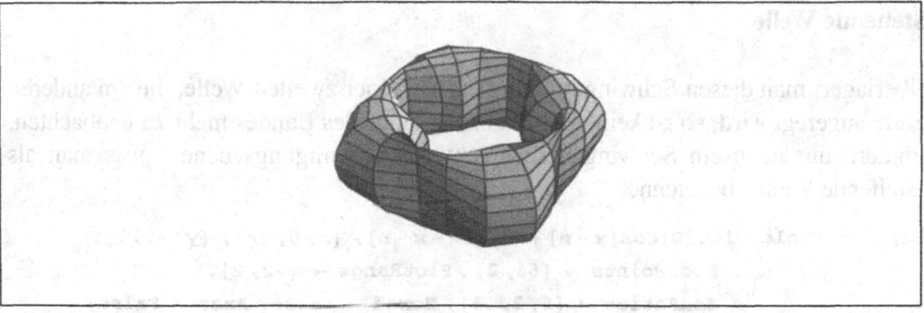

Durch Modulationen des Ring- und des Röhrendurchmessers ergeben sich eigenartige Gebilde von mehrzähliger Symmetrie. Eines davon wurde für das Titelbild *t3* verwendet – siehe Abschnitt 3.7.

5.2 Bewegung von Wellen

Die Wellenbewegung ist eine Erscheinung, für die es in der Natur, in der Wissenschaft und in der Technik unzählige Beispiele gibt. Mit Hilfe trigonometrischer Funktionen läßt sie sich leicht beschreiben und grafisch darstellen. Wir greifen das Thema noch einmal auf – siehe Kapitel 4.1. – und zeigen einige Beispiele für schwingende Flächen, wie sie etwa an elastischen Stoffen, Wasseroberflächen und dergleichen auftreten.

Schwingendes Band

Wir nehmen an, daß das Band am linken Rand in Schwingungen versetzt wird.

```
In[1]:= Table[Plot3D[Cos[x - n], {x, 0, 6π}, {y, -2, 2},
              PlotPoints → {64, 2}, PlotRange → {-2, 2},
              BoxRatios → {6, 2, 0.5}, Boxed → False, Axes → False],
         {n, 0, 2π - .2π, .2π}];
```

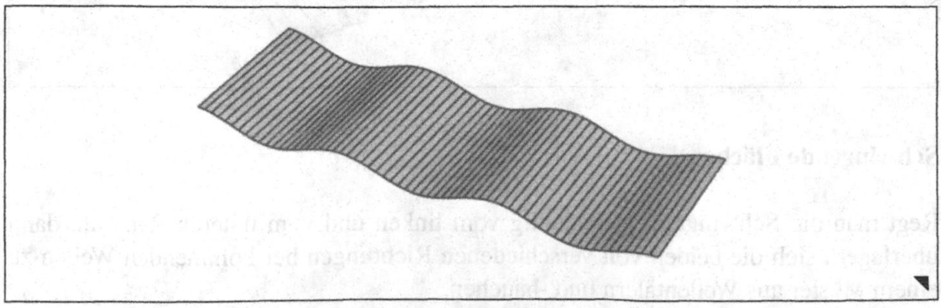

Stehende Welle

Überlagert man diesen Schwingungsvorgang mit einer zweiten Welle, die am anderen Ende angeregt wird, so ist keine Fortpflanzung längs des Bandes mehr zu beobachten, sondern nur noch ein Schwingen senkrecht zur Schwingungsebene – was man als „stehende Welle" bezeichnet.

```
In[2]:= Table[Plot3D[Cos[x - n] + Cos[6π - x - n], {x, 0, 6π}, {y, -2, 2},
                PlotPoints → {64, 2}, PlotRange → {-2, 2},
                BoxRatios → {6, 2, .5}, Boxed → False, Axes → False],
          {n, 0, 2π - .2π, .2π}];
```

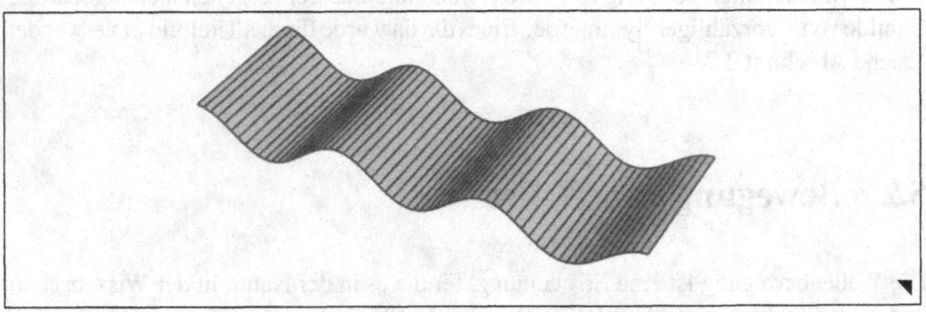

Laufende Welle

Eine kurze Anregung an der Schmalseite des Bandes führt zu einer laufenden Welle.

```
In[3]:= Table[Plot3D[3 Exp[-(x - n)^2], {x, 0, 6π}, {y, 0, 4},
                PlotPoints → {32, 2}, PlotRange → {-2, 2},
                BoxRatios → {6, 2, .5}, Boxed → False, Axes → False],
          {n, 0, 22, 1}];
```

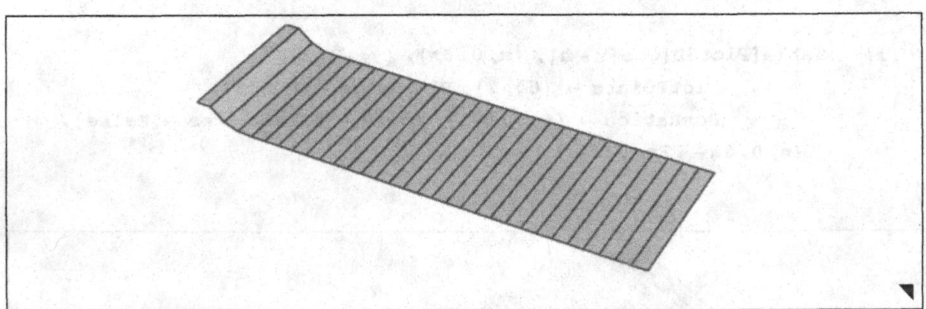

Schwingende Fläche

Regt man die Schwingung gleichzeitig vom linken und vom unteren Rand an, dann überlagern sich die beiden von verschiedenen Richtungen her kommenden Wellen zu einem Muster aus Wellentälern und -bäuchen.

```
In[4]:= Table[Plot3D[3 Sin[x - n] + 3 Sin[y - n], {x, 0, 6π}, {y, 0, 6π},
                PlotPoints → {32, 32}, PlotRange → {0, 15},
                BoxRatios → {6, 6, 1}, Boxed → False, Axes → False],
         {n, 0, 2π - .2π, .2π}];
```

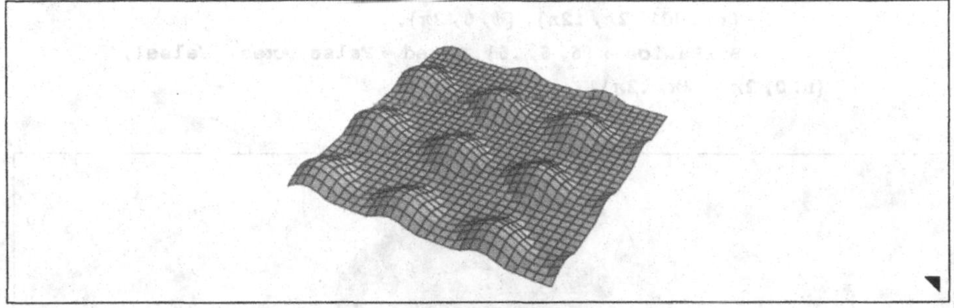

Zentral angeregte Welle

Die Anregung der Welle geht von der Mitte einer ebenen Fläche aus, so daß sich diese radial in die Umgebung ausbreitet. Sieht man – ebenso wie in den anderen Fällen bisher - von einer Dämpfung ab, dann verteilt sich die Energie über einen größer werdenden Bereich, was eine Verkleinerung der Amplitude nach außen mit sich bringt – diese ist der Wurzel aus dem Radius proportional. (Wir setzen r im Zentrum gleich 0.01, denn ein Anfangswert von $r = 0$ würde zu unendlicher Energiedichte im Zentrum führen, was auch physikalisch unmöglich wäre.)

```
In[5]:= Needs["Graphics`ParametricPlot3D`"]

In[6]:= Table[CylindricalPlot3D[.3 Cos[r - n]/√r,
                {r, .01, 6π, .2π}, {ϕ, 0, 2π},
                BoxRatios → {6, 6, .5}, Boxed → False, Axes → False],
         {n, 0, 2π - .2π, .2π}];
```

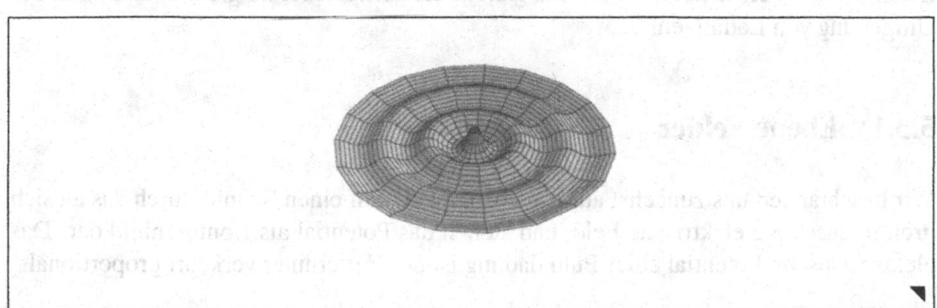

Singulärer Wellenimpuls

Nun erfolgt im Zentrum eine einzelne kurzfristige Anregung, wie sie etwa durch einen aufschlagenden Wassertropfen ausgelöst werden kann.

```
In[7]:= Table[CylindricalPlot3D[.1Exp[-(r - n)^2]/√r,
            {r, .001, 2π, .2π}, {ϕ, 0, 2π},
            BoxRatios → {6, 6, .5}, Boxed → False, Axes → False],
        {n, 0, 2π - .2π, .2π}];
```

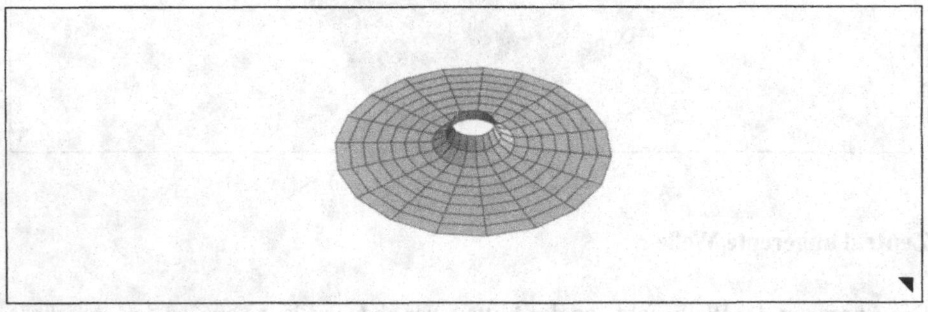

Die Reihe der Beispiele ließe sich beliebig fortsetzen, wobei man durch die Berücksichtigung der gedämpften Schwingungen den natürlichen und technischen Vorgängen noch näher käme.

5.3 Elektrische Felder

Als Feld bezeichnet der Physiker einen Raum, dem eine Größe, z.B. eine Kraft, zugeordnet ist. Bekannte Beispiele dafür sind elektrische Felder, denn elektrische Ladungen erzeugen im umgebenden Raum Kräfte, deren Intensität und Richtung man in Abhängigkeit von den Raumkoordinaten beschreibt. Die elektrostatischen Kräfte kann man aus einer anderen Feldgröße, dem Potential, durch Gradientenbildung ableiten – beide Felder liefern also eine gleichwertige Beschreibung der Situation in der Umgebung von Ladungen.

5.3.1 Ebene Felder

Wir beschränken uns zunächst auf den ebenen Fall, auf einen Schnitt durch das an sich dreidimensionale elektrische Feld, und stellen das Potential als Konturenbild dar. Das elektrostatische Potential einer Punktladung ist der Entfernung verkehrt proportional.

```
In[1]:= pol =
         ContourPlot[1/Sqrt[x^2 + y^2], {x, -4, 4}, {y, -4, 4},
           PlotPoints → 40, Contours → 12, ContourShading → False];
```

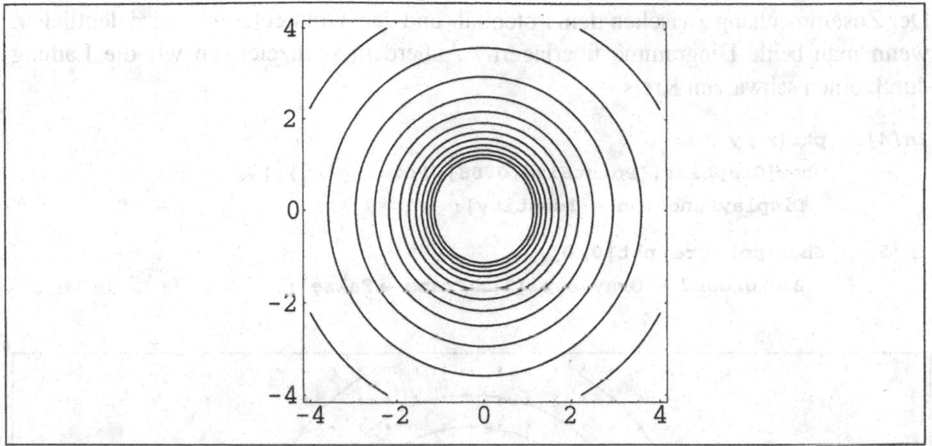

Zur Darstellung des Gradientenfeldes benutzen wir das Paket `Graphics'PlotField'`, das seinerseits auf `Graphics'Arrow'` zugreift und somit als grafische Elemente Pfeile benutzen kann. Mit ihnen läßt sich die Richtung der Kraft und, durch die Länge des Pfeils, auch deren Stärke angeben.

```
In[2]:= Needs["Graphics`PlotField`"]

In[3]:= gra =
        PlotGradientField[1/Sqrt[x^2 + y^2], {x, -4, 4}, {y, -4, 4},
          Frame → True];

Power::"infy": Infinite expression 1/0^(3/2) encountered
```

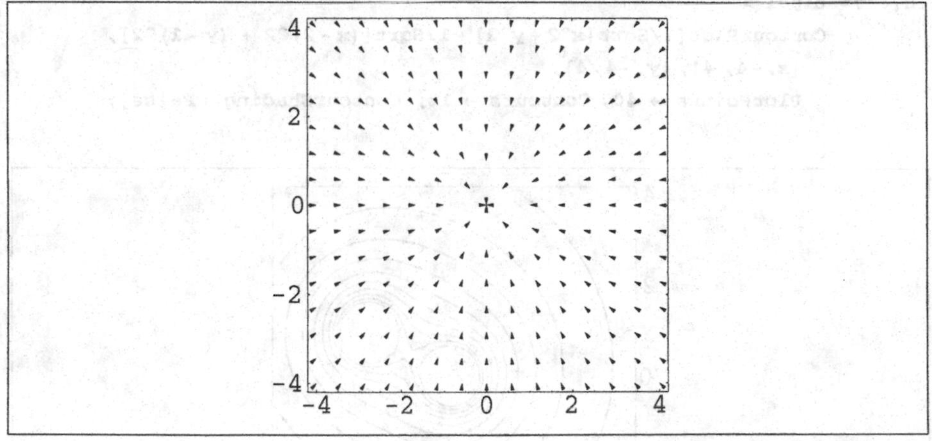

Mathematica ist in der Lage, Grafiken von Objekten zu erstellen, die Singularitäten aufweisen. Das ist bei elektrischen Punktladungen der Fall, da das Potential am Ort der Ladung unendlich groß wird. Es können allerdings Fehlermeldungen auftreten, auf die man nicht zu reagieren braucht.

Der Zusammenhang zwischen dem Potential- und dem Gradientenfeld wird deutlicher, wenn man beide Diagramme überlagert. Außerdem kennzeichnen wir die Ladung durch einen schwarzen Kreis.

```
In[4]:= pkt[x_, y_] :=
        Show[Graphics[{PointSize[0.08], Point[{x, y}]}],
          DisplayFunction → Identity];

In[5]:= Show[pol, gra, pkt[0, 0],
          Background → GrayLevel[1], Frame → False];
```

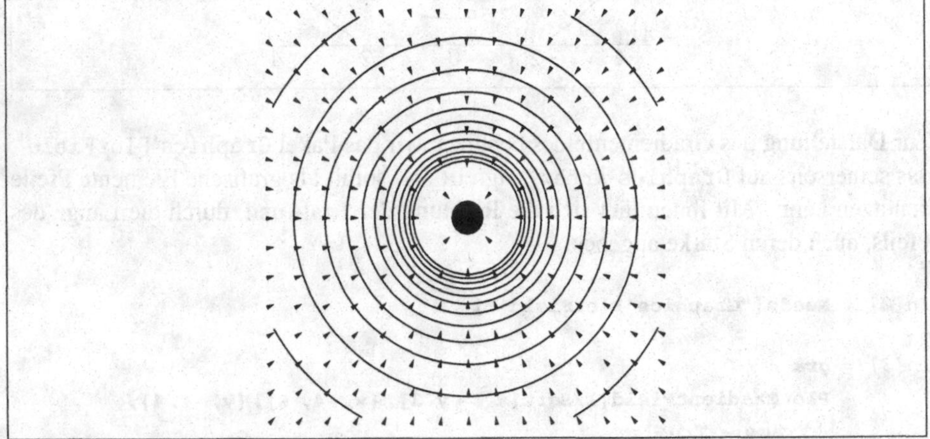

Nun bringen wir in das Feld eine zweite Ladung ein, wobei sich die Potentiale summieren.

```
In[6]:= dipol =
        ContourPlot[1/Sqrt[x^2 + y^2] + 1/Sqrt[(x - 2)^2 + (y - 1)^2],
          {x, -4, 4}, {y, -4, 4},
          PlotPoints → 40, Contours → 12, ContourShading → False];
```

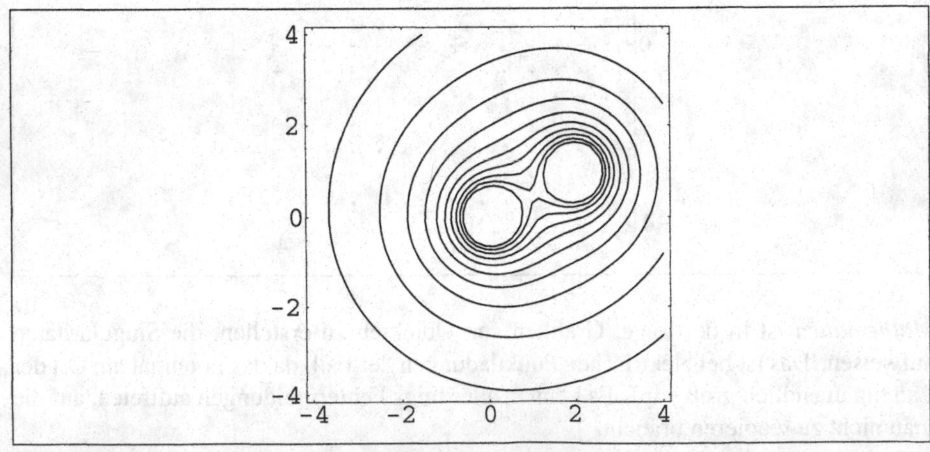

Daraus wird das Kraftfeld abgeleitet.

```
In[7]:= digra =
        PlotGradientField[1/Sqrt[x^2 + y^2] + 1/Sqrt[(x - 2)^2 + (y - 1)^2],
          {x, -4, 4}, {y, -4, 4}, Frame → True];
```

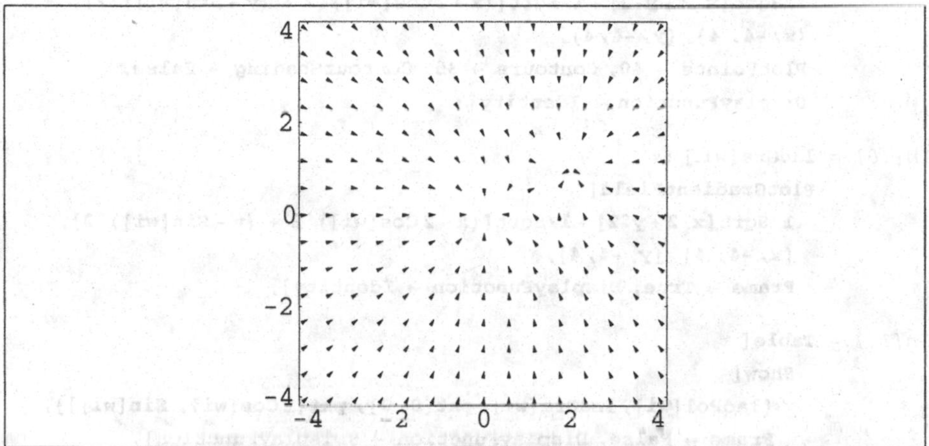

Zwar lassen die Pfeile die Richtungen der Kräfte gut erkennen, doch ist nun der Überblick über den Feldverlauf etwas schlechter geworden. Daher werden Potential- und Gradientenfeld überlagert und mit eingetragenen Positionen der Ladungen dargestellt.

```
In[8]:= Show[dipol, digra, pkt[0, 0], pkt[2, 1],
          Background → GrayLevel[1], Frame → False];
```

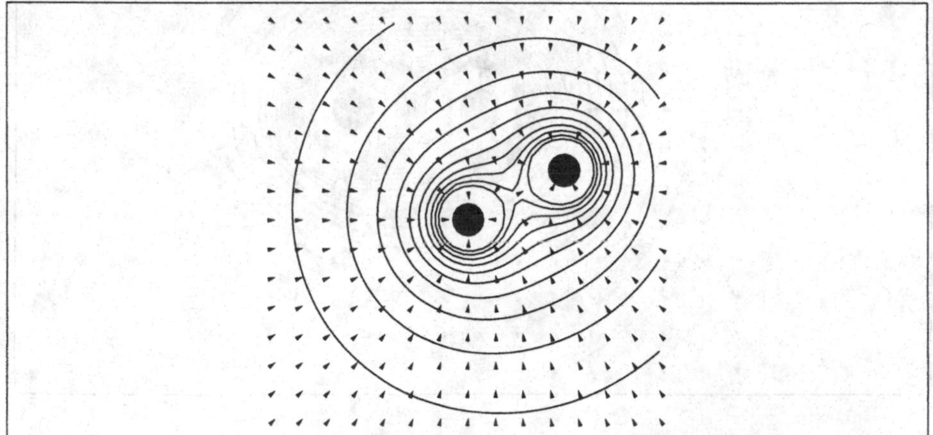

5.3.2 Bewegte Ladungen

Es folgt eine Animation, die die Veränderung des Feldes durch einander umkreisende Ladungen zeigt. Dabei wird eine erzwungene Bewegung angenommen, da Ladungen

Kräfte aufeinander ausüben, und sich deshalb, ohne auf der Bahn festgehalten zu werden, entweder aufeinander zu oder voneinander weg bewegen würden.

```
In[9]:= ladPol[wi_] :=
          ContourPlot[
            1/Sqrt[x^2 + y^2] + 1/Sqrt[(x - 2 Cos[wi])^2 + (y - Sin[wi])^2],
            {x, -4, 4}, {y, -4, 4},
            PlotPoints → 40, Contours → 35, ContourShading → False,
            DisplayFunction → Identity];

In[10]:= ladGra[wi_] :=
           PlotGradientField[
             1/Sqrt[x^2 + y^2] + 1/Sqrt[(x - 2 Cos[wi])^2 + (y - Sin[wi])^2],
             {x, -4, 4}, {y, -4, 4},
             Frame → True, DisplayFunction → Identity];

In[11]:= Table[
           Show[
             {ladPol[wi], ladGra[wi], pkt[0, 0], pkt[2 Cos[wi], Sin[wi]]},
             Frame → False, DisplayFunction → $DisplayFunction],
           {wi, 0, 2π - 0.1π, 0.1π}];
```

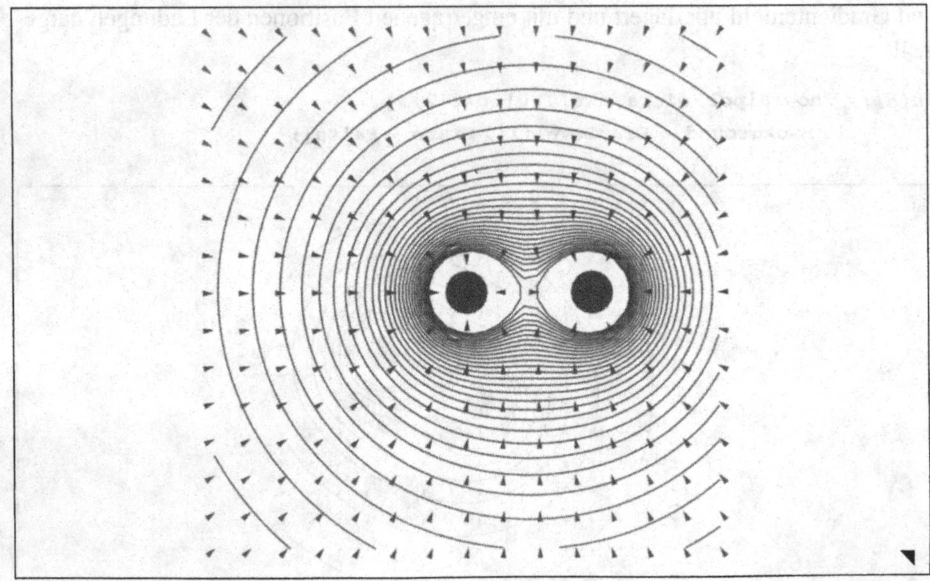

Bisher haben wir uns mit zwei gleichen Ladungen befaßt, durch Veränderung des Vorzeichens der Ladung kommt man zu Bildern, die auch Potential- und Gradientenfelder von ungleichnamigen Ladungen erfassen. Erweiterungen ergeben sich auch, wenn man die Beträge der Ladungen verändert oder auch mehr als zwei Ladungen einsetzt. Als Beispiel zeigen wir ein Paar aus einer positiven und einer dem Betrag nach doppelt so großen negativen Ladung.

```
In[12]:= ladPolneg[wi_] :=
           ContourPlot[
             1/Sqrt[x^2 + y^2] - 2/Sqrt[(x - 2 Cos[wi])^2 + (y - Sin[wi])^2],
             {x, -4, 4}, {y, -4, 4},
             PlotPoints → 40, Contours → 35, ContourShading → False,
             DisplayFunction → Identity];

In[13]:= ladGraneg[wi_] :=
           PlotGradientField[
             1/Sqrt[x^2 + y^2] - 2/Sqrt[(x - 2 Cos[wi])^2 + (y - Sin[wi])^2],
             {x, -4, 4}, {y, -4, 4},
             Frame → True, DisplayFunction → Identity];

In[14]:= Table[
             Show[{ladPolneg[wi], ladGraneg[wi],
                   pkt[0, 0], pkt[2 Cos[wi], Sin[wi]]},
               Frame → False, DisplayFunction → $DisplayFunction],
             {wi, 0, 2π - 0.1π, 0.1π}];
```

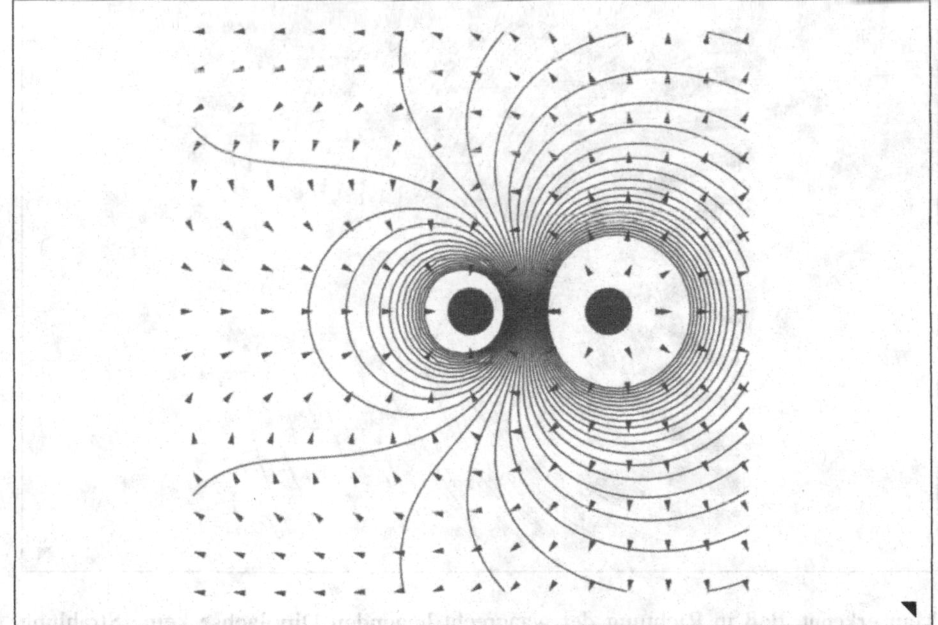

An den Bilddarstellungen sind verschiedene Eigenschaften der Felder zu erkennen, beispielsweise der Zusammenhang des Verlaufs der Kraftlinien und des Potentials: Die Pfeile sind stets in Richtung senkrecht zu den Potentiallinien angeordnet und geben die Richtung des größten Gefälles an. Das Potentialbild gleichnamiger Ladungen zeigt, daß die Potentiallinien mit wachsender Entfernung annähernd zu Kreisen werden, die beide Ladungen umschließen. Dagegen werden verschiedennamige Ladungen im Potentialbild durch die Potentiallinien getrennt.

5.3.3 Das Feld der Dipolantenne

Abschließend soll noch ein bedeutsames Beispiel aus der Elektrodynamik folgen: das von einem Dipol ausgehende Strahlungsfeld, das die Situation im entfernteren Umkreis einer Antenne beschreibt. Wir verzichten auf die Ableitung, die nicht ohne detaillierte Kenntnisse der Maxwellschen Theorie möglich ist, und verweisen auf die Literatur, beispielsweise Georg Joos: „Lehrbuch der theoretischen Physik“, Akademische Verlagsgesellschaft Becker und Erler, Leipzig, 1942.

```
In[15]:= str[t_] :=
          - Sin[ArcTan[y/x]] * Sin[ t - Sqrt[x^2 + y^2]] / Sqrt[x^2 + y^2]

         Table[ContourPlot[str[t], {x, 0.01, 40}, {y, -20, 20},
             Frame → None,
             Background → GrayLevel[1],
             PlotPoints → 100,
             Contours → 12, ContourShading → False],
           {t, 0, 2π - 0.1π, 0.1π}];
```

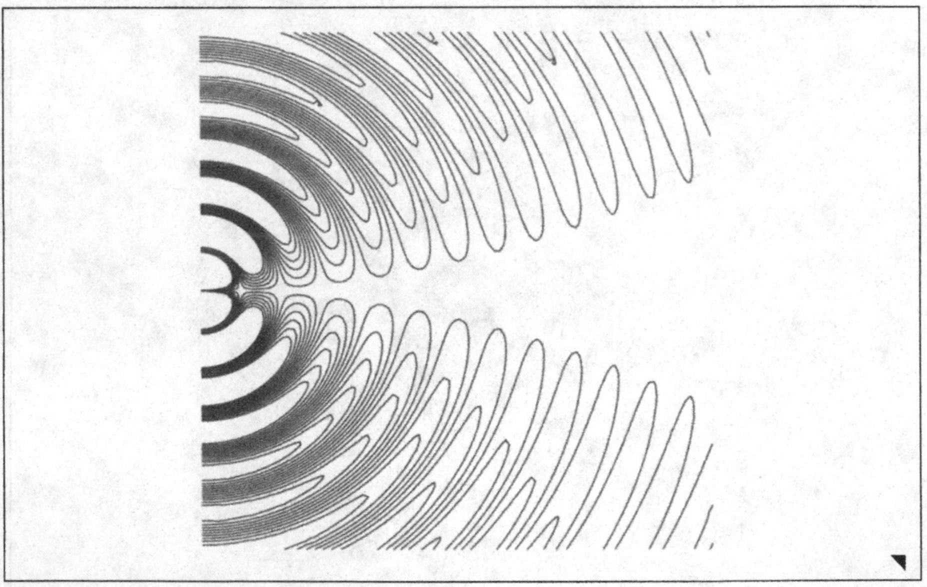

Man erkennt, daß in Richtung der waagrecht liegenden Dipolachse keine Strahlung ausgesandt wird.

5.4 Schnitte durch 3D-Objekte

Schnittbilder sind ein erprobtes Mittel zur Analyse geometrischer Eigenschaften, nicht zuletzt deshalb, weil sie auch den Blick ins Innere von Objekten freigeben. Die

Anwendungen reichen von der Geologie bis zur Medizin. *Mathematica* bietet einige Methoden zur Herstellung von Schnitten durch dreidimensionale Körper an.

5.4.1 Offene Schnittflächen

Als Beispiel dient ein Rotationskörper, der aus einer trigonometrischen Kurve $y = f(x)$ mit Hilfe des Pakets Graphics'SurfaceOfRevolution' entsteht.

```
In[1]:= Needs["Graphics`SurfaceOfRevolution`"]
```

```
In[2]:= SurfaceOfRevolution[{Sin[y], 0.8 Sin[2y]}, {y, 0, π}, {t, 0, 2 π},
         ViewVertical → {1, 0, 0}, BoxRatios → {2, 2, 2}];
```

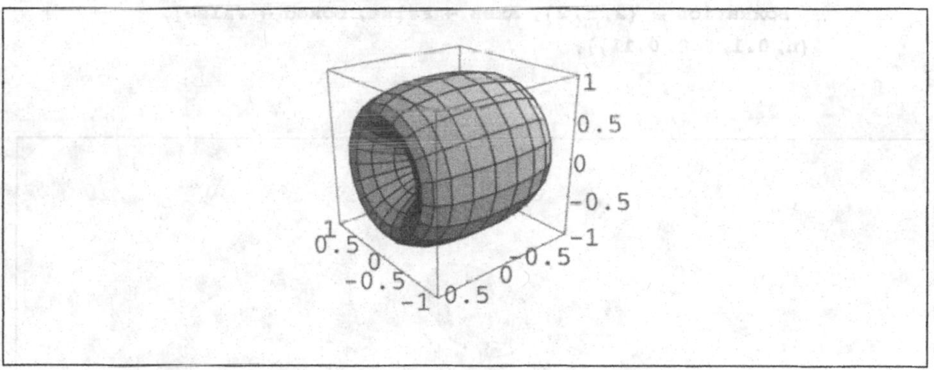

Während des Aufbauprozesses der Grafik ist die Innenstruktur des Objekts für kurze Zeit erkennbar, wird dann aber von der Oberfläche verdeckt.

Aufgeschnittene Objekte

Das Objekt wird nun durch Einschränkung des Definitionsbereichs – auf den halben Umlaufwinkel – durch die Rotationsachse hindurch aufgeschnitten und auf diese Weise halbiert.

```
In[3]:= SurfaceOfRevolution[{Sin[y], 0.8 Sin[2y]}, {y, 0, π}, {t, 0, π},
         ViewVertical → {1, 0, 0}, Axes → False, Boxed → False];
```

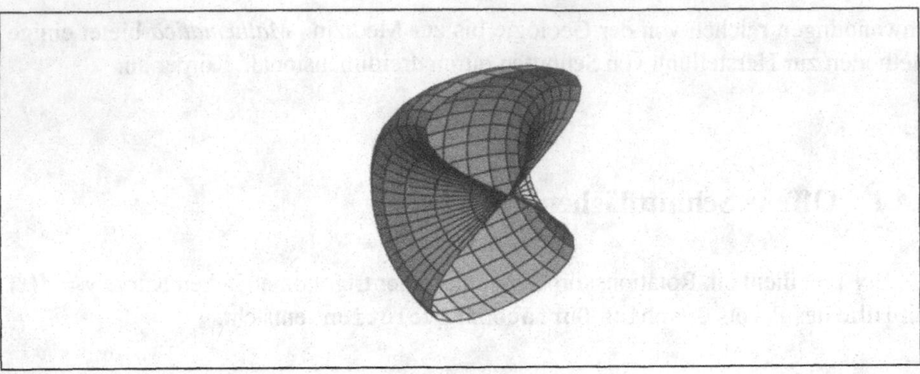

Diese Methode läßt sich auch auf die Animation übertragen.

```
In[4]:= sur =
         Table[
           SurfaceOfRevolution[{Sin[y], 0.8 Sin[2y]}, {y, 0, π}, {t, 0, 2 π},
             PlotRange → {{-1, 1}, {1 - n, 1}, {-1, 1}},
             ViewVertical → {1, 0, 0}, SphericalRegion → True,
             BoxRatios → {2, n, 2}, Axes → False, Boxed → False],
           {n, 0.1, 2.2, 0.11}];
```

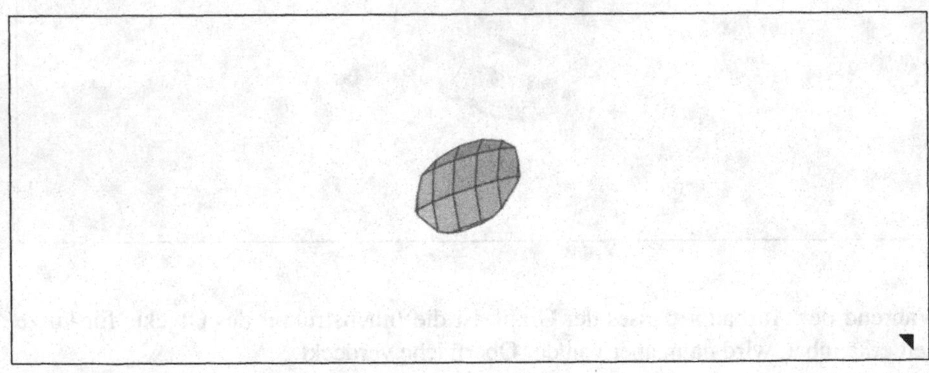

```
In[5]:= Show[GraphicsArray[Partition[sur, 5]]];
```

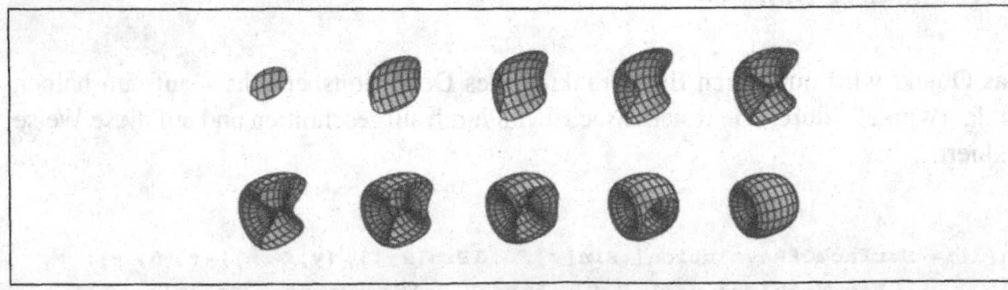

5.4.2 Schnitte mit `PlotRange`

Auch eine Reihe sukzessiver Schnitte ist als Information über den Innenaufbau eines Objekts brauchbar. Schränkt man den Definitionsbereich einer Koordinate stark ein und erzeugt mit `BoxRatios` eine dünne Scheibe anstatt der üblichen Box, dann reduziert sich die Darstellung praktisch auf die Schnittlinien. Eine gute Vorstellung läßt sich mit einer als Animation wiedergegebenen Folge von Schnitten erzielen. Im folgenden Beispiel schneiden wir senkrecht zur Rotationsachse.

```
In[6]:= lis =
      Table[
       SurfaceOfRevolution[{Sin[y], 0.8 Sin[2y]}, {y, 0, π}, {t, 0, 2 π},
        ViewVertical → {1, 0, 0}, PlotRange → {m, m + 0.002 },
        BoxRatios → {1, 1, 0.002}, Axes → False ],
       {m, -0.7, 0.7, 0.025(*0.1*)}];
```

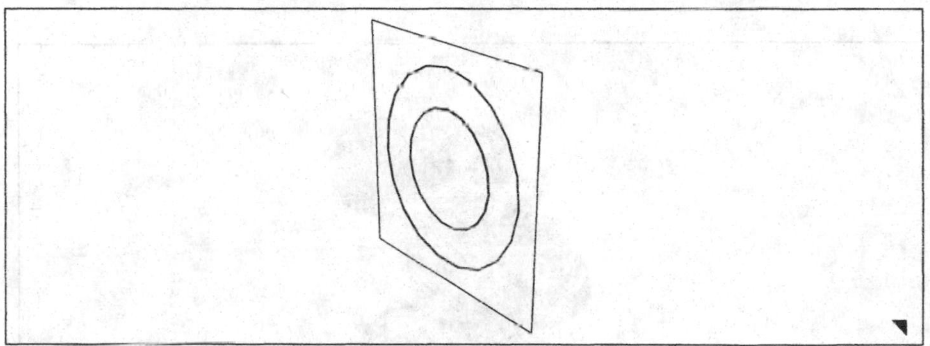

```
In[7]:= Show[GraphicsArray[ Partition[ lis, 5]]];
```

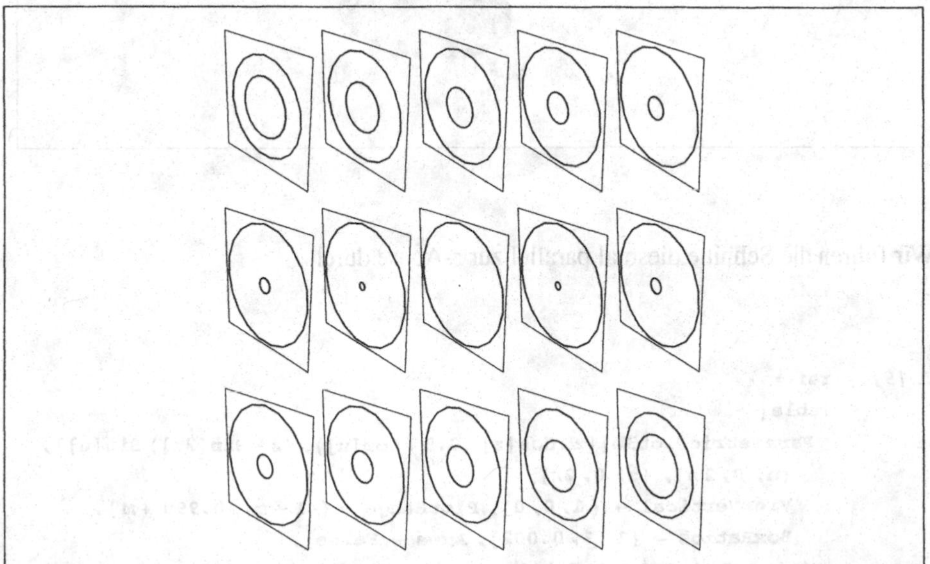

5.4.3 Kleinsche Flasche

Beim für das letzte Beispiel herangezogenen Rotationskörper erscheint eine Darstellung der Schnittlinien überflüssig, da das Ergebnis wegen der vorgegebenen Rotationssymmetrie leicht vorstellbar ist. Dem nächsten Beispiel liegt daher ein etwas komplizierteres Gebilde, eine verallgemeinerte Kleinsche Flasche, zugrunde.

```
In[8]:= fla =
        ParametricPlot3D[{Cos[z] (0.5 + Cos[u]), (2 + Sin[2z]) Sin[u], z},
          {u, 0, 2 π}, {z, 0, 2π},
          BoxRatios → {1, 1, 1.2}, PlotPoints → 40,
          Boxed → False, Axes → False];
```

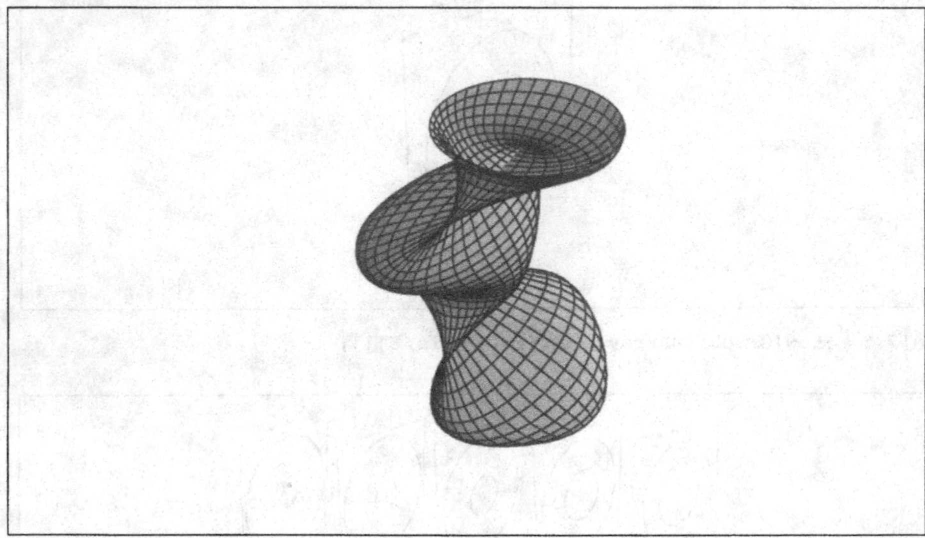

Wir führen die Schnitte diesmal parallel zur *z*-Achse durch.

```
In[9]:= rei =
        Table[
          ParametricPlot3D[{z, Cos[z] (0.5 + Cos[u]), (2 + Sin[2z]) Sin[u]},
            {u, 0, 2 π}, {z, 0, 2π},
            ViewVertical → { 1, 0, 0}, PlotRange → {-1 + m, -0.998 + m },
            BoxRatios → {1, 1, 0.002}, Axes → False],
          {m, -1.5, 4, 0.1 (*0.5*)}];
```

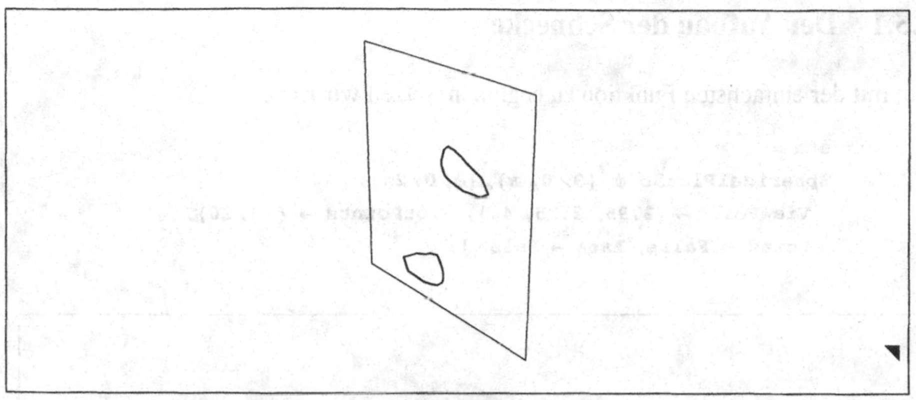

```
In[10]:= Show[GraphicsArray[ Partition[rei, 6]]];
```

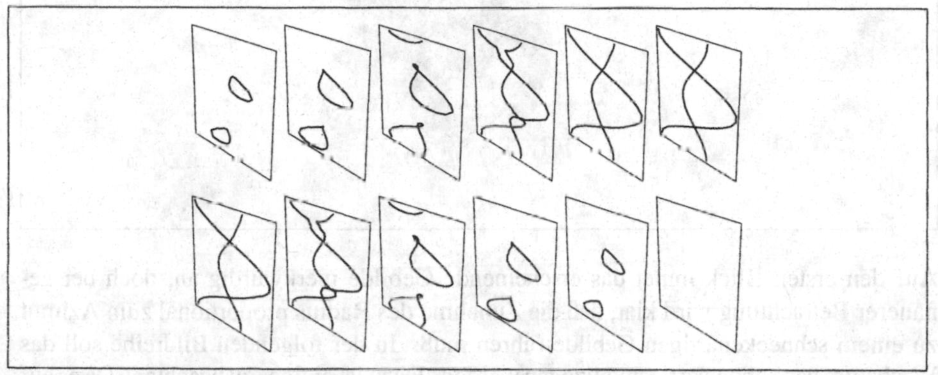

Damit ist das Thema längst nicht erschöpft – je nach der gestellten Aufgabe wird man andere Arten von Schnitten wählen, um innere, normalerweise in den Objekten verborgene Eigenschaften offen zu legen. Bemerkt sei, daß es der gebräuchliche Weg sein mag, die Schnittlinien mit Hilfe der Lösung von Gleichungssystemen zu errechnen und dann erst grafisch darzustellen. In vielen Fällen wird man allerdings mit der gezeigten Methode rascher zum Ziel kommen.

5.5 Das Prinzip der Schneckenform

In diesem Abschnitt setzen wir wieder das Paket `Graphics'ParametricPlot3D'` ein – siehe auch Abschnitt 1.2.

```
In[1]:= Needs["Graphics`ParametricPlot3D`"]
```

Mit einem festen Wert für *r* kommt eine Kugel zustande.

```
In[2]:= SphericalPlot3D[1, {θ, 0, π}, {φ, 0, 2π},
         Boxed → False, Axes → False];
```

Von dieser Einheitskugel werden wir weiterhin ausgehen, wir verzichten aber auf die Wiedergabe.

5.5.1 Der Aufbau der Schnecke

Um mit der einfachsten Funktion zu beginnen, setzen wir $r = \phi$.

```
In[3]:= sna =
        SphericalPlot3D[ϕ, {θ, 0, π}, {ϕ, 0, 2π},
          ViewPoint → {2.95, 2.25, 4.}, PlotPoints → {20, 20},
          Boxed → False, Axes → False];
```

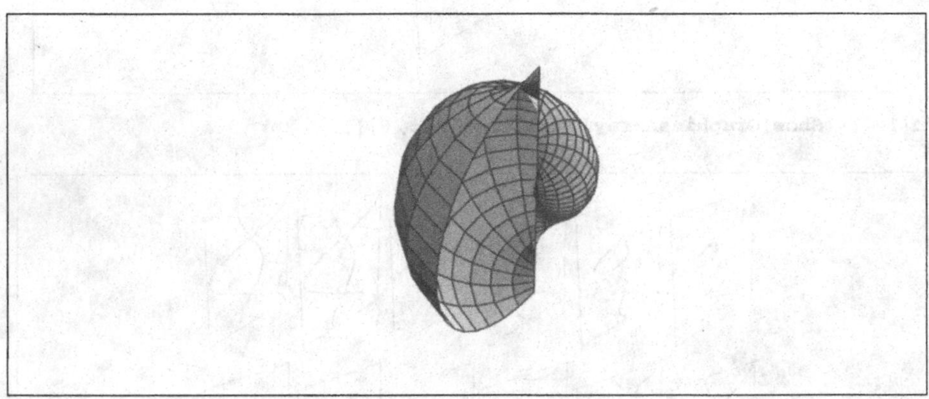

Auf den ersten Blick mutet das erscheinende Gebilde merkwürdig an, doch bei genauerer Betrachtung wird klar, daß die Zunahme des Radius proportional zum Azimut zu einem schneckenartigen Gebilde führen muß. In der folgenden Bildreihe soll das Wachstum der Schnecke nachvollzogen werden. Dazu ist einiges zu beachten: Da es auf die Wiedergabe des Wachstumsprozesses ankommen soll, der mit einer Vergrößerung des Gebildes verbunden ist, muß *Mathematica* daran gehindert werden, die Grafiken bildfüllend darzustellen. Das veranlaßt man am besten durch die Vorgabe eines Darstellungsraums mit festgesetzten Grenzen mittels der Option `PlotRange`. Richtwerte für die Grenzen des Darstellungsraums erhält man, wenn man die Maximalwerte von r abschätzt.

```
In[4]:=  0.125 * 24 * 2π
Out[4]= 18.849
```

Weiter treten bei einer festen Voreinstellung für die Anzahl der Stützpunkte die gegen die Peripherie laufenden Netzlinien immer weiter auseinander, so dass die Form zunehmend vergröbert wird. Es empfiehlt sich deshalb, die Zahl der Stützpunkte nach Maßgabe des Wachstums zu erhöhen.

```
In[5]:= wac =
         Table[SphericalPlot3D[ϕ, {θ, 0, π}, {ϕ, 0, 0.125n * 2π},
                  ViewPoint → {2.95, 2.25, 4.},
                  PlotRange → {{-19, 19}, {-19, 19}, {-19, 19}},
                  PlotPoints → {20, IntegerPart[n * 4 + 4]},
                  Boxed → False, Axes → False],
            {n, 8, 24, 0.5 (*1*)}];
```

```
In[6]:= Show[GraphicsArray[Partition[wac, 3]]];
```

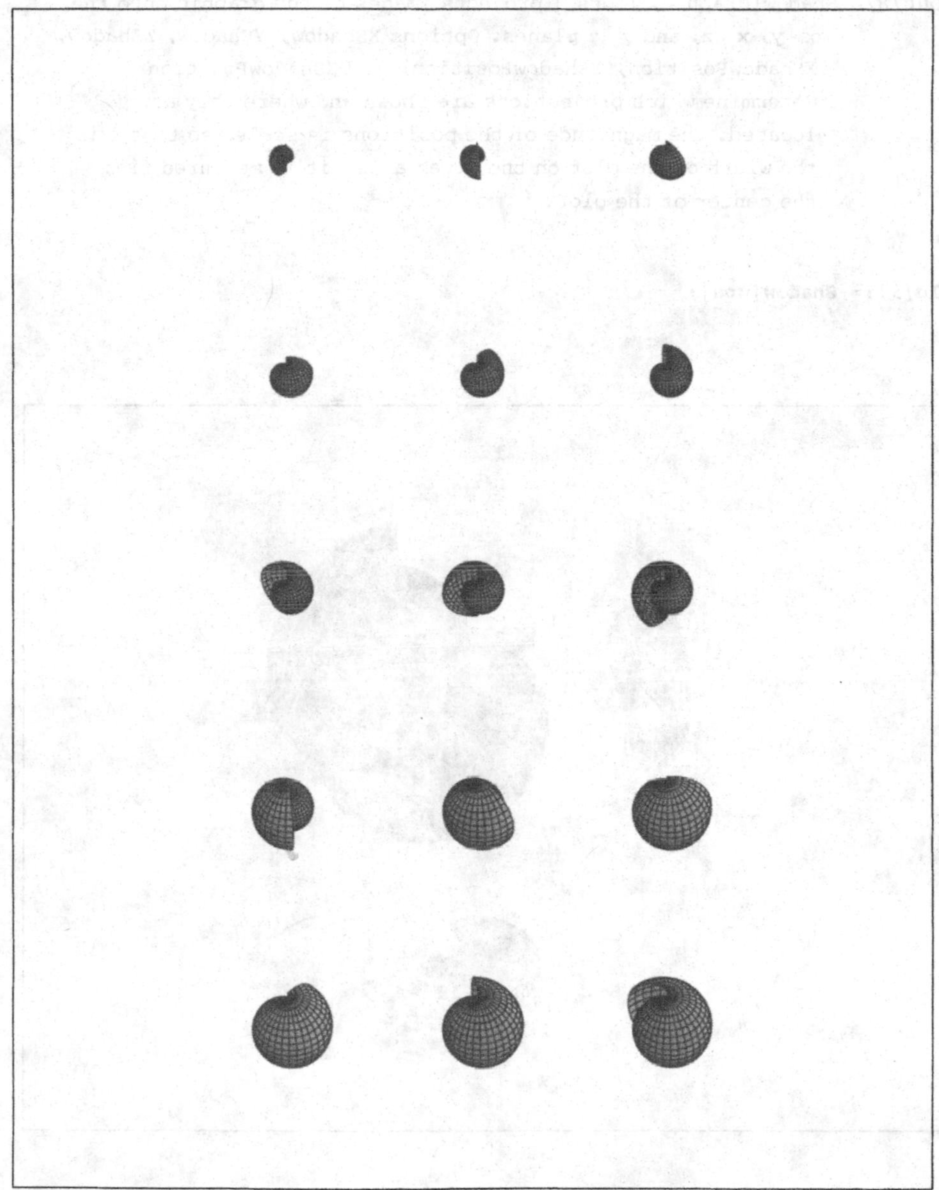

5.5.2 Projektionen der Schneckenform

Aufschlußreich für das Verständnis der Form ist die Projektion des Objekts auf die drei Koordinatenebenen mit `Shadow` aus dem Paket `Graphics'Graphics3D'`.

```
In[7]:= Needs["Graphics'Graphics3D'"]
```

```
In[8]:= ?Shadow
```

```
Out[8]= Shadow[graphic, (opts)] projects images of the graphic onto the
        x - y, x - z, and y - z planes. Options XShadow, YShadow, ZShadow,
        XShadowPosition, YShadowPosition, and ZShadowPosition
        determine which projections are shown and where they are
        located. The magnitude of the positions is scaled so that 1 is
        the width of the plot on the given axis; it is measured from
        the center of the plot.
```

```
In[9]:= Shadow[sna];
```

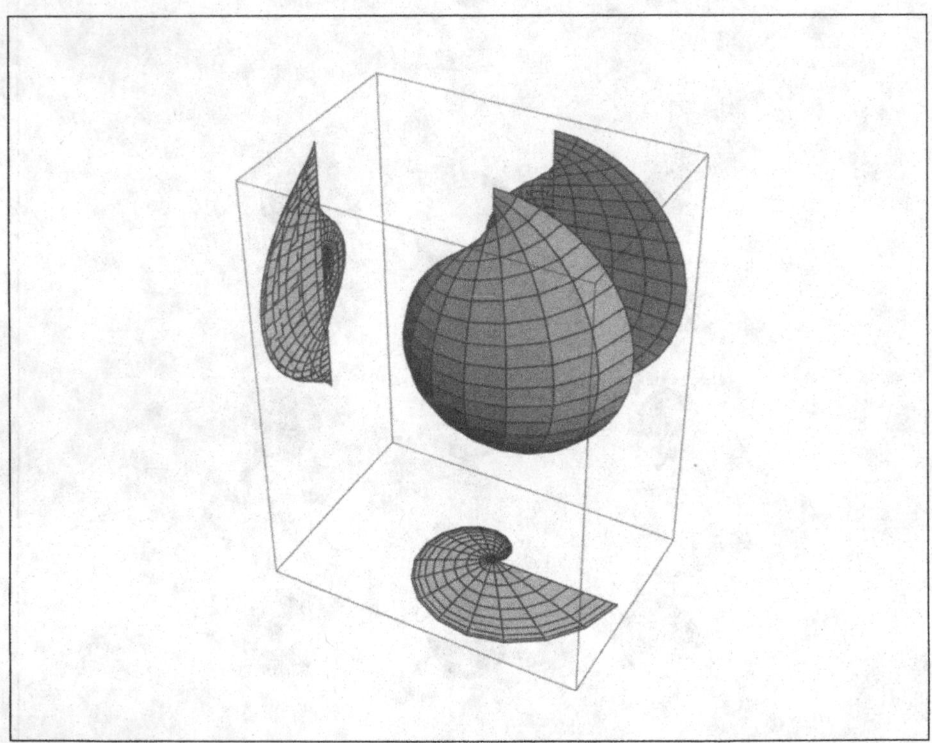

Noch deutlicher werden die Profile des Objekts, wenn es aus den Richtungen der Achsen des zugrunde liegenden kartesischen Koordinatensystems betrachtet wird.

```
In[10]:= seite =
         SphericalPlot3D[ϕ, {θ, 0, π}, {ϕ, 0, 2π},
           ViewPoint → {3., 0., 0.}, PlotPoints → {20, 20},
           Boxed → False, Axes → False];
```

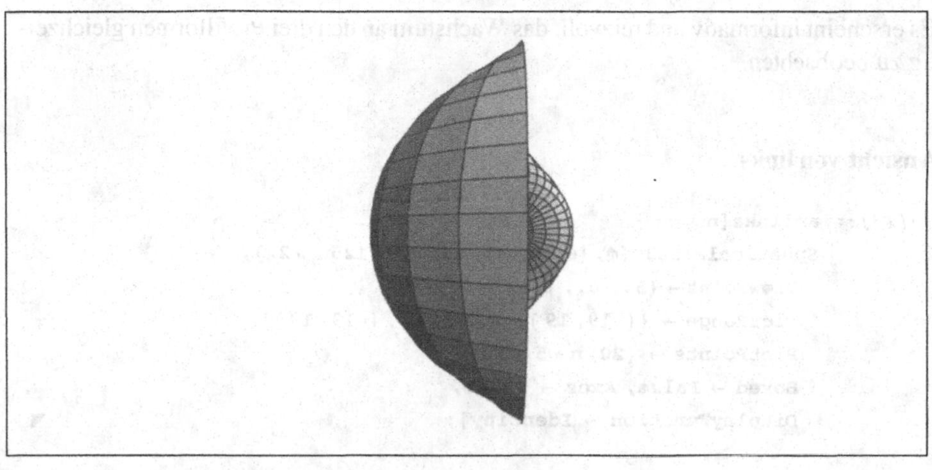

```
In[11]:= vorn =
         SphericalPlot3D[φ, {θ, 0, π}, {φ, 0, 2π},
           ViewPoint → {0., 3., 0.}, PlotPoints → {20, 20},
           Boxed → False, Axes → False ];
```

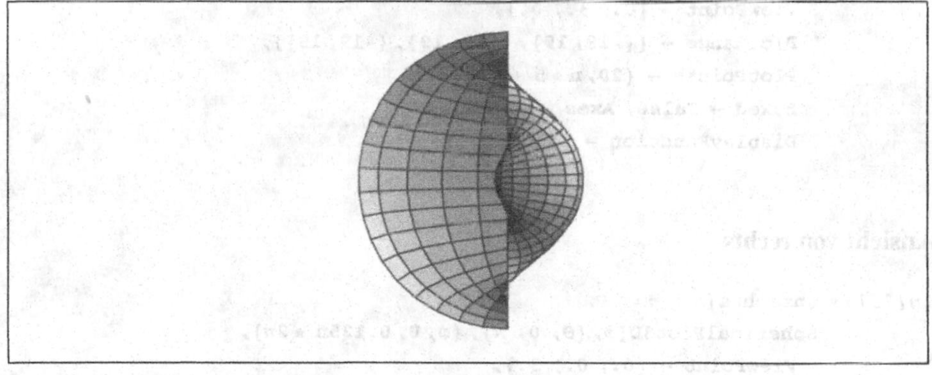

```
In[12]:= oben =
         SphericalPlot3D[φ, {θ, 0, π}, {φ, 0, 2π},
           ViewPoint → {0., 0., 3.}, ViewVertical → {1, 0, 0},
           PlotPoints → {20, 20}, Boxed → False, Axes → False ];
```

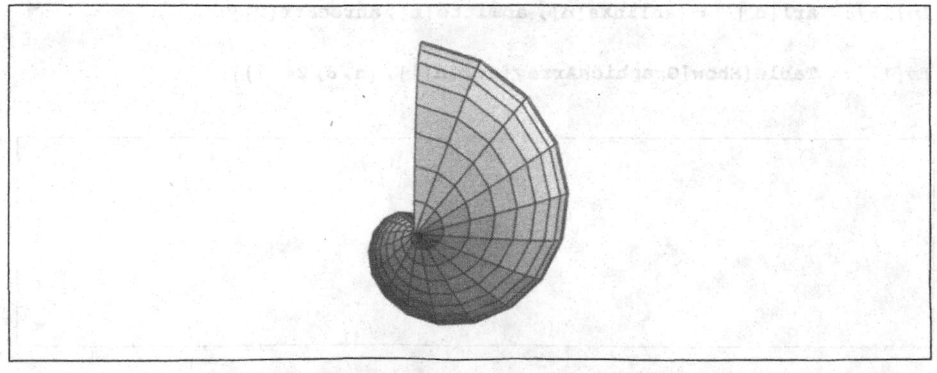

Es erscheint informativ und reizvoll, das Wachstum an den drei Profilformen gleichzeitig zu beobachten.

Ansicht von links

```
In[13]:= anlinks[n_] :=
          SphericalPlot3D[ϕ, {θ, 0, π}, {ϕ, 0, 0.125n * 2π},
            ViewPoint → {3., 0., 0.},
            PlotRange → {{-19, 19 }, {-19, 19 }, {-19, 19 }},
            PlotPoints → {20, n * 5 + 10},
            Boxed → False, Axes → False,
            DisplayFunction → Identity];
```

Ansicht von vorn

```
In[14]:= anmitte[n_] :=
          SphericalPlot3D[ϕ, {θ, 0, π}, {ϕ, 0, 0.125n * 2π},
            ViewPoint → {0., 3., 0.},
            PlotRange → {{-19, 19}, {-19, 19}, {-19, 19}},
            PlotPoints → {20, n * 5 + 10},
            Boxed → False, Axes → False,
            DisplayFunction → Identity];
```

Ansicht von rechts

```
In[15]:= anrechts[n_] :=
          SphericalPlot3D[ϕ, {θ, 0, π}, {ϕ, 0, 0.125n * 2π},
            ViewPoint → {0., 0., 3.},
            PlotRange → {{-19, 19}, {-19, 19}, {-19, 19}},
            PlotPoints → {20, n * 5 + 10},
            Boxed → False, Axes → False,
            DisplayFunction → Identity];

In[16]:= arl[n_] := {anlinks[n], anmitte[n], anrechts[n]};

In[17]:= Table[Show[GraphicsArray[arl[n]]], {n, 8, 24, 1}];
```

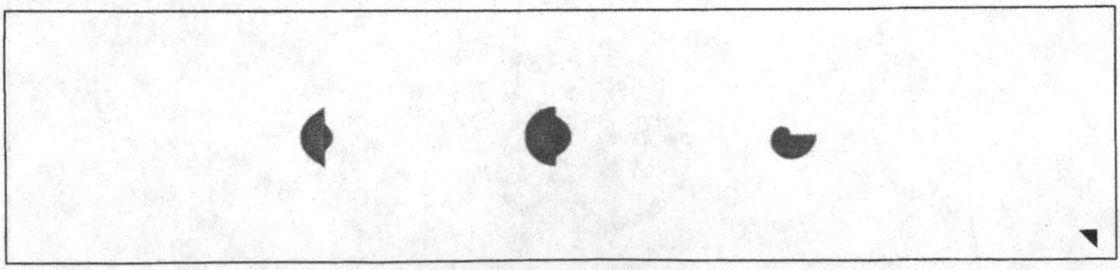

5.5.3 Schnittbilder der Schnecke

Schnittbilder gewähren einen besseren Einblick in das Innere des Objekts als der Blick durch die Mündung.

```
In[18]:= SphericalPlot3D[
          φ, {θ, 0, π}, {φ, 0, 0.125 * 24 * 2π},
          ViewPoint → {0., 3., 0.},
          PlotRange → {{-19, 19 }, {-19, 0 }, {-19, 19 }},
          PlotPoints → {20, 24 * 5 + 10} ,
          Boxed → False,
          Axes → False ];
```

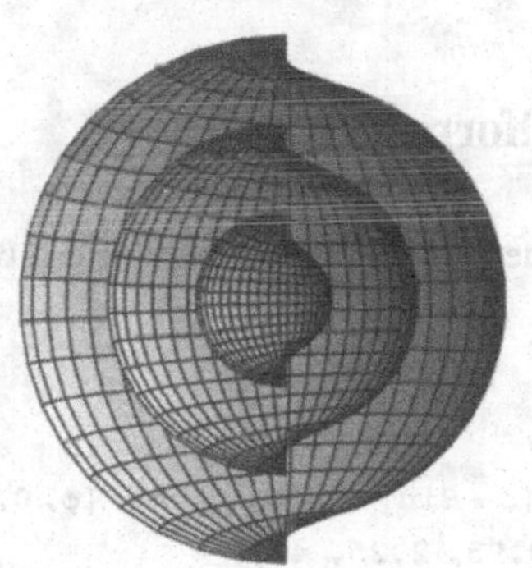

Eine Animation erlaubt es, das Wachstum anhand des Schnittbildes zu beobachten.

```
In[19]:= Table[
          SphericalPlot3D[φ, {θ, 0, π}, {φ, 0, 0.125 * n * 2π},
            ViewPoint → {0., 3., 0.},
            PlotRange → {{-19, 19}, {-19, 0}, {-19, 19}},
            PlotPoints → {20, IntegerPart[n * 4 + 4]} ,
            Boxed → False,
            Axes → False ],
          {n, 8, 24, 0.5}];
```

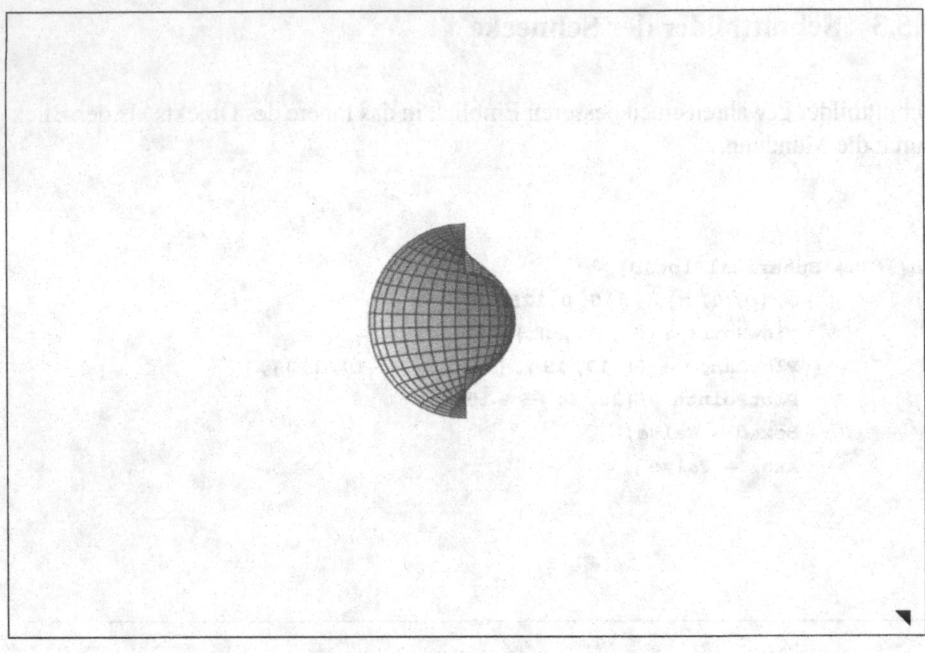

5.5.4 Variante: Spiralform

Durch eine geringfügige Änderung der Abhängigkeit erfaßt man auch die flache Spiralform.

```
In[20]:= spi =
      SphericalPlot3D[φ * Sin[θ], {θ, 0, π}, {φ, 0, 4π},
        ViewPoint → {2.95, 2.25, 4.},
        PlotPoints → {20, 40},
        Boxed → False, Axes → False ];
```

```
In[21]:= Table[
           SphericalPlot3D[ϕ * Sin[θ], {θ, 0, π}, {ϕ, 0, 0.125 * n * 2π},
             PlotRange → {{-19, 19}, {-19, 19}, {-19, 19}},
             ViewPoint → {2.95, 2.25, 4.},
             PlotPoints → {20, IntegerPart[n * 4 + 4]},
             Boxed → False, Axes → False ],
           {n, 8, 24, 0.5}];
```

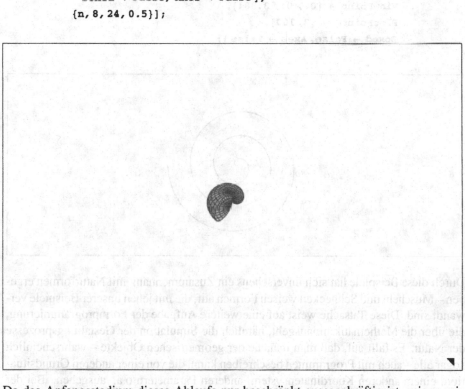

Da das Anfangsstadium dieses Ablaufs nur beschränkt aussagekräftig ist, zeigen wir hier das Ergebnis des Wachstums.

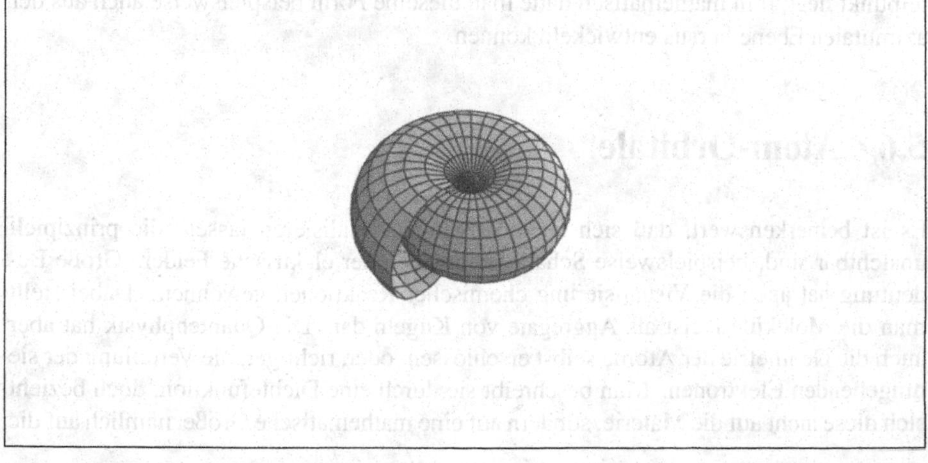

Wir werfen noch einen Blick auf die Spirale, die entsteht, wenn man die Schnecke in der x-y-Ebene durchschneidet.

```
In[22]:= SphericalPlot3D[φ * Sin[θ],
         {θ, 0.499π, 0.501 π}, {φ, 0, 0.125 * 24 * 2π},
         PlotRange → {{-19, 19}, {-19, 19}, {-19, 19}},
         ViewPoint → {0., 0., 3.384},
         PlotPoints → {2, 100},
         Boxed → False, Axes → False];
```

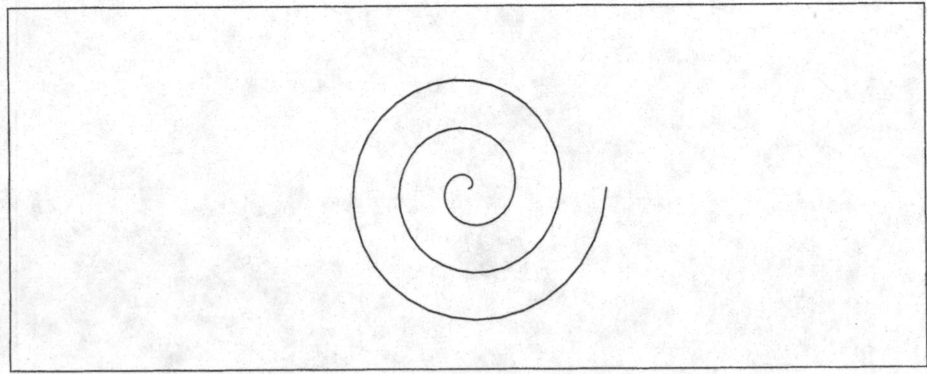

Durch diese Beispiele hat sich unversehens ein Zusammenhang mit Naturformen ergeben – Muscheln und Schnecken weisen Formen auf, die mit jenen unserer Beispiele verwandt sind. Diese Tatsache weist auf eine weitere Aufgabe der Formprogrammierung, die über die Mathematik hinausgeht, nämlich die Simulation der Gestaltungsprozesse der Natur. Es fällt auf, daß man manche der geometrischen Objekte – wahrscheinlich sogar alle – auch mit Programmen beschreiben kann, die von einer anderen Grundsituation, einem anderen Koordinatensystem, anderen Parametern o.ä. ausgehen. Bei der Simulation natürlicher Gestaltungsprozesse muss speziell jene Ausgangslage gesucht werden, die auch beim natürlichen Wachstum gegeben ist – also beispielsweise eine Entfaltung aus einem Kern heraus, der beim Beispiel der Schnecke im Koordinatenmittelpunkt liegt; rein mathematisch hätte man dieselbe Form beispielsweise auch aus der azimutalen Ebene heraus entwickeln können.

5.6 Atom-Orbitale

Es ist bemerkenswert, daß sich auch Vorgänge visualisieren lassen, die prinzipiell unsichtbar sind, beispielsweise Schallphänomene oder elektrische Felder. Große Bedeutung hat auch die Visualisierung chemischer Reaktionen gewonnen. Dabei stellt man die Moleküle meist als Aggregate von Kugeln dar. Die Quantenphysik hat aber auch die Geometrie der Atome selbst erschlossen, oder, richtiger, die Verteilung der sie umgebenden Elektronen. Man beschreibt sie durch eine Dichtefunktion, doch bezieht sich diese nicht auf die Materie, sondern auf eine mathematische Größe, nämlich auf die

Wahrscheinlichkeit, an der angegebenen Stelle ein Elektron anzutreffen. Dennoch hat diese abstrakte Größe eine konkrete physikalische Bedeutung: Von den Wahrscheinlichkeitsfeldern sind die Kräfte im Bereich von Atomen und Molekülen abhängig, und damit bestimmen sie das chemische Verhalten der Stoffe. Sie haben die Gestalt von Wolken, und als solche kann man sie auch darstellen. In Anlehnung an die alte Modellvorstellung, nach der sich die Elektronen auf Ellipsenbahnen um den Atomkern herumbewegt haben, nennt man die Formen der Elektronenwolken auch Orbitale.

Von Markus van Almsick stammt ein Notebook, mit dem sich Wellenfunktionen im 3-Dimensionalen durch eine Dichtefunktion darstellen lassen. Ich danke ihm auch an dieser Stelle dafür, daß er mir angeboten und erlaubt hat, sein bisher nicht veröffentlichtes Programm „Atom-Orbitale" (Copyright 1997) in dieses Buch aufzunehmen. Natürlich ist es hier nicht möglich, die auf der Grundlage der Wellenmechanik beruhenden Berechnungen der Dichteverteilungen für den Grundzustand der Atome sowie für einige „angeregte Zustände" – solche höherer Energie – nachzuvollziehen; es sei auf die Literatur verwiesen, beispielsweise auf Heinzwerner Preuss: „Grundriß der Quantenchemie", Bibliographisches Institut Mannheim, 1962.

5.6.1 Wellenfunktionen

Zuerst werden die Wellenfunktionen ψ und deren Betragsquadrate $\psi 2$ für verschiedene Quantenzahlen *n, l, m* defniniert. Man erkennt, daß es sich um räumliche Gebilde handelt, die sich gegen die Peripherie hin verdünnen. Die räumliche Maßeinheit ist der Atomradius $a0 = 1$.

In[1]:= `N[a0] = 1;`

In[2]:= $\psi[1,0,0][\{r\_, \theta\_, \varphi\_\}] = \frac{1}{\sqrt{\pi\, a0^3}} e^{-r/a0};$

In[3]:= $\psi[2,0,0][\{r\_, \theta\_, \varphi\_\}] = \frac{1}{4\sqrt{2\pi\, a0^3}} \left(2 - \frac{r}{a0}\right) e^{-r/(2\, a0)};$

In[4]:= $\psi 2[2,0,0][\{r\_, \theta\_, \varphi\_\}] = \frac{1}{32\pi\, a0^3} \left(2 - \frac{r}{a0}\right)^2 e^{-r/a0};$

In[5]:= $\psi[2,1,0][\{r\_, \theta\_, \varphi\_\}] = \frac{1}{4\sqrt{2\pi\, a0^3}} \frac{r}{a0} e^{-r/(2\, a0)}\, \mathrm{Cos}[\theta];$

In[6]:= $\psi 2[2,1,0][\{r\_, \theta\_, \varphi\_\}] = \frac{1}{32\pi\, a0^3} \left(\frac{r}{a0}\, \mathrm{Cos}[\theta]\right)^2 e^{-r/a0};$

In[7]:= $\psi[2,1,1][\{r\_, \theta\_, \varphi\_\}] = \frac{1}{8\sqrt{\pi\, a0^3}} \frac{r}{a0} e^{i\varphi - r/(2\, a0)}\, \mathrm{Sin}[\theta];$

In[8]:= $\psi 2[2,1,1][\{r\_, \theta\_, \varphi\_\}] = \frac{1}{64\pi\, a0^3} \left(\frac{r}{a0}\, \mathrm{Sin}[\theta]\right)^2 e^{-r/a0};$

In[9]:= $$\psi[3,0,0][\{r\_,\theta\_,\varphi\_\}] = \frac{1}{81\sqrt{3\pi\,a0^3}}\left(27-\left(18+2\frac{r}{a0}\right)\frac{r}{a0}\right)e^{-r/(3\,a0)};$$

In[10]:= $$\psi2[3,0,0][\{r\_,\theta\_,\varphi\_\}] = \frac{1}{19683\,\pi\,a0^3}\left(27-\left(18+2\frac{r}{a0}\right)\left(\frac{r}{a0}\right)\right)^2 e^{-2\,r/(3\,a0)};$$

In[11]:= $$\psi[3,1,0][\{r\_,\theta\_,\varphi\_\}] = \frac{\sqrt{2}}{81\sqrt{\pi\,a0^3}}\left(6-\frac{r}{a0}\right)\frac{r}{a0}\,e^{-r/(3\,a0)}\,\mathrm{Cos}[\theta];$$

In[12]:= $$\psi2[3,1,0][\{r\_,\theta\_,\varphi\_\}] = \frac{2}{6561\pi\,a0^3}\left(\left(6-\frac{r}{a0}\right)\frac{r}{a0}\,\mathrm{Cos}[\theta]\right)^2 e^{-2\,r/(3\,a0)};$$

In[13]:= $$\psi[3,1,1][\{r\_,\theta\_,\varphi\_\}] = \frac{1}{81\sqrt{\pi\,a0^3}}\left(6-\frac{r}{a0}\right)\frac{r}{a0}\,e^{i\,\varphi-r/(3\,a0)}\,\mathrm{Sin}[\theta];$$

In[14]:= $$\psi2[3,1,1][\{r\_,\theta\_,\varphi\_\}] = \frac{1}{6561\,\pi\,a0^3}\left(\left(6-\frac{r}{a0}\right)\frac{r}{a0}\,\mathrm{Sin}[\theta]\right)^2 e^{-2\,r/(3\,a0)};$$

In[15]:= $$\psi[3,2,0][\{r\_,\theta\_,\varphi\_\}] = \frac{1}{81\sqrt{6\,\pi\,a0^3}}\left(\frac{r}{a0}\right)^2 e^{-r/(3\,a0)}\,(3\,\mathrm{Cos}[\theta]^2-1);$$

In[16]:= $$\psi2[3,2,0][\{r\_,\theta\_,\varphi\_\}] = \frac{1}{39366\,\pi\,a0^3}\left(\left(\frac{r}{a0}\right)^2 (3\,\mathrm{Cos}[\theta]^2-1)\right)^2 e^{-2\,r/(3\,a0)};$$

In[17]:= $$\psi[3,2,1][\{r\_,\theta\_,\varphi\_\}] = \frac{1}{162\sqrt{\pi\,a0^3}}\left(\frac{r}{a0}\right)^2 e^{i\,\varphi-r/(3\,a0)}\,\mathrm{Sin}[2\,\theta];$$

In[18]:= $$\psi2[3,2,1][\{r\_,\theta\_,\varphi\_\}] = \frac{1}{26244\,\pi\,a0^3}\left(\left(\frac{r}{a0}\right)^2 \mathrm{Sin}[2\,\theta]\right)^2 e^{-2\,r/(3\,a0)};$$

In[19]:= $$\psi[3,2,2][\{r\_,\theta\_,\varphi\_\}] = \frac{1}{162\sqrt{\pi\,a0^3}}\left(\frac{r}{a0}\,\mathrm{Sin}[\theta]\right)^2 e^{2\,i\,\varphi-r/(3\,a0)};$$

In[20]:= $$\psi2[3,2,2][\{r\_,\theta\_,\varphi\_\}] = \frac{1}{26244\,\pi\,a0^3}\left(\frac{r}{a0}\,\mathrm{Sin}[\theta]\right)^4 e^{-2\,r/(3\,a0)};$$

5.6.2 Vorbereitung der Animation

Im folgenden werden einige Hilfsfunktionen definiert und perspektivische Umrechnungen durchgeführt.

```
In[21]:= Cartesian[{r_, θ_, φ_}] :=
           With[{rSinθ = r Sin[θ]}, {rSinθ Cos[φ], rSinθ Sin[φ], r Cos[θ]}];

In[22]:= Spherical[{x_, y_, z_}] :=
           With[{xy2 = x^2 + y^2}, {Sqrt[xy2 + z^2], ArcTan[Sqrt[xy2], z], ArcTan[x, y]}];

In[23]:= Rotate[θ_, ϕ_][{x_, y_, z_}] :=
           With[{cθ = Cos[θ], sθ = Sin[θ], cϕ = Cos[ϕ], sϕ = Sin[ϕ]},
             {cϕ x - sϕ y, cθ sϕ x + cθ cϕ y - sθ z, sθ sϕ x + cϕ sθ y + cθ z}];

In[24]:= Rotate[θ_][{x_, y_, z_}] :=
           With[{cθ = Cos[θ], sθ = Sin[θ]}, {x, cθ y - sθ z, sθ y + cθ z}];
```

```
In[25]:= Perspective[d_][{x_, y_, z_}] := With[{p = 1. + y/d}, {p x, y, p z}];
In[26]:= Spherical[Rotate[θ][Perspective[d][{x, y, z}]]];
In[27]:= % /. 1. + y/d → p
Out[27]= {Sqrt[p^2 x^2 + (p z Cos[θ] + y Sin[θ])^2 + (y Cos[θ] - p z Sin[θ])^2],
    ArcTan[Sqrt[p^2 x^2 + (y Cos[θ] - p z Sin[θ])^2], p z Cos[θ] + y Sin[θ]],
    ArcTan[p x, y Cos[θ] - p z Sin[θ]]}
In[28]:= % /. {y Cos[θ] - p z Sin[θ] → trig1, p z Cos[θ] + y Sin[θ] → trig2}
Out[28]= {Sqrt[trig1^2 + trig2^2 + p^2 x^2],
    ArcTan[Sqrt[trig1^2 + p^2 x^2], trig2], ArcTan[p x, trig1]}
In[29]:= % /. trig1^2 + p^2 x^2 → expr
Out[29]= {Sqrt[expr + trig2^2], ArcTan[Sqrt[expr], trig2], ArcTan[p x, trig1]}
```

5.6.3 Formeln für die Orbitale

Orbital (2,1,0)

Φ2 beschreibt die Atomorbitaldichten in einem kubischen 3D-Gitter. Dieses wird hierbei entsprechend dem Blickpunkt des Betrachters gedreht und perspektivisch verzerrt.

```
In[30]:= Φ2 =
    Compile[{{d, _Real}, {θ, _Real}, {x, _Real}, {y, _Real}, {z, _Real}},
     Evaluate[
      With[{p = 1. + y/d},
       With[{trig1 = y Cos[θ] - p z Sin[θ],
             trig2 = p z Cos[θ] + y Sin[θ], px = p x},
        With[{expr = trig1^2 + px^2},
         Simplify[ψ2[2, 1, 0][
           {Sqrt[expr + trig2^2], ArcTan[Sqrt[expr], trig2],
            ArcTan[px, trig1]}]]
        ]
       ]
      ]],
     {{p, _Real}, {trig1, _Real},
      {trig2, _Real}, {px, _Real}, {expr, _Real}}];
```

Die Dichten an den Gitterpunkten werden in der Richtung des Sehstrahls (**y**) aufsummiert und als 2D-Dichtegrafik ausgegeben, wobei die näher liegenden Gitterpunkte stärker gewichtet werden als die vom Betrachter weiter entfernt liegenden. So entsteht der Eindruck einer leuchtenden Wolke, die man gegen einen dunklen Hintergrund betrachtet. Zur besseren Anschauung werden Drehungen animiert. Da die Orbital-Wolken in Bezug auf alle Koordinatenebenen spiegelsymmetrisch sind, genügt eine Vierteldrehung für den Eindruck einer fortlaufenden Rotation mit Hilfe der Einstellung vorwärts/rückwärts für die Animation.

```
In[31]:= film =
    Table[
      Φ2data = Table[Φ2[21., θ, x, -10.5, z],
          {z, -10.25, 10.25, 0.5}, {x, -10.25, 10.25, 0.5}];
      Do[
        Φ2data = Φ2data + Exp[-(10.5 + y)/100]
        Table[Φ2[21., θ, x, y, z],
          {z, -10.25, 10.25, 0.5}, {x, -10.25, 10.25, 0.5}],
        {y, -9.5, 10.5, 1.}];
      gr = ListDensityPlot[Φ2data,
        Mesh → False, PlotRange → {0, 0.009}, Frame → False,
        ImageSize → {205, 205}, Background → GrayLevel[1]];
      Display[
        orbit210- <> ToString[Round[24 θ/π + 1]] <> .gif, gr, GIF],
      {θ, 0., π/2. - π/24., π/24.}];
```

```
In[32]:= tafel[serie_, anordnung__] :=
          Show[GraphicsArray[Partition[serie, anordnung]],
            Background → GrayLevel[1],
            GraphicsSpacing → {0.1, 0.1}];

In[33]:= tafel[film, 4];
```

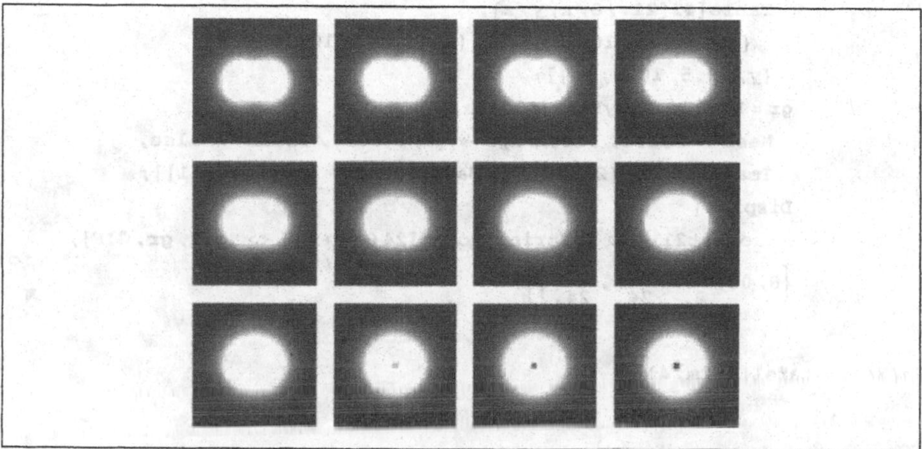

Orbital (2,1,1)

Auf gleiche Weise werden nun die Elektronenwolken der weiteren Orbitale berechnet und dargestellt.

```
In[34]:= Φ2 =
          Compile[{{d, _Real}, {θ, _Real}, {x, _Real}, {y, _Real}, {z, _Real}},
            Evaluate[
              With[{p = 1. + y/d},
                With[{trig1 = y Cos[θ] - p z Sin[θ],
                      trig2 = p z Cos[θ] + y Sin[θ], px = p x},
                  With[{expr = trig1^2 + px^2},
                    Simplify[ψ2[2, 1, 1][
                      {Sqrt[expr + trig2^2], ArcTan[Sqrt[expr], trig2],
                        ArcTan[px, trig1]}]]
                  ]
                ]
              ]],
            {{p, _Real}, {trig1, _Real},
              {trig2, _Real}, {px, _Real}, {expr, _Real}}];
```

```
In[35]:= film =
          Table[
            Φ2data = Table[Φ2[21., θ, x, -10.5, z],
                 {z, -10.25, 10.25, 0.5}, {x, -10.25, 10.25, 0.5}];
            Do[
              Φ2data = Φ2data + Exp[-(10.5 + y)/100]
              Table[Φ2[21., θ, x, y, z],
                {z, -10.25, 10.25, 0.5}, {x, -10.25, 10.25, 0.5}],
              {y, -9.5, 10.5, 1.}];
            gr = ListDensityPlot[Φ2data,
              Mesh → False, PlotRange → {0, 0.009}, Frame → False,
              ImageSize → {205, 205}, Background → GrayLevel[1]];
            Display[
               orbit211- <> ToString[Round[24 θ/π + 1]] <> .gif, gr, GIF],
            {θ, 0., π/2. - π/24., π/24.}];
```

```
In[36]:= tafel[film, 4];
```

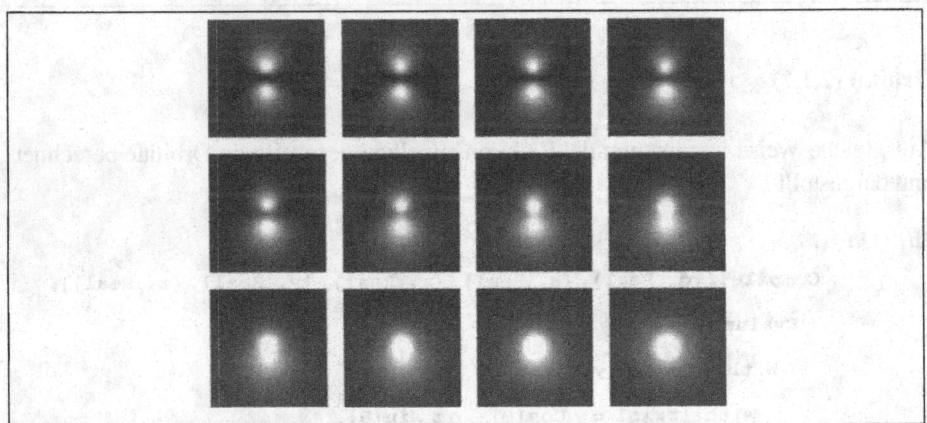

Orbital (3,1,0)

```
In[37]:= Φ2 =
         Compile[{{d, _Real}, {θ, _Real}, {x, _Real}, {y, _Real}, {z, _Real}},
           Evaluate[
             With[{p = 1. + y/d},
               With[{trig1 = y Cos[θ] - p z Sin[θ],
                     trig2 = p z Cos[θ] + y Sin[θ], px = p x},
                 With[{expr = trig1^2 + px^2},
```

```
          Simplify[ψ2[3, 1, 0][
              {Sqrt[expr + trig2^2], ArcTan[Sqrt[expr], trig2],
               ArcTan[px, trig1]}]]
        ]
      ]
    ]],
    {{p, _Real}, {trig1, _Real},
     {trig2, _Real}, {px, _Real}, {expr, _Real}}];
```

```
In[38]:= Table[
    Φ2data = Table[Φ2[21., θ, x, -10.5, z],
        {z, -10.25, 10.25, 0.5}, {x, -10.25, 10.25, 0.5}];
    Do[
      Φ2data = Φ2data + Exp[-(10.5 + y)/100]
      Table[Φ2[21., θ, x, y, z],
        {z, -10.25, 10.25, 0.5}, {x, -10.25, 10.25, 0.5}],
      {y, -9.5, 10.5, 1.}];
    gr = ListDensityPlot[Φ2data,
      Mesh → False, PlotRange → {0, 0.009}, Frame → False,
      ImageSize → {205, 205}, Background → GrayLevel[1]];
    Display[
      orbit210- <> ToString[Round[24 θ/π + 1]] <> .gif, gr, GIF],
    {θ, 0., π/2. - π/24., π/24.}];
```

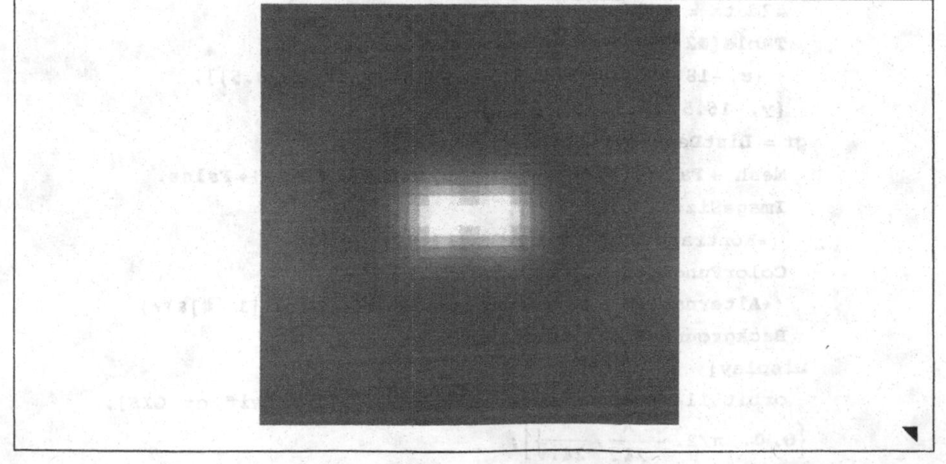

Orbital (3,1,1)

```
In[39]:= Φ2 =
         Compile[{{d, _Real}, {θ, _Real}, {x, _Real}, {y, _Real}, {z, _Real}},
          Evaluate[
           With[{p = 1. + y/d},
            With[{trig1 = y Cos[θ] - p z Sin[θ],
                  trig2 = p z Cos[θ] + y Sin[θ], px = p x},
             With[{expr = trig1^2 + px^2},
              Simplify[ψ2[3, 1, 1][
                 {Sqrt[expr + trig2^2], ArcTan[Sqrt[expr], trig2],
                  ArcTan[px, trig1]}]]
             ]
            ]
           ]],
           {{p, _Real}, {trig1, _Real},
            {trig2, _Real}, {px, _Real}, {expr, _Real}}];
```

```
In[40]:= Table[
          Φ2data = Table[Φ2[36., θ, x, -17.5, z],
             {z, -18.25, 18.25, 0.5}, {x, -18.25, 18.25, 0.5}];
          Do[
           Φ2data = Φ2data + Exp[-(17.5 + y)/100]
           Table[Φ2[36., θ, x, y, z],
             {z, -18.25, 18.25, 0.5}, {x, -18.25, 18.25, 0.5}],
           {y, -16.5, 17.5, 1.}];
          gr = ListDensityPlot[Φ2data,
           Mesh → False, PlotRange → {0, 0.009}, Frame → False,
           ImageSize → {365, 365},
            (*Kontrast erhöht mit Faktor 1.9*)
           ColorFunction → (GrayLevel[1.9 * #]&),
           (*Alternative : ColorFunction → (GrayLevel[1 - #]&)*)
           Background → GrayLevel[1]];
          Display[
           orbit311- <> ToString[Round[24 θ/π + 1]] <> .gif, gr, GIF],
          {θ, 0., π/2. - π/24., π/24.}];
```

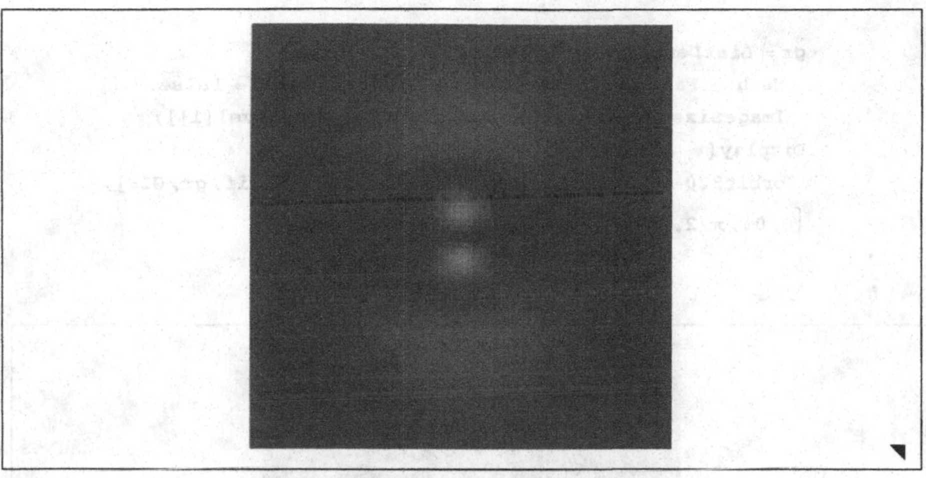

Orbital (3,2,0)

```
In[41]:= Φ2 =
        Compile[{{d, Real}, {θ, Real}, {x, Real}, {y, Real}, {z, Real}},
          Evaluate[
            With[{p = 1. + y/d},
              With[{trig1 = y Cos[θ] - p z Sin[θ],
                    trig2 = p z Cos[θ] + y Sin[θ], px = p x},
                With[{expr = trig1^2 + px^2},
                  Simplify[ψ2[3, 2, 0][
                      {Sqrt[expr + trig2^2], ArcTan[Sqrt[expr], trig2],
                        ArcTan[px, trig1]}]]
                ]
              ]
            ]],
          {{p, Real}, {trig1, Real},
           {trig2, Real}, {px, Real}, {expr, Real}}];

In[42]:= Table[
        Φ2data = Table[Φ2[36., θ, x, -17.5, z],
            {z, -18.25, 18.25, 0.5}, {x, -18.25, 18.25, 0.5}];
        Do[
          Φ2data = Φ2data + Exp[-(17.5 + y)/100]
          Table[Φ2[36., θ, x, y, z],
            {z, -18.25, 18.25, 0.5}, {x, -18.25, 18.25, 0.5}],
          {y, -16.5, 17.5, 1.}];
```

```
gr = ListDensityPlot[Φ2data,
  Mesh → False, PlotRange → {0, 0.009}, Frame → False,
  ImageSize → {365, 365}, Background → GrayLevel[1]];
Display[
  orbit320- <> ToString[Round[24 θ/π + 1]] <> .gif, gr, GIF],
{θ, 0., π/2. - π/24., π/24.}];
```

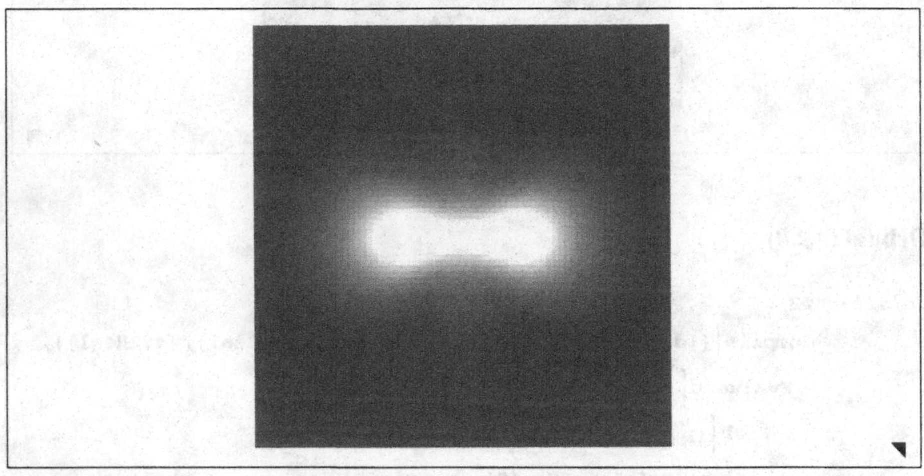

Orbital (3,2,1)

```
In[43]:= Φ2 =
   Compile[{{d, _Real}, {θ, _Real}, {x, _Real}, {y, _Real}, {z, _Real}},
    Evaluate[
     With[{p = 1. + y/d},
      With[{trig1 = y Cos[θ] - p z Sin[θ],
            trig2 = p z Cos[θ] + y Sin[θ]},
       With[{expr = trig1^2 + (p x)^2},
        Simplify[ψ2[3, 2, 1][
             {Sqrt[expr + trig2^2], ArcTan[Sqrt[expr], trig2],
              ArcTan[p x, trig1]}]]
        ]
      ]
     ]],
    {{p, _Real}, {trig1, _Real}, {trig2, _Real}, {expr, _Real}}];
```

```
In[44]:= film =
        Table[
         Φ2data = Table[Φ2[30., θ, x, -17.5, z],
              {z, -18.25, 18.25, 0.5}, {x, -18.25, 18.25, 0.5}];
         Do[
           Φ2data = Φ2data + Exp[-(17.5 + y)/100]
           Table[Φ2[30., θ, x, y, z],
             {z, -18.25, 18.25, 0.5}, {x, -18.25, 18.25, 0.5}],
           {y, -16.5, 17.5, 1.}];
         gr = ListDensityPlot[Φ2data,
           Mesh → False, PlotRange → {0, 0.009}, Frame → False,
           ImageSize → {365, 365},
           (* für Farbwiedergabe : ColorFunction → (Hue[# + 0.8]&) *)
           Background → GrayLevel[1]];
         Display[
            orbit321- <> ToString[Round[24 θ/π + 1]] <> .gif, gr, GIF],
         {θ, 0., π/2. - π/24., π/24.}];
```

```
In[45]:= tafel[film, 4];
```

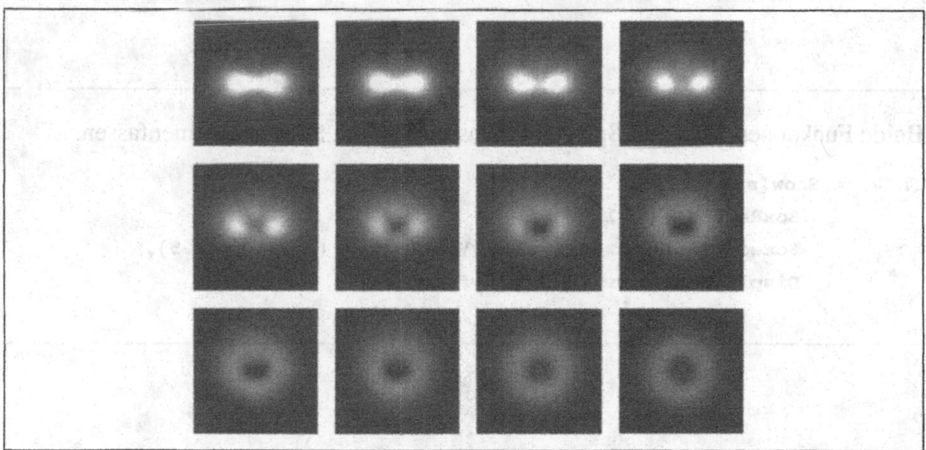

Außer der bisher verwendeten Darstellungsweise mit `ListDensityPlot` gibt es noch die Alternative `ListContourPlot` zur Erstellung einer eindrucksvollen Höhenliniendarstellung, die allerdings die Vorstellung einer Wolke nicht mehr so gut vermittelt. Auch Farbdarstellungen sind möglich (siehe die CD); die in Klammern eingesetzte Farbfunktion ist unseren Wahrnehmungsgewohnheiten insofern angepaßt, als der Übergang von niedrigen zu hohen Dichten durch die Skala Rot, Orange, Gelb angedeutet wird, während der Hintergrund in Blau gehalten ist.

5.7 Kombination zweier Surface-Grafiken

Für Gestaltungszwecke ist die SurfaceGraphics-Darstellung nur bedingt einsetzbar, da sich mit ihr zwar Flächenausschnitte, aber keine geschlossenen Körper hervorbringen lassen. Es gibt jedoch einen Trick, den man in manchen Fällen anwenden kann, um diesen Mangel zu überwinden, u.zw. die Kombination zweiter oder mehrerer Graphics3D-Objekte mit Hilfe von Show.

Wir gehen von einer Wellenfunktion aus:

```
In[1]:= si1 = Plot3D[Sin[x] * Sin[y], {x, 0, π}, {y, 0, π},
              Mesh → False, DisplayFunction → Identity];
```

Die Raumfläche wird nun an der x-y-Ebene gespiegelt:

```
In[2]:= si2 = Plot3D[-(Sin[x] * Sin[y]), {x, 0, π}, {y, 0, π},
              Mesh → False, DisplayFunction → Identity];

In[3]:= Show[GraphicsArray[{si1, si2}],
          DisplayFunction → $DisplayFunction ];
```

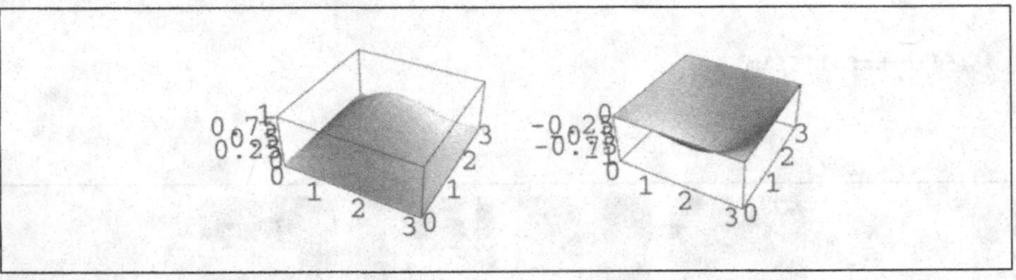

Beide Funktionen, Bild und Spiegelbild, lassen sich mit Show zusammenfassen.

```
In[4]:= Show[si1, si2,
          BoxRatios → {1, 1, 1},
          Boxed → False, Axes → False, ViewPoint → {2.69, 1., 0.5},
          DisplayFunction → $DisplayFunction];
```

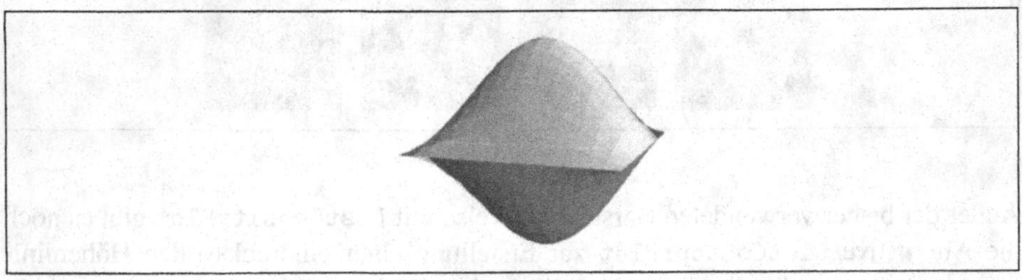

An diesem Beispiel ist noch ein anderer Aspekt bemerkenswert. Die Option Mesh → False, mit der man die Netzlinien ausschalten kann, gehört nämlich nicht zum Repertoire der ParametricPlot3D-Optionen, so daß geschlossene Raumflächen normalerweise mit dem Netz der Gitterlinien überzogen sind, das man nur umständlich entfernen kann. Mit dem beschriebenen Trick erhält man geschlossenene Objekte mit linienfreier Oberfläche ohne besondere Eingriffe.

5.7.1 Das Gebilde „Maske“

Wir verwenden dieses Verfahren noch einmal, um ein etwas komplizierteres, aus komplexen Funktionen abgeleitetes Gebilde aufzubauen. Dabei geht es vor allem um die Entwicklung einer interessanten Form.

```
In[5]:= Needs["Graphics`ComplexMap`"]

In[6]:= g[funsi_, optionen___] :=
        Plot3D[funsi, {x, 0, 2 π}, {y, -2, 2},
          optionen,
          PlotPoints → 21,
          BoxRatios → {1, 1, 0.6},
          ViewPoint → {2, -2, 2},
          Mesh → False, Boxed → True, Axes → True];

In[7]:= geb1 =
        Show[g[Abs[Im[Sin[x + I y + Sin[x + I y]]]] - 8],
          PlotRange → {-8, 0}, DisplayFunction → Identity];

        geb2 =
        Show[g[-Abs[Im[Sin[x + I y + Sin[x + I y]]]] + 8],
          PlotRange → {0, 8}, DisplayFunction → Identity];
```

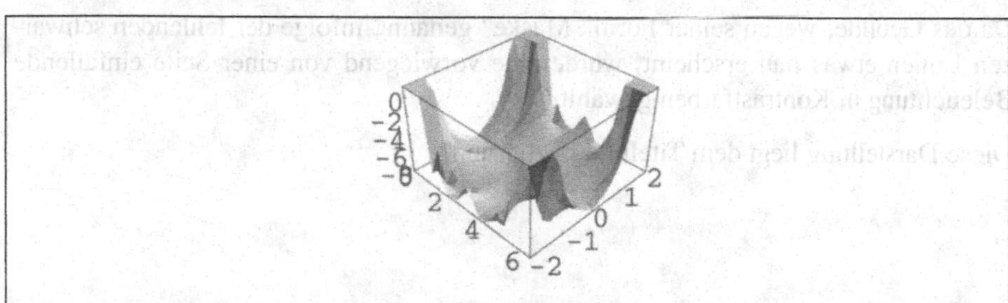

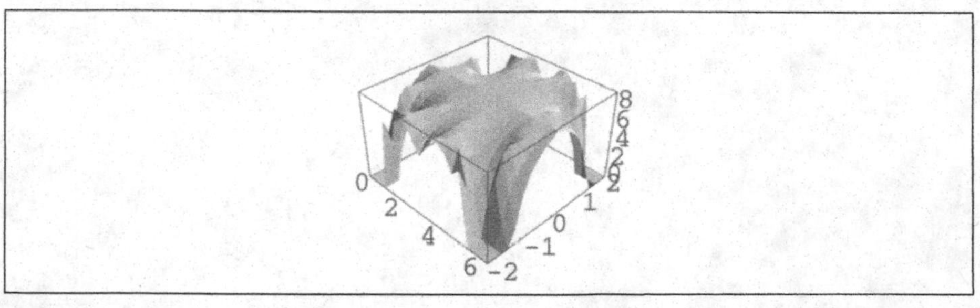

```
In[8]:= tor =
        Show[geb1, geb2,
          BoxRatios → {1, 1, 0.6},  PlotRange → {-8, 8},
          LightSources → {{{-1, 0.9, 1}, RGBColor[0.5, 0.2, 0.]},
                          {{-1, 0.9, 0.2}, RGBColor[0.5, 1, 0.5]},
                          {{-0.5, -0.5, 0.7}, RGBColor[0.2, 0.1, 0.8]}},
          Boxed → False, Axes → False,
          DisplayFunction → $DisplayFunction];
```

Da das Gebilde, wegen seiner Form „Maske“ genannt, infolge der fehlenden schwarzen Linien etwas flau erscheint, wurde eine vorwiegend von einer Seite einfallende Beleuchtung in Kontrastfarben gewählt.

Diese Darstellung liegt dem Titelbild *t5* zugrunde.

6. Freie filmische Gestaltung

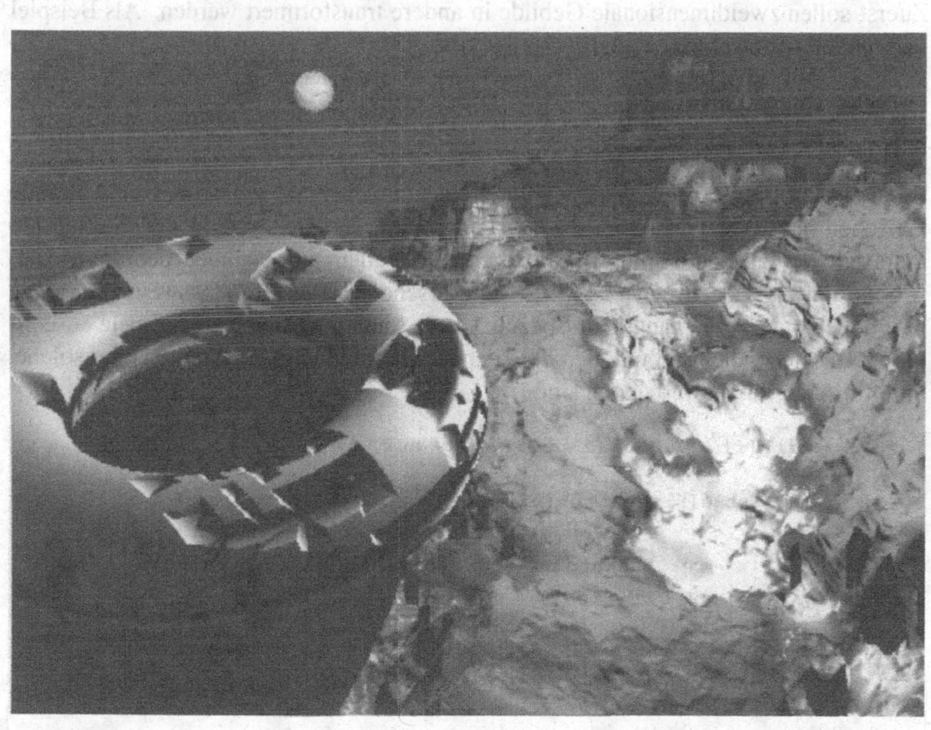

t6

Ein *Mathematica*-Objekt mit aufgeprägter Oberfläche. Erläuterungen zum Bild in Kapitel 6.4.

6.1 Formübergänge mit *Morphing*

Zur klassischen Überblendung ist dank der Computeranimation eine im Film bisher unbekannte Methode des Übergangs von einer Szene zu einer anderen hinzugekommen – eine Art Intrapolation zwischen zwei Bildern, in der Fachsprache als *Morphing* bezeichnet. Inzwischen gibt es schon mehrere Morphing-Programme im Fachhandel, darunter professionelle, die u.a. für phantastische Filme und Werbespots eingesetzt werden, aber auch solche für Amateure, die damit lustige Verwandlungen inszenieren. Auch bei *Mathematica*-Animationen kann man Morphing-Effekte einsetzen, vor allem um geometrische Objekte in andere zu verwandeln.

6.1.1 Morphing in 2D

Zuerst sollen zweidimensionale Gebilde in andere transformiert werden. Als Beispiel verwenden wir zwei trigonometrische Kurven.

```
In[1]:= p1 = 3 * Sin[0.5x];
        p2 = 3 * (0.5 + 0.3 Cos[3x]);
```

Für den Morphing-Prozeß setzen wir einen linearen Übergang ein, wobei die Abstände zwischen den Funktionswerten der Ausgangs- und der Zielkurve in gleiche Schritte unterteilt werden. Zu Beginn tritt die erste Kurve allein auf, bis über mehrere Mischformen hinweg zuletzt nur noch die zweite erscheint. Das ist keineswegs die einzig mögliche Art des Übergangs, für Spezialzwecke kann man sich beliebig viele ausdenken, z.B. solche, die nicht mit gleichbleibender Geschwindigkeit ablaufen oder solche, die mit Verzerrungen verbunden sind.

```
In[2]:= morph[f1_, f2_] := (1 - auf) * f1 + auf * f2

In[3]:= oo = Table[Plot[ morph[p1, p2], {x, 0, 2π},
                  PlotRange → {{-0.4, 2π + 0.4}, {-1.3, 3.4}},
                  Background → GrayLevel[1], Axes → False],
             {auf, 0, 1, 0.05}];

In[4]:= Show[GraphicsArray[Table[oo[[n]], {n, 1, 21, 7}]]];
```

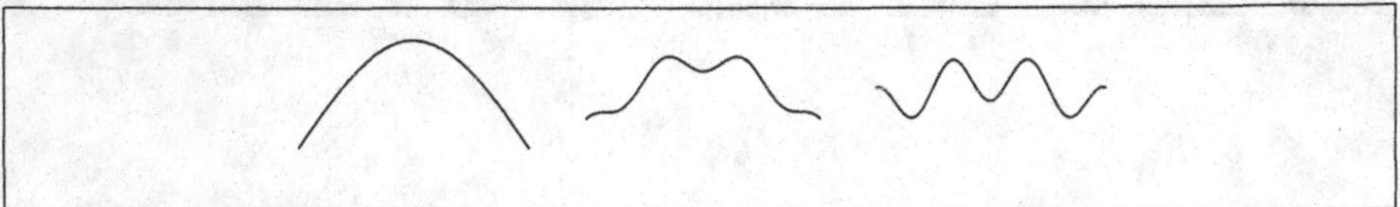

Wechsel der Geschwindigkeit

Es folgt ein Übergang, der langsam beginnt, dann schneller wird, bis zu einem Maximum ansteigt und schließlich sich verlangsamend abschließt. Das läßt sich durch

Gewichtung des Überführungsparameters mit Hilfe von Funktionen erreichen. Im folgenden Beispiel wird er im Bereich zwischen -0.5π und 0.5π durch eine Sinus-Funktion moduliert.

```
In[5]:= morphSin[f1_, f2_] :=
        -0.5 * (-1 + Sin[(auf - 0.5) * π]) * f1
        +0.5 * (1 + Sin[(auf - 0.5) * π]) * f2
In[6]:= mm = Table[Plot[ morphSin[p1, p2], {x, 0, 2π},
                    PlotRange → {{-0.4, 2π + 0.4}, {-1.3, 3.4}},
                    Background → GrayLevel[1],
                    Axes → False],
                {auf, 0, 1, 0.05}];
```

Zum Vergleich sollen die beiden Bildreihen nebeneinander ablaufen.

```
In[7]:= oomm = Table[Show[GraphicsArray[{oo[[n]], mm[[n]]}]],
              {n, 1, 21}];
```

Da der Unterschied zwischen den beiden Versionen nur schwer erkennbar ist, empfiehlt es sich, die Animation auf „langsam“ zu stellen oder die Bildpaare einzeln zu vergleichen.

```
In[8]:= Show[GraphicsArray[Table[{oo[[n]], mm[[n]]}, {n, 1, 21, 4}]]];
```

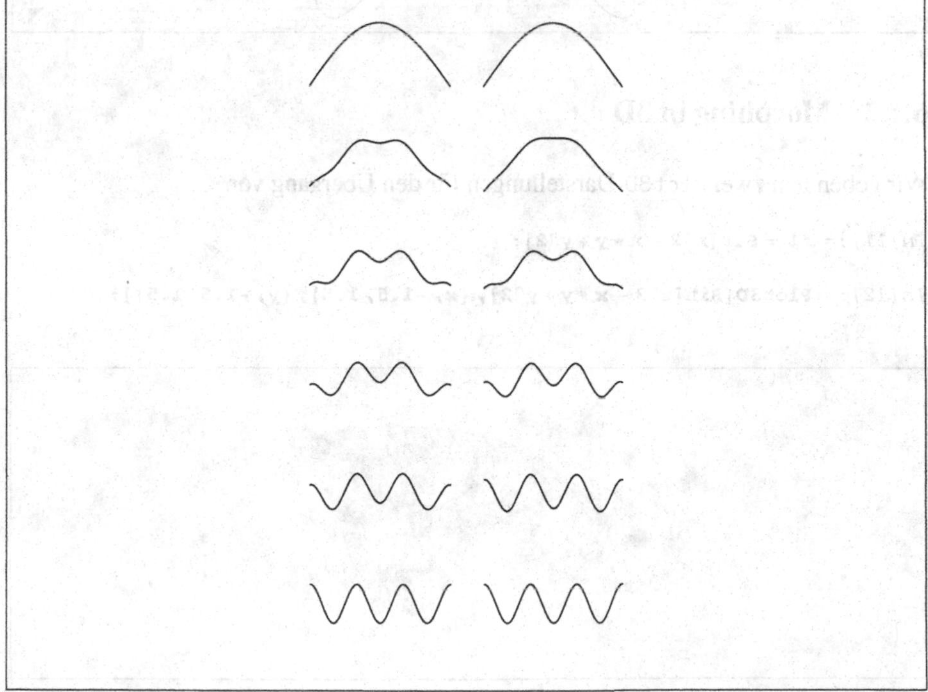

Es gibt noch viele andere Funktionen, mit denen man die Geschwindigkeit der Verwandlung gezielt verändern kann. Nützlich kann die Exponentialfunktion sein, die sich in ihrer Form mit negativen Exponenten dafür eignet, einen Vorgang – nach dem Prinzip des „radioaktiven Abklingens" – zunehmend zu verlangsamen.

Morphing mit ParametricPlot

Wir wenden die Übergangsfunktion auf eine 2D-Parameterdarstellung an und lassen zwei Lissajous-Schleifen ineinander übergehen.

```
In[9]:= r1 = {Sin[t - 0.5], 1 + Cos[2t]};
        r2 = {Cos[3t], 1 + 0.3 Sin[2t]};

In[10]:= fil = Table[ParametricPlot[morph[r1, r2]//Evaluate, {t, 0, 2π},
                    Background → GrayLevel[1], Axes → False],
              {auf, 0, 1, 0.1}];
```

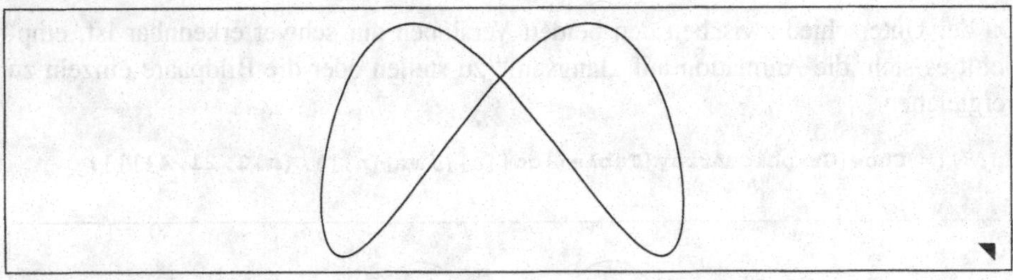

6.1.2 Morphing in 3D

Wir geben nun zwei Plot3D-Darstellungen für den Übergang vor.

```
In[11]:= f1 = Sin[x^2 - x * y + y^2];

In[12]:= Plot3D[Sin[x^2 - x * y + y^2], {x, -1.5, 1.5}, {y, -1.5, 1.5}];
```

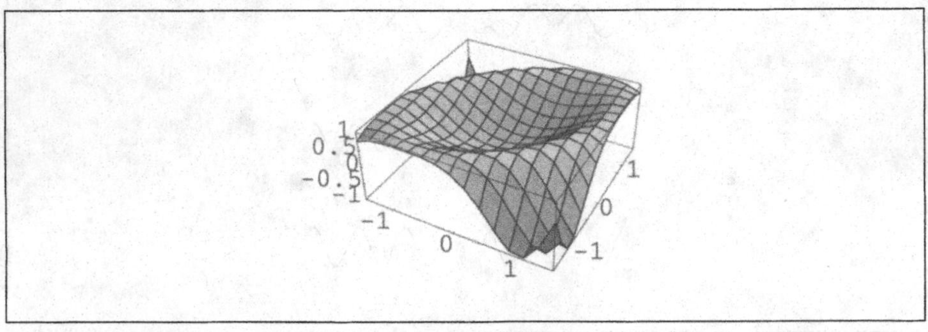


```
In[13]:= f2 = - Sin[(x^2 + x * y + y^2)];

In[14]:= Plot3D[- Sin[(x^2 + x * y + y^2)], {x, -1.5, 1.5}, {y, -1.5, 1.5}];
```

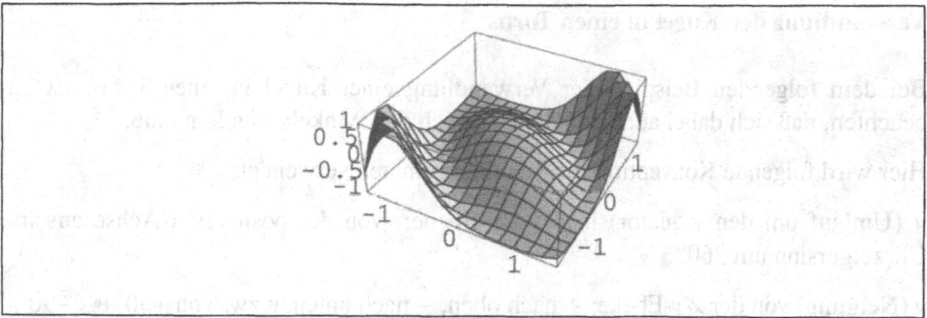

Im Prinzip vollzieht sich der Umwandlungsprozeß wie im Zweidimensionalen: Es wird zwischen den Werten der abhängig Veränderlichen intrapoliert. Das gelingt mit derselben schon für 2D-Umwandlungen gebrauchten Funktion.

```
In[15]:= Table[Plot3D[morph[f1, f2]//Evaluate, {x, -2, 2}, {y, -2, 2},
              Background → GrayLevel[1],
              SphericalRegion → True,
              Boxed → False, Axes → False],
         {auf, 0, 1, 0.1}];
```

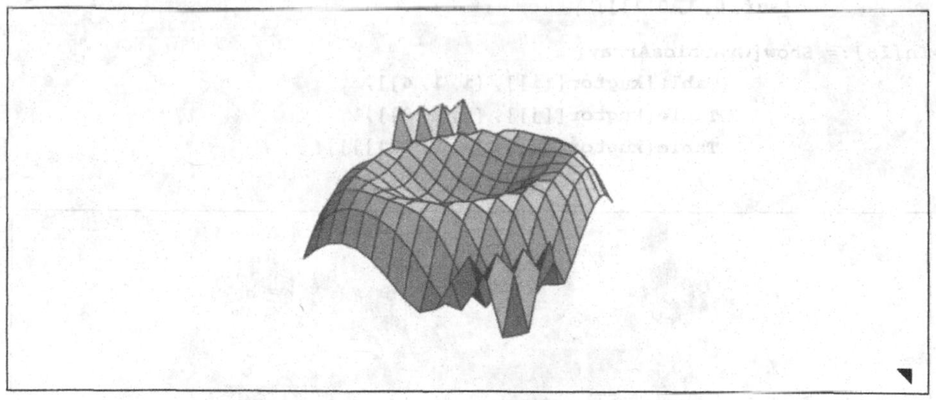

Morphing mit ParametricPlot3D

Bei parametrisch beschriebenen Objekten geht man wie bei der Plot3D-Darstellung von Funktionen vor, wobei die Gewichtung auf alle drei räumlichen Koordinaten angewandt wird. Mit Hilfe der Parameterdarstellung erhält man normalerweise eine visuell klarer wirkende Art des Übergangs als mit cartesischen Koordinaten. Vermutlich liegt das daran, daß Veränderungen der Koordinate *r* als von einem Zentrum ausgehend empfunden werden und somit einem ähnlichen Prinzip unterliegen wie viele alltägliche Vorgänge – z.B. die durch einfallende Tropfen verursachte Ausbreitung von Wellen.

Verwandlung der Kugel in einen Torus

Bei dem folgenden Beispiel, der Verwandlung einer Kugel in einen Torus, ist zu beachten, daß sich dabei auch der Grenzbereich des Winkels *v* ändern muß.

Hier wird folgende Konvention für Kugelkoordinaten verwendet:

u (Umlauf um den Äquator) in der *x*-*y*-Ebene: von der positiven *x*-Achse aus im Uhrzeigersinn um 360°

v (Neigung) von der *x*-*y*-Ebene: + nach oben, – nach unten, u.zw. von +90° bis −90°.

```
In[16]:= kug = {Sin[v] Cos[u],
               Sin[v] Sin[u],
               Cos[v]};

         tor = {(1 + 0.5 * Cos[v]) Cos[u],
               (1 + 0.5 * Cos[v]) Sin[u],
               0.5 * Sin[v]};

In[17]:= kugtor =
         Table[ParametricPlot3D[morph[kug, tor]//Evaluate,
               {u, 0, 2π}, {v, 0, π + auf * π},
               Background → GrayLevel[0.85], SphericalRegion → True,
               Boxed → False, Axes → False],
           {auf, 0, 1, 0.1}];

In[18]:= Show[GraphicsArray[
              {Table[kugtor[[i]], {i, 1, 4}],
               Table[kugtor[[j]], {j, 5, 8}],
               Table[kugtor[[k]], {k, 9, 11}]}]];
```

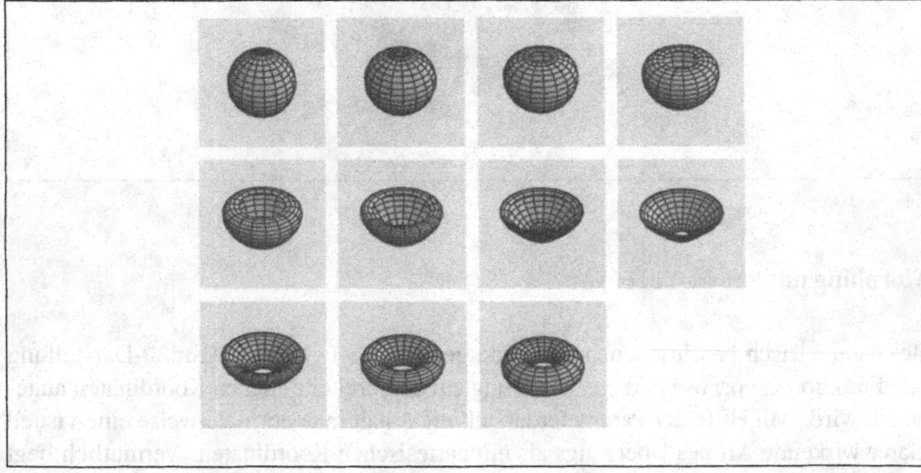

Mischformen zwischen einfachen geometrischen Objekten sind auch aus dem Aspekt des Vorstellungsvermögens her beachtenswert – wer hätte die im Array wiedergegebenen Formen als Kugel-Torus-Hybriden erwartet? Die Resultate sind im übrigen auch von Varianten der Beschreibungsmöglichkeiten abhängig, die sonst keinen Einfluß erkennen lassen – beispielsweise von den Grenzwerten der Winkelkoordinaten und der Richtung, in der sie gezählt werden.

Beim nächsten Beispiel wird der Bereich eines Winkelparameters zyklisch verschoben.

```
In[19]:= kugtor1 =
         Table[ParametricPlot3D[morph[kug, tor]//Evaluate,
                {u, 0, 2π}, {v, π, 2π + auf * π},
                Background → GrayLevel[0.85], SphericalRegion → True,
                Boxed → False, Axes → False,
                DisplayFunction → Identity],
           {auf, 0, 1, 0.1}];
```

```
In[20]:= Show[GraphicsArray[
              {Table[kugtor1[[i]], {i, 1, 4}],
               Table[kugtor1[[j]], {j, 5, 8}],
               Table[kugtor1[[k]], {k, 9, 11}]}]];
```

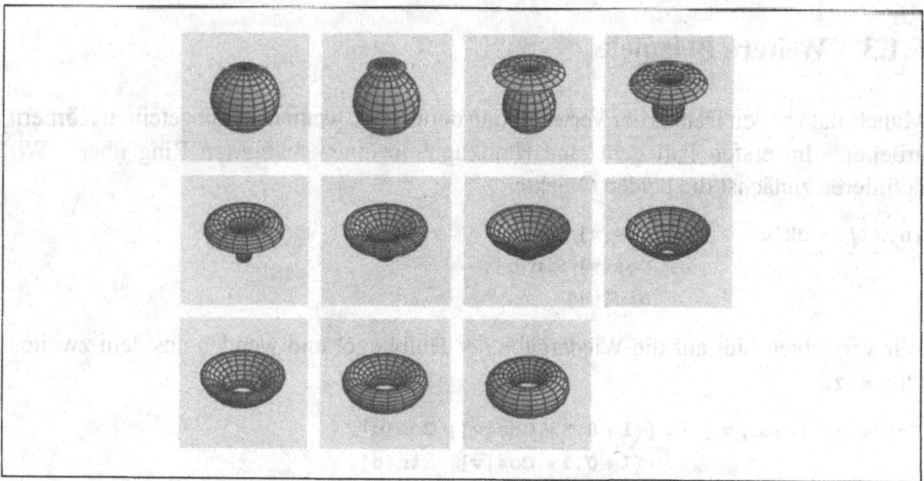

Im folgenden Fall wird lediglich die Laufrichtung eines Parameters umgedreht.

```
In[21]:= kugtor2 =
         Table[ParametricPlot3D[morph[kug, tor]//Evaluate,
                {u, 0, 2π}, {v, 0, -π - auf * π},
                Background → GrayLevel[0.85], SphericalRegion → True,
                Boxed → False, Axes → False],
           {auf, 0, 1, 0.1}];
```

```
In[22]:= Show[GraphicsArray[
              {Table[kugtor2[[i]], {i, 1, 4}],
               Table[kugtor2[[j]], {j, 5, 8}],
               Table[kugtor2[[k]], {k, 9, 11}]}]];
```

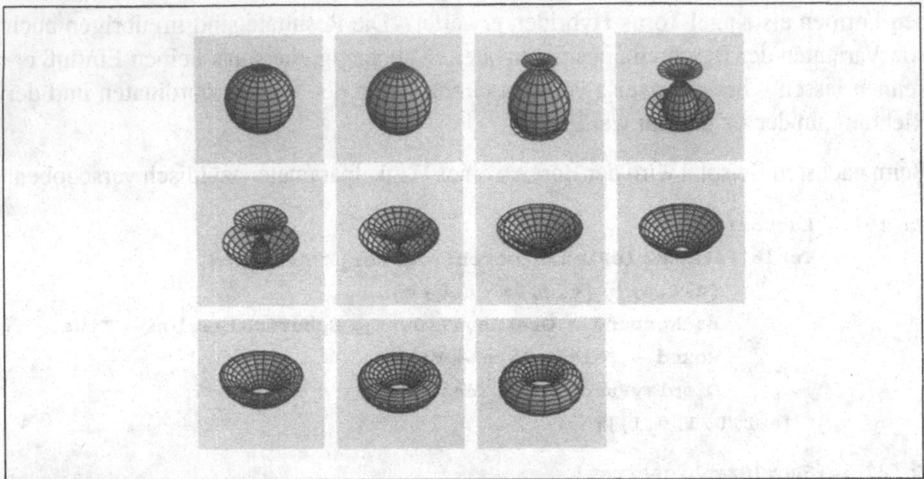

Auch hier ist das Array nur ein unzulängliches Mittel, um den verblüffenden Eindruck der animierten Verwandlung eines geometrischen Körpers in einen andern wiederzugeben.

6.1.3 Weitere Beispiele

Manchmal werden Details der Verwandlung deutlicher, wenn man mit geteilten Körpern arbeitet. Im ersten Fall geht eine Halbkugel in einen halbierten Ring über. Wir definieren zunächst die beiden Objekte.

```
In[23]:= dk[u_, v_] := {Cos[v] Cos[u],
                        Cos[v] Sin[u],
                        Sin[v]}
```

Wir verzichten hier auf die Wiedergabe der Halbkugel und wenden uns dem zweiten Objekt zu.

```
In[24]:= ru[u_, v_] := {(1 + 0.5 * Cos[v]) Cos[u],
                        (1 + 0.5 * Cos[v]) Sin[u],
                        0.5 * Sin[v]};

In[25]:= ParametricPlot3D[Evaluate[ru[u, v]], {u, 0, π}, {v, 0, 2π},
           ViewPoint → {1.3, -2.4, 2.},
           Axes → False, Boxed → False, PlotPoints → 12];
```

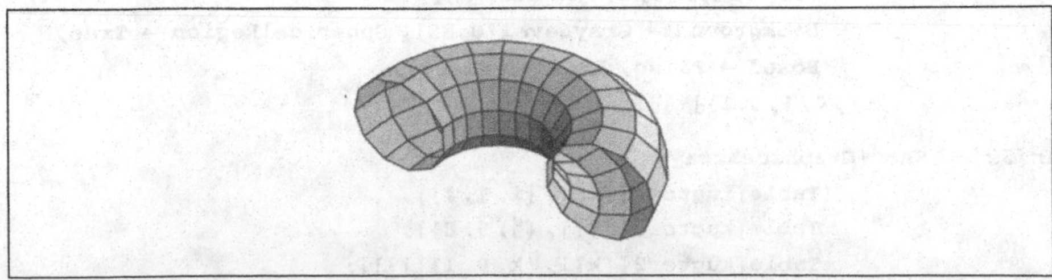

Zu beachten ist die Änderung des Definitionsbereichs während des Morphing-Prozesses.

```
In[26]:= kughal =
         Table[ParametricPlot3D[morph[dk[u, v], ru[u, v]]//Evaluate,
                 {u, 0, π}, {v, 0, π + auf * π},
                 Background → GrayLevel[0.85],
                 SphericalRegion → True,
                 PlotPoints → 12, Boxed → False, Axes → False],
           {auf, 0, 1, 0.1}];
```

```
In[27]:= Show[GraphicsArray[
              {Table[kughal[[i]], {i, 1, 4}],
               Table[kughal[[j]], {j, 5, 8}],
               Table[kughal[[k]], {k, 9, 11}]}]];
```

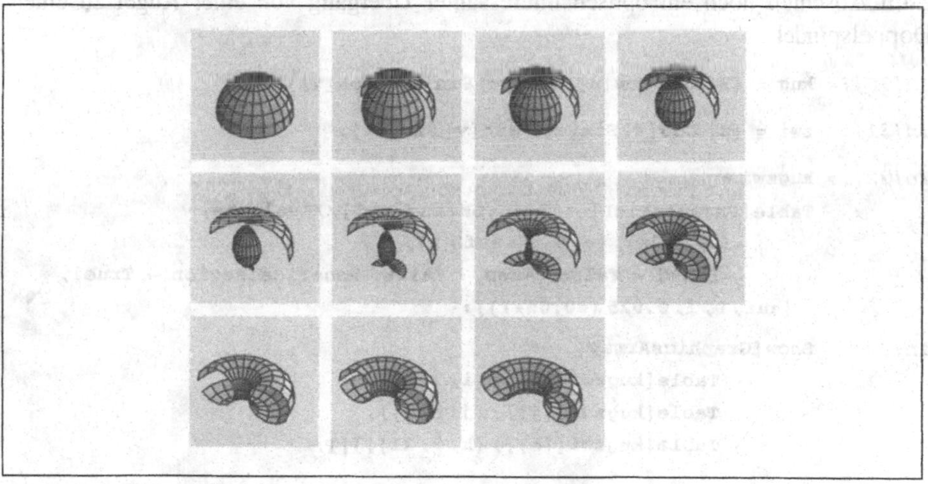

```
In[28]:= kugzyl =
         Table[ParametricPlot3D[morph[dk[u, v], ru[u, v]]//Evaluate,
                 {u, 0, 2π}, {v, 0, -π - auf * π},
                 Background → GrayLevel[0.85],
                 SphericalRegion → True,
                 Boxed → False, Axes → False],
           {auf, 0, 1, 0.1}];
```

```
In[29]:= Show[GraphicsArray[
              {Table[kugzyl[[i]], {i, 1, 4}],
               Table[kugzyl[[j]], {j, 5, 8}],
               Table[kugzyl[[k]], {k, 9, 11}]}]];
```

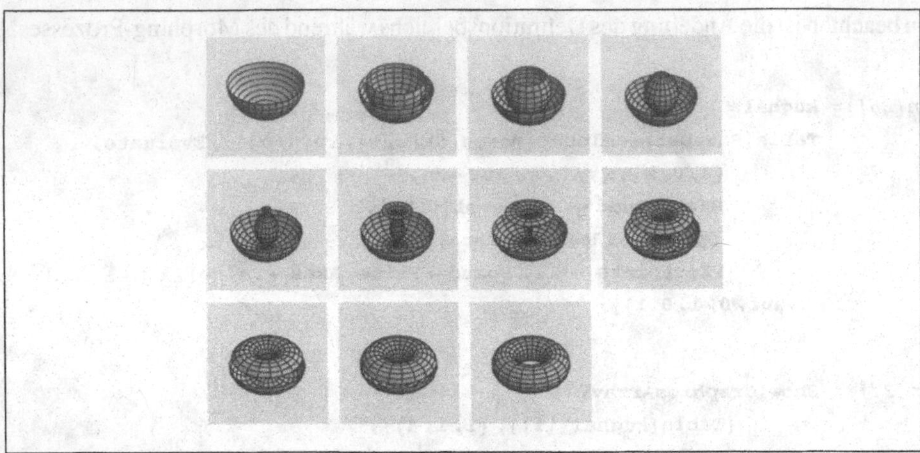

Kugel verwandelt sich in Spindel

Zum Abschluß noch ein optisch interessanter Übergang von einer Kugel zu einer Doppelspindel.

```
In[30]:= kug = {Sin[v] Cos[u], Sin[v] Sin[u], Cos[v]};

In[31]:= zwi = {u, Cos[v] Sin[u], Sin[v] Sin[u]};

In[32]:= kugzwi =
          Table[ParametricPlot3D[morph[kug, zwi]//Evaluate,
                {u, 0, 2π}, {v, 0, π + auf * π},
                 Boxed → False, Axes → False, SphericalRegion → True],
            {auf, 0, 1, 0.025 (*0.05*)}];

In[33]:= Show[GraphicsArray[
                {Table[kugzwi[[i]], {i, 1, 4}],
                 Table[kugzwi[[j]], {j, 5, 8}],
                 Table[kugzwi[[k]], {k, 9, 11}]}]];
```

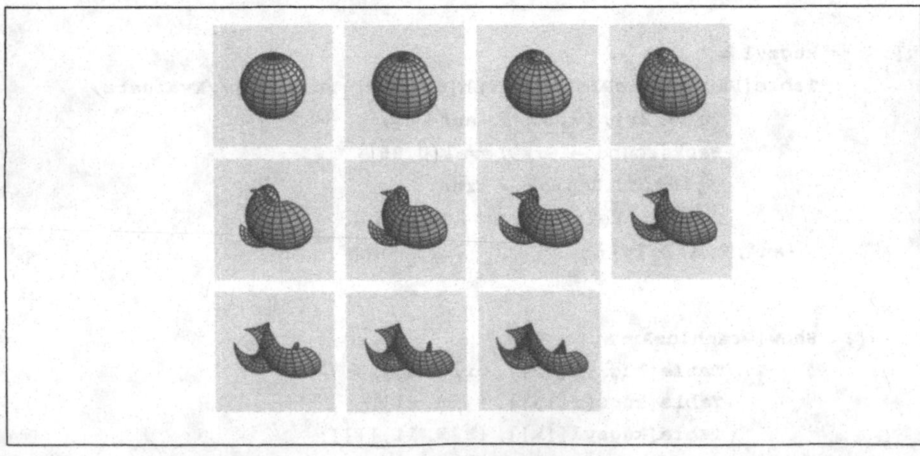

6.2 Animation in Stereo

Die Netzhaut des Auges zeigt uns die dreidimensionale Umwelt flächenhaft, als Projektion. Um eine Vorstellung über die dritte Dimension, dieTiefe, zu vermitteln, hat uns die Natur mit zwei Augen ausgestattet, die ein wenig verschiedene Bilder der Umwelt liefern. Aus den unterschiedlichen Perspektiven errechnet unser Gehirn die Entfernungen einzelner Gegenstände – als Ergebnis gewinnen wir den Eindruck einer räumlichen Welt.

Auch die Bilder, die wir zeichnen, fotografieren oder auch mit Computergrafiksystemen erstellen, sind normalerweise flächenhaft – der Eindruck der Tiefe fehlt. Man kann ihn aber hervorrufen, indem man den Augen zwei Bilder der Umgebung anbietet, die aus zwei geringfügig voneinander abweichenden Sichtwinkeln gewonnen wurden – also in der Art, wie sie auf der Netzhaut entstehen. Dabei muß man dafür sorgen, daß jedes Auge jenes Bild zu sehen bekommt, das ihm auch beim natürlichen Sehvorgang vorliegen würde – dem linken Auge also eines von etwas weiter links, und dem rechten eines von etwas weiter rechts. Es stellt sich heraus, daß genau hier das Problem liegt, und nicht vielleicht im Erzeugen der beiden stereoskopisch aufeinander bezogenen Bilder. Solche kann man leicht darstellen: durch Fotos von zwei abweichenden Positionen aus, durch Zeichnungen entsprechend unterschiedlicher Perspektive oder auch durch Paare von Computergrafiken mit horizontal gegeneinander verschobenen Sichtstrahlen.

Es gibt verschiedene Methoden für die Präsentation von Stereobildern, doch darauf einzugehen würde zu weit führen. Wir wenden uns daher gleich der Möglichkeit zu, Stereo-Bildpaare ohne besondere technische Vorkehrungen zu betrachten. Einige Menschen können die Augen so ausrichten, daß jedes genau das richtige Bild fixiert. Es gibt sogar einen Trick, der diese Einstellung erleichtert: Man ordnet das für das linke Auge bestimmte Bild auf der rechten Seite an und umgekehrt. Hält man nun zwischen die Bildebene und die Augen einen Gegenstand – es kann ein Bleistift sein oder auch ein Finger –, den man fixiert, dann sieht man im Hintergrund infolge der Parallaxe das Stereobildpaar doppelt, und nach einigen Versuchen kann man erreichen, daß das rechte Bild des nach links verschobenen Bildpaars und das linke des nach rechts verschobenen Bildpaars zur Deckung kommen. Gelingt es, die Sehstrahlen auf diese Weise zu kreuzen – und mit einiger Übung ist es gar nicht schwer –, dann ergibt sich eine einwandfreie Stereosicht.

6.2.1 Stereo-Bildpaare

An einem einfachen Beispiel soll nun die Anfertigung einer Animation in Stereo demonstriert werden.

```
In[1]:= si1 = Plot3D[(x^2 + 4y^2) * e^(1 - x^2 - y^2), {x, -5, 5}, {y, -5, 5},
            PlotRange → All, BoxRatios → Automatic,
            PlotPoints → 24, Axes → False];
```

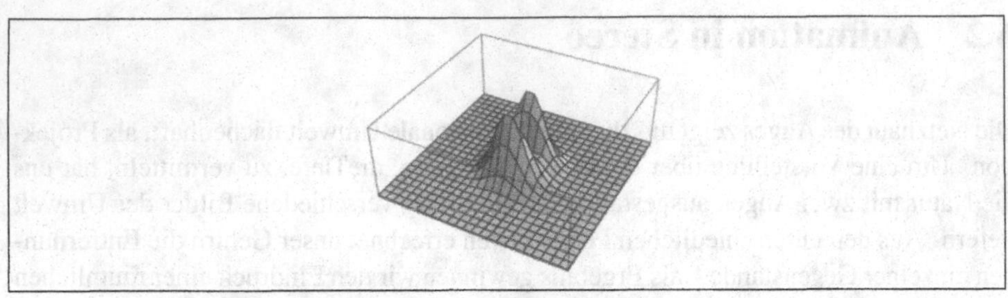

Der Betrag der Winkeländerung läßt sich aus dem Augenabstand und der angenommenen Entfernung zwischen Auge und Objekt berechnen, doch führt ein wenig Probieren auf Grund von Erfahrungswerten ebenso zum Erfolg, umsomehr als der Eindruck einer Stereopräsentation stark von subjektiven Größen abhängt. Ein praktisches Werkzeug dafür ist der *3D ViewPoint Selector*. Um von einer Ansicht für das rechte Auge zu einer solchen für das linke Auge zu wechseln, muß man das Objekt nach rechts drehen, was einer Verkleinerung des Winkels ϕ entspricht. Als brauchbarer Wert für die Drehung erweist sich 5 Grad.

```
In[2]:= si2 = Show[si1, ViewPoint → {1.084, -2.5, 2.}];
```

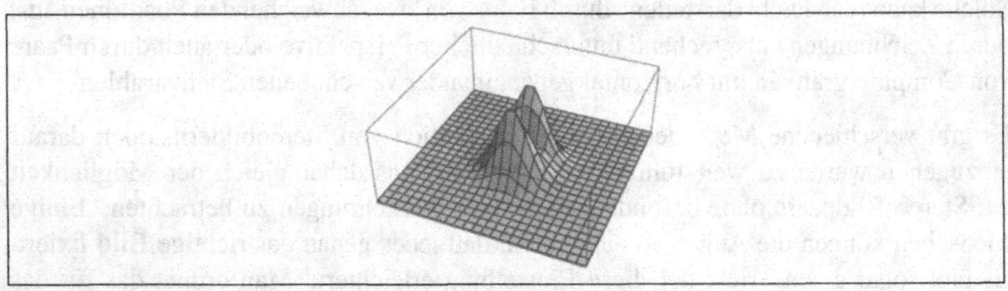

Beide Ansichten werden nun mit Show zu einem Bildpaar zusammengefaßt, wobei das Bild für das rechte Auge links und jenes für das linke Auge rechts zu liegen kommt. Diese Reihenfolge ist also für die oben beschriebene Betrachtung mit gekreuzten Sehstrahlen brauchbar.

```
In[3]:= ko = Show[GraphicsArray[{si1, si2}], DisplayFunction → Identity];
        Show[ko, DisplayFunction → $DisplayFunction];
```

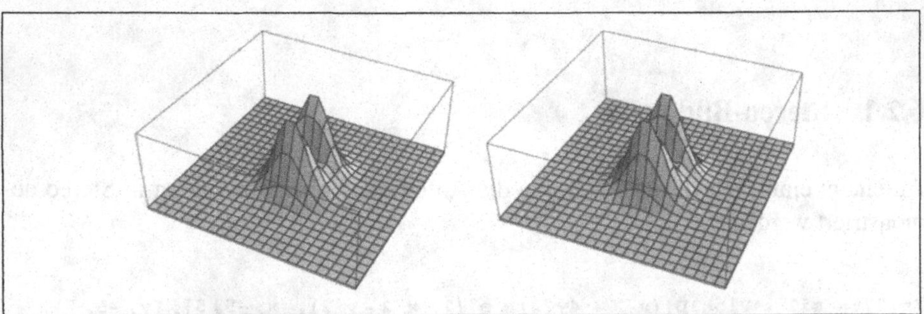

Es empfiehlt sich, das Bildpaar zur Betrachtung möglichst stark zu vergrößern.

6.2.2 Rotation in Stereo

Als Beispiel einer einfachen Animation wählen wir eine Rotation. Dabei erweist es sich als nützlich, die im Abschnitt 3.2.3 eingeführte Liste zur Positionierung des Sichtstrahls für die Option `ViewPoint` heranzuziehen.

```
In[4]:= sicht[r_, ϕ_, θ_] := {r * Sin[θ Degree] * Cos[ϕ Degree],
                              r * Sin[θ Degree] * Sin[ϕ Degree],
                              r * Cos[θ Degree]}
```

Nun werden die eben vollzogenen Vorbereitungsschritte wiederholt, wobei eine Veränderung des Sichtwinkels berücksichtigt ist.

```
In[5]:= siEins[w_] :=
          Plot3D[(x^2 + 4y^2) * e^(1 - x^2 - y^2), {x, -5, 5}, {y, -5, 5},
            PlotRange → {{-4, 4}, {-4, 4}, {0, 3.5}},
            BoxRatios → Automatic,
            ViewPoint → sicht[3.38298, 298.44 + w, 53.44],
            PlotPoints → 32, SphericalRegion → True,
            Boxed → False, Axes → False,
            DisplayFunction → Identity];
```

Um das zweite Bild des Stereopaares zu erhalten, vermindern wir den Winkel ϕ um 5 Grad.

```
In[6]:= siZwei[w_] :=
          Plot3D[(x^2 + 4y^2) * e^(1 - x^2 - y^2), {x, -5, 5}, {y, -5, 5},
            PlotRange → {{-4, 4}, {-4, 4}, {0, 3.5}},
            BoxRatios → Automatic,
            ViewPoint → sicht[3.38298, 293.44 + w, 53.44],
            PlotPoints → 32, SphericalRegion → True,
            Boxed → False, Axes → False,
            DisplayFunction → Identity];
```

Beide Ansichten werden nun mit `Show` zu einem Bildpaar zusammengefaßt.

```
In[7]:= koVar[w_] :=
          Show[GraphicsArray[{siEins[w], siZwei[w]}],
            DisplayFunction → Identity];
```

Nun kann man die Stereo-Bildpaare für die Bewegung berechnen lassen.

```
In[8]:= Table[Show[koVar[w],
                DisplayFunction → $DisplayFunction],
            {w, 0, 180 - 5, 5}];
```

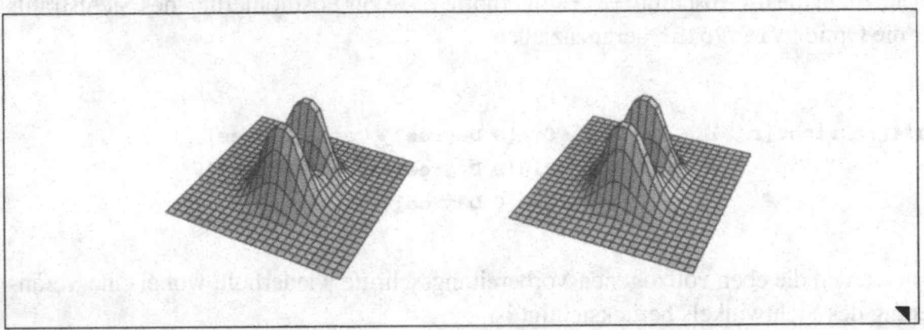

6.3 Export und Import von Grafik-Objekten

Für Präsentationen auf der Basis von Notebooks ist die Aktivierung von Bildreihen als Animationen durch Doppelklick sicher die bequemste Art der Vorführung. Die Möglichkeiten lassen sich noch erheblich erweitern, wenn man die Methoden der Bildbearbeitung und des Filmschnitts nutzt, wozu es verschiedene spezielle Programmsysteme gibt. Zur Vorbereitung müssen wir auf das Exportieren und Importieren von Grafiken eingehen.

6.3.1 Exportieren von Bildern

Zur Vorbereitung für die externe Bearbeitung ist es zunächst nötig, die mit *Mathematica* erzeugten Grafiken in die erforderlichen Bildformate zu überführen. Dazu dient der Befehl `Export`:

```
In[1]:= ?Export
Out[1]= Export["file.ext", expr] exports data to a file, converting it
          to a format corresponding to the file extension ext.
          Export["file", expr, "format"] exports data to a file,
          converting it to the specified format.
```

Mit der ersten Angabe wird die Datei benannt; das gewünschte Grafikformat erreicht man durch die Angabe der Extension im Namen oder durch Angabe des Formats an dritter Stelle im Operanden. Die unterstützten Grafikformate lassen sich leicht ermitteln:

```
In[2]:= $ExportFormats
Out[2]= {AI, AIFF, AU, BMP, Dump, DXF, EPS, EPSI, EPSTIFF, Expression,
          GIF, HDF, HTML, JPEG, Lines, List, MAT, MGF, MPS, PBM, PCL, PDF,
          PGM, PICT, PNM, PPM, PSImage, RawBitmap, SND, Table, TeX, Text,
          TIFF, UnicodeText, WAV, WMF, Words, XBitmap}
```

In dieser Liste sind 2D-Darstellungen wie BMP und JPEG sowie 3D-Darstellungen wie DXF enthalten, was bei der geplanten Bearbeitung zu beachten ist. Geht es nur um flächenhafte Eingriffe – zum Beispiel um eine Veränderung der Farbe –, dann genügen die 2D-Beschreibungen, geht es um räumliche Veränderungen – etwa die perspektivisch richtige Aufprägung eines Reliefs, dann ist die 3D-Beschreibung nötig. Darüber mehr im nächsten Kapitel.

Beispiel: Export in JPEG

Zur Demonstration führen wir eine flächenhafte Darstellung in das speichersparende JPEG-Format über.

```
In[3]:= ver11 = ContourPlot[Sin[x^2] - x * y + Sin[y^2],
                {x, -4, 4}, {y, -4, 4},
                ColorFunction → Hue, Frame → False];
```

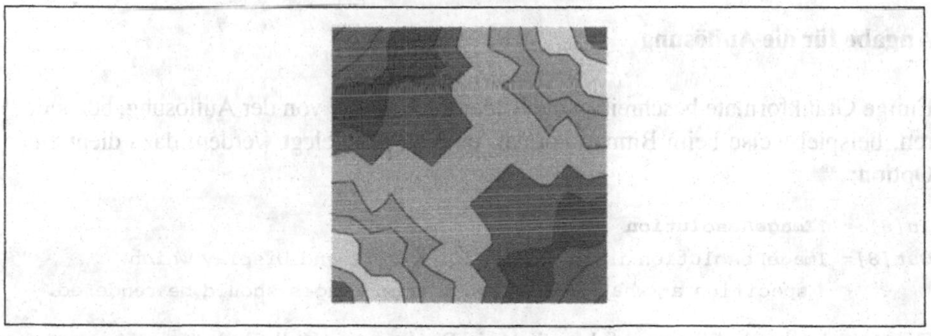

```
In[4]:= Export["ver11.jpg", ver11]
Out[4]= ver11.jpg
```

Ohne weitere Angaben werden exportierte Dateien in den *Mathematica*-Systemordner 4.0 abgelegt; sollen sie an einer anderen Stelle aufbewahrt werden, dann erreicht man das manchmal, aber nicht immer, durch Angabe des Pfades im Dateinamen.

Angabe für die Bildgröße

Wenn nichts anderes angegeben ist, wird das Bild mit einer Breite von vier Zoll dargestellt, andernfalls läßt sich das Bildformat durch den Befehl `ImageSize` vorschreiben.

```
In[5]:= ?ImageSize
Out[5]= ImageSize is an option for Export, Display and other graphics
          functions, as well as for Cell, which specifies the absolute
          size of an image to render.
```

Ein einzelner Wert `ImageSize → x` betrifft die Bildbreite, zwei Werte `ImageSize → {x, y}` beziehen sich auf Breite und Höhe. Als Maß dient die Anzahl der Druckerpunkte pro Zoll (dpi). Die Option läßt sich auch unabhängig vom Exportieren einer Grafik anwenden, wenn eine bestimmte Bildgröße festgelegt werden soll.

```
In[6]:= ver22 = ContourPlot[Sin[x^2] - 2 * x * y - Sin[y^2],
            {x, -4, 4}, {y, -4, 4},
            ColorFunction → Hue, ImageSize → {144, 72},
            Background → GrayLevel[0.8], Frame → False];
```

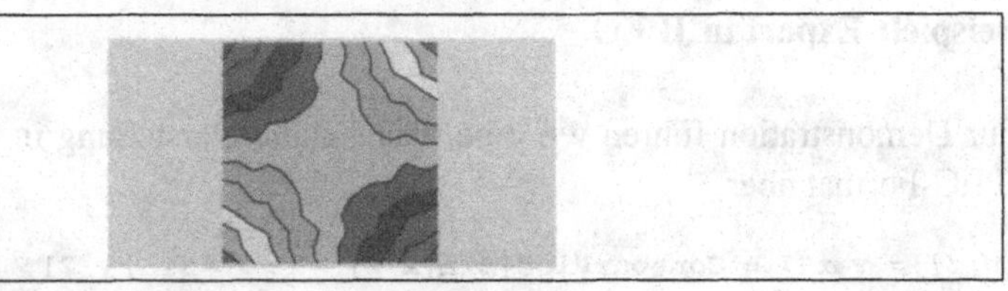

```
In[7]:= Export["ver22.jpg", ver11]
Out[7]= ver22.jpg
```

Angabe für die Auflösung

Einige Grafikformate beschreiben die Bilder unabhängig von der Auflösung, bei anderen, beispielsweise beim Bitmap-Format, muß sie festgelegt werden; dazu dient eine Option:

```
In[8]:= ?ImageResolution
Out[8]= ImageResolution is an option for Export and Display which
          specifies at what resolution bitmap images should be rendered.
```

Die Angabe der Auflösung erfolgt wieder in Punkten pro Zoll (dpi).

```
In[9]:= ver33 = ContourPlot[Sin[x^3] + Sin[y^3],
            {x, -2, 2}, {y, -2, 2},
            ColorFunction → (Hue[0.3 - #, 0.7, 0.9]&),
            Frame → False];
```

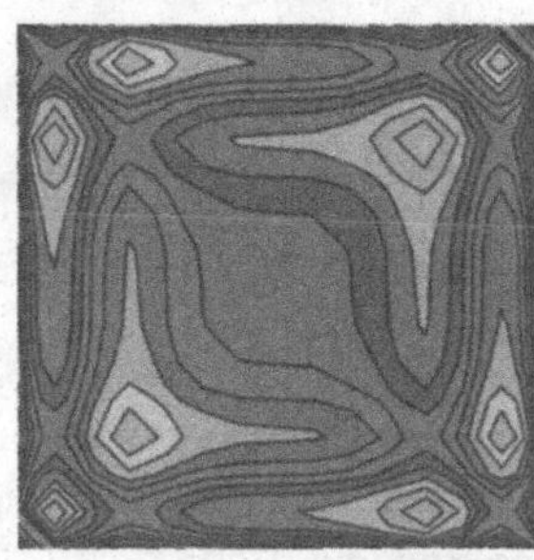

```
In[10]:= Export["ver33.bmp", ver33, ImageResolution → 20]
Out[10]= ver33.bmp
```

Der Vollständigkeit halber sei noch die Option `ImageRotated` erwähnt, die eine Drehung des Bildes um einen rechten Winkel veranlaßt:

```
In[11]:= ?ImageRotated
Out[11]= ImageRotated is an option for Export and Display which specifies
           whether images should be rotated into landscape mode.
```

Man benützt diese Option normalerweise, um ein Hochformat in ein Breitformat umzuwandeln; ihre möglichen Werte sind `True` oder `False`.

6.3.2 Importieren von Bildern

Auch das Importieren von Grafiken aus anderen Formaten ist möglich – sie werden in *Mathematica* als `DensityPlot`-Darstellungen wiedergegeben und können als solche in bekannter Weise verarbeitet werden. Dazu dient der Befehl `Import`, der weitgehend dem `Export`-Befehl entspricht..

```
In[12]:= ?Import
Out[12]= Import["name.ext"] imports data from a file, assuming that it is
           in the format indicated by the file extension ext, and converts
           it to a Mathematica expression. Import["file", "format"]
           imports data in the specified format from a file.
```

Die unterstützten Grafikformate erhält man auf gleiche Weise wie bei `Export`.

```
In[13]:= $ImportFormats
Out[13]= {AIFF, AU, BMP, Dump, EPS, EPSI, EPSTIFF, Expression, GIF, HDF, JPEG,
           Lines, List, MAT, MGF, MPS, PBM, PGM, PNM, PPM, PSImage, RawBitmap,
           SND, Table, Text, TIFF, UnicodeText, WAV, Words, XBitmap}
```

Zur Demonstration holen wir nun mit `Import` zwei der soeben exportierten Grafiken wieder zurück.

```
In[14]:= gr = Import["ver11.jpg"]
Out[14]= -Graphics-
In[15]:= Show[gr]
```

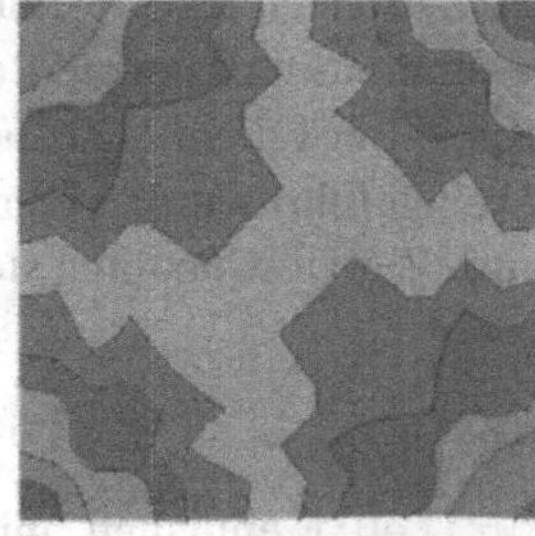

```
Out[15]= -Graphics-
```

```
In[16]:= hoe = Import["ver33.bmp"];

In[17]:= Show[hoe];
```

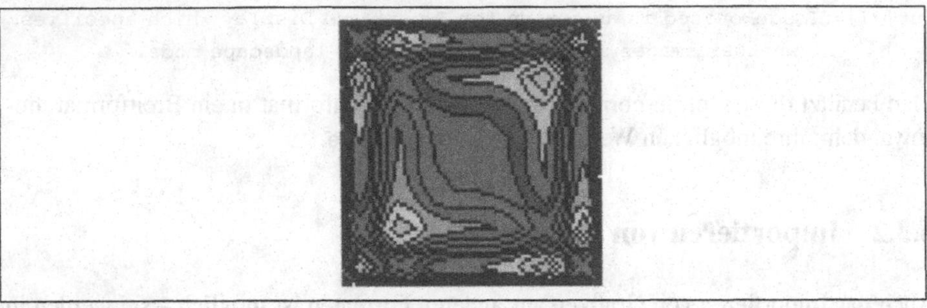

Die für das exportierte Bild absichtlich niedrig angegebene Auflösung ist deutlich zu erkennen.

Zu ergänzen ist, daß man mit den Menübefehl `Import` auf beliebige Art erzeugte Bitmap-Grafiken einführen kann. Handelt es sich um Phasenbilder von Animationen, dann lassen sie sich auf übliche Weise durch Doppelklick als Filmsequenz vorführen.

6.4 Rendern – fotorealistische Szenen

Die Animationen, die man aus den Notebooks heraus aufruft, eignen sich gut für den interaktiven Gebrauch. Schon während der Programmentwicklung hat man Gelegenheit, sich kurze Abläufe anzusehen und sie auf Grund des visuellen Eindrucks weiter zu verbessern.

6.4.1 Das DXF-Format

Durch Exportieren von *Mathematica*-Grafiken in andere Formate ergeben sich vielfache weitere Möglichkeiten der Bearbeitung, die auch für Animationen nützlich sind. Das gilt beispielsweise für die Zuordnung von Farben und Mustern, das Aufprägen von Reliefs, das Einbringen in Szenerien usf., kurz „Rendern" genannt. Da bei diesen Prozessen die räumliche Beschaffenheit der Objekte berücksichtigt werden muß, braucht man dazu Grafikformate für dreidimensionale Beschreibungen. Ein solches ist das schon im vorhergehenden Kapitel erwähnte DXF-Format, das in Zusammenhang mit dem CAD-System *AutoCAD* eingeführt wurde und mittlerweile auch in vielen anderen Programmen eingesetzt wird. Zur Umwandlung stellt *Mathematica* ein Paket zur Verfügung.

```
In[1]:= Needs["Utilities`DXF`"]
```

In diesem Paket ist der Befehl `WriteDXF` enthalten, mit dem man zum DXF-Format übergehen kann.

```
In[2]:= ?WriteDXF

Out[2]= WriteDXF[filename, graphics3D] writes the graphic to the file
        specified by the string filename in the AutoCAD .dxf format.
        The option PolygonsOnly will allow only polygons to be written.
```

Zur Demonstration verwenden wir einen Ring, der später „gerendert" werden soll.

```
In[3]:= Needs["Graphics`Shapes`"]

In[4]:= t = Torus[];
        ring = Show[Graphics3D[t], Boxed → False];
```

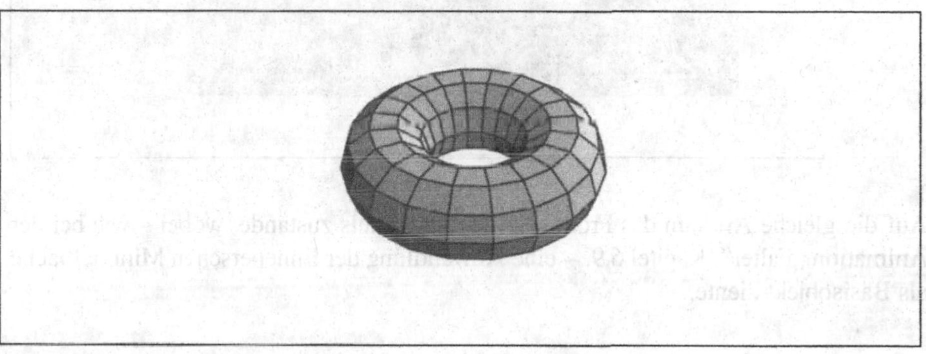

```
In[5]:= Export["ring.dxf", ring]

Out[5]= ring.dxf
```

Auch diese Datei wird im *Mathematica*-Systemordner abgelegt. Bei den neueren Versionen von *Mathematica* läßt sich die Überführung in das DXF-Format auch mit dem im Abschnitt 6.3.1 beschriebenen `Export`-Befehl erreichen.

6.4.2 Das Rendern der Bilder

Zur Illustration ein paar Beispiele, die mit dem Programmsystem *Bryce* erstellt wurden. Dazu wurde der vorher exportierte Ring als DXF-Datei in das *Bryce*-System importiert und dort in eine Landschaft gestellt. Das Ergebnis der Bearbeitung, eine in einem speziellen, zu *Bryce* gehörigen Format vorliegende Datei, muß erst außerhalb von *Mathematica* in ein für den Import zugelassenes Format überführt werden.

```
In[6]:= ringVar = Import["C:\Bildspeicher\ring.bmp"]
```

```
In[7]:= Show[ringVar];
```

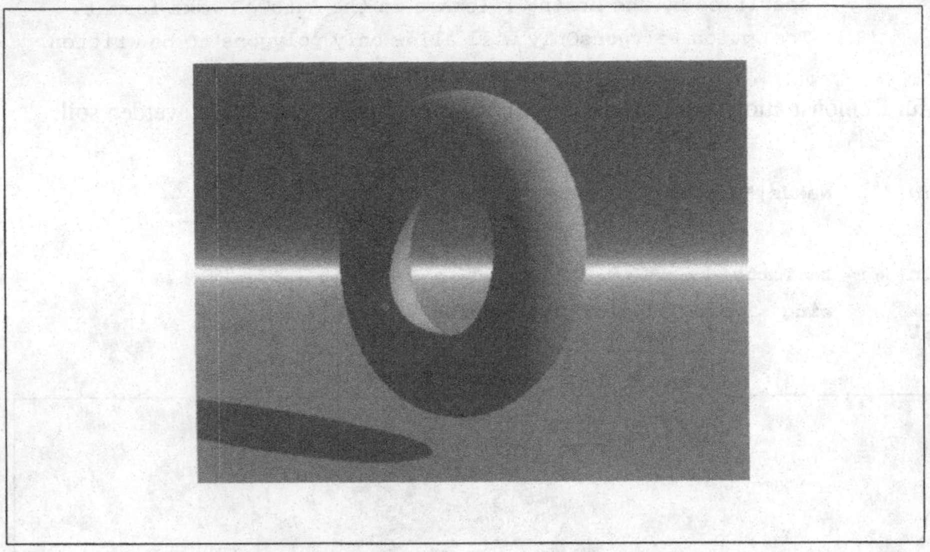

Auf die gleiche Art kam das Frontispiz des Innentitels zustande, wobei – wie bei der Animation „Falter", Kapitel 6.9. – eine Abwandlung der Enneperschen Minimalfläche als Basisobjekt diente.

Zwei weitere Beispiele sollen die Vielfältigkeit der Möglichkeiten zeigen. Beim nächsten wurde dem Torus eine Reliefstruktur aufgeprägt.

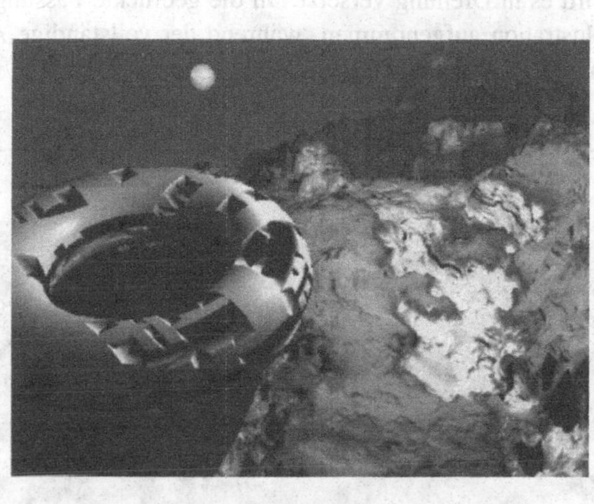

Dieses Bild wurde für die Titelseite dieses Kapitels verwendet.

Im nächsten Beispiel greifen wir wieder auf den Torus zurück, dessen Oberfläche nun als Gitter ausgebildet ist. Außerdem ist durch den Ring hindurch noch ein weiteres exportiertes *Mathematica*-Objekt zu sehen – ähnlich jenem, das für das Frontispiz verwendet wurde.

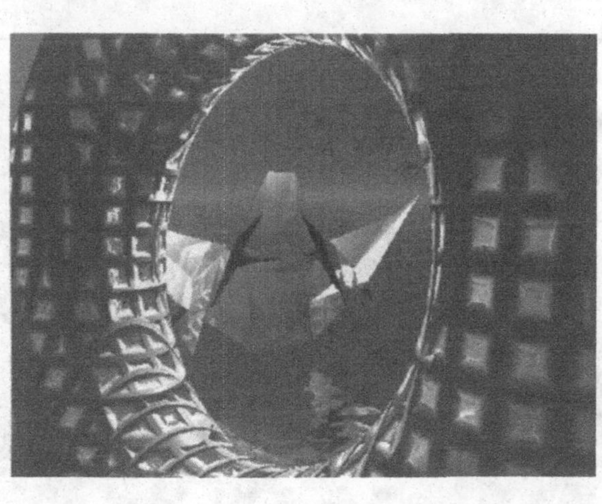

Zum Abschluß ein paar Filmsequenzen, denen importierte *Mathematica*-Grafikobjekte einen besonderen Reiz verleihen. Als Objekt, das in eine vorgefertigte Landschaft eingeführt wird, benützen wir das im Kapitel 6.6. beschriebene „Flügelrad“. Durch die Animation wird es in Drehung versetzt. In die gedruckte Fassung wurde nur ein Phasenbild als Illustration aufgenommen, während der vollständige Ablauf in etwas veränderter Form in der CD enthalten ist.

Dasselbe Objekt, in anderer Art für eine Animation eingesetzt:

Eine abgewandelte Version dieses Motivs findet sich in einer Animationssequenz der CD. Infolge der starken Verkleinerung können in den vorhergehenden Bildern Fehler auftreten, die sich aber durch Vergrößern meist beheben lassen.

Heute sind neben dem speziell für den Hobbygebrauch entwickelte System *Bryce* mehrere weitere professionelle und semiprofessionelle grafische Software-Systeme für das Rendern von Grafikobjekten auf dem Markt, und speziell für die Herstellung von Animationen werden Programme angeboten, mit denen man Filme wie auf einem Schneidetisch gestalten kann.

6.5 Formen der Präsentation

Als Computergrafik-Files vorliegende Bilder sind vielseitig einsetzbar. Sie lassen sich verschiedenen technischen Präsentationssystemen anpassen, beispielsweise der Fotografie und dem Internet. Einige solcher Möglichkeiten sollen nun kurz beschrieben werden.

6.5.1 Überblendungsprojektion

An dieser Stelle ist eine reizvolle, viel zu wenig beachtete Möglichkeit der Vorführung zu erwähnen, die zu den herkömmlichen Methoden der Animation gezählt werden kann, u.zw. die Überblendungsprojektion, wie sie in der Diaschau benutzt wird. Zur Vorbereitung müssen die Bildmotive allerdings vorher auf irgendeine Weise in Diapositive umgesetzt werden – im einfachsten Fall durch Fotografie vom Bildschirm. Es gibt aber auch professionelle Online-Verfahren zur Erzeugung von Dias verschiedener Formate.

Die Überblendungsprojektion ist eine relativ billige Demonstrationsmethode, nicht zuletzt weil man mit viel weniger Einzelbildern auskommt als bei Filmen und Videobändern. Es gibt aber auch Qualitätsgründe, die für diese Methode sprechen. So lassen sich die in fotografischer Tradition projezierten Bilder lichtstark auf große Flächen werfen, wozu heute noch teure Beamer nötig sind. Außerdem kommen dabei Übergangsfarben zum Vorschein, die nur schwer zu programmieren sind.

Die Gestaltung mit den digitalen Grafiksystemen bringt jedoch auch eine Erweiterung der Ausdrucksmöglichkeiten mit sich. Anders als bei der im Film üblichen Überblendung von einer Szene zur anderen kann man hier jedes Bild auf das nächste abstimmen. Oft bleiben bestimmte Regionen unverrückt auf ihrer Position, und nur die Farbe ändert sich, in anderen Fällen werden in einen ansonsten unveränderten Flächenausschnitt zusätzliche Texturen eingetragen. Auf diese Art kommen ruhige, meditativ wirkende Formenspiele zustande.Aber auch das Gegenteil ist möglich: Man kann Bildreihen konzipieren, um damit Dynamik und Hektik auszudrücken – beispielsweise für Traumsequenzen in Filmen oder für Lichteffekte in Diskotheken. Durch geeignete Musik läßt sich die beabsichtigte Wirkung noch erheblich steigern.

Als Beispiel verwenden wir eine mit Hilfe der `DensityGraphics` und der Modulo-Funktion erzeugte Bildserie. Die Farbskala, auf der die Höhenwerte der Funktion gekennzeichnet werden, wechseln wir mit einem Zufallsgenerator, und durch einen niedrigen Wert für die Sättigung erreichen wir gedämpfte Farben.

```
In[1]:= bun =
        Table[
          ContourPlot[Mod[x^2 - Sin[x * Sin[x]] + Cos[y * Cos[y]] + y^2, m],
            {x, -30, 30}, {y, -30, 30},
            ColorFunction → (Hue[N[Random[]] * #, 0.4, 1]&),
            PlotPoints → 16,
            Contours → 8, (*Contours → 2, - für das Array*)
            Frame → False],
          {m, 2, 29, 1}];
```

```
In[2]:= Show[GraphicsArray[Partition[bun, 4]]];
```

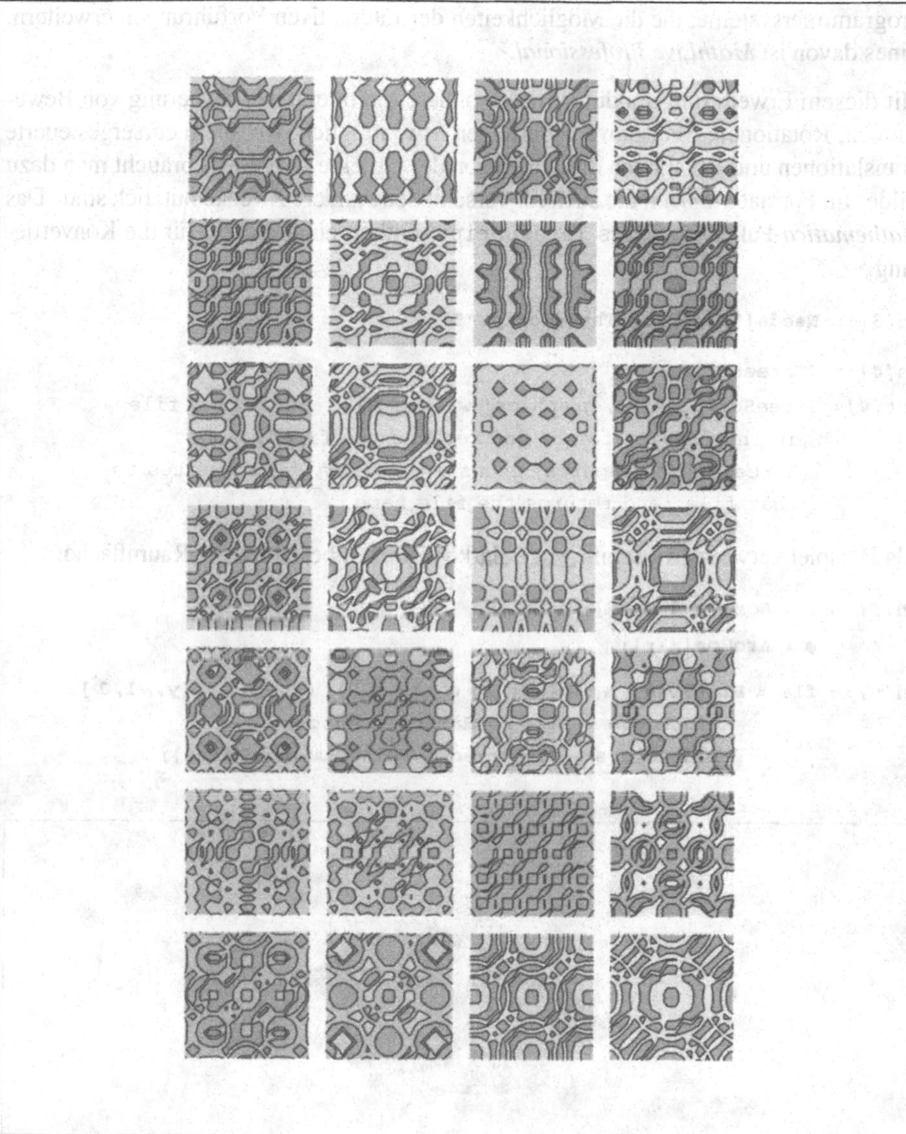

Da die Zufallszahlenfolge von der Tageszeit abhängt, werden bei neuerlichem Aufruf andere Zahlen und damit auch andere Bilder entstehen.

6.5.2 Bewegungen mit *MathLive*

Ein unbestrittener Fortschritt, den das programmierte Bild mit sich bringt, ist der interaktive Gebrauch. Dafür ist das System *Mathematica* bestens eingerichtet, die auch in dieser Publikation eingesetzten Notebooks sind ein hervorragendes Beispiel dafür – einige der vorbereiteten Stile wie etwa *Classroom*, sind speziell für Anwendungen von Live-Charakter bereitgestellt. Es gibt aber auch externe, auf *Mathematica* bezogene

Programmiersysteme, die die Möglichkeiten der interaktiven Vorführungen erweitern. Eines davon ist *MathLive Professional*.

Mit diesem Erweiterungsmodul ist insbesondere die interaktive Steuerung von Bewegungen, Rotationen, Maßstabveränderungen usw. möglich, vor allem cursergesteuerte Translationen und Rotationen dreidimensionaler Objekte. Als Basis braucht man dazu Bilder im Format *3-Script*, die auch für verschiedene andere Zwecke nützlich sind. Das *Mathematica*-Paket `Graphics'ThreeScript'` enthält einen Befehl für die Konvertierung.

```
In[3]:= Needs["Graphics`ThreeScript`"]

In[4]:= ?ThreeScript
Out[4]= ThreeScript[file, graphics] writes 3D graphics to a file
          in ThreeScript format and returns the filename.
          ThreeScript[graphics] opens a temporary file, writes to
          that file, and returns the file name.
```

Als Beispiel verwenden wir eine mit Polarkoordinaten beschriebene Raumfläche.

```
In[5]:= r = Sqrt[x^2 + y^2];
        ϕ = ArcCos[x/r];

In[6]:= fla = Plot3D[0.4 * Sin[2ϕ]^2 * e^(1 - r^2), {x, -1, 1}, {y, -1, 1 },
                PlotRange → All, BoxRatios → Automatic,
                PlotPoints → 32, Boxed → False, Axes → False];
```

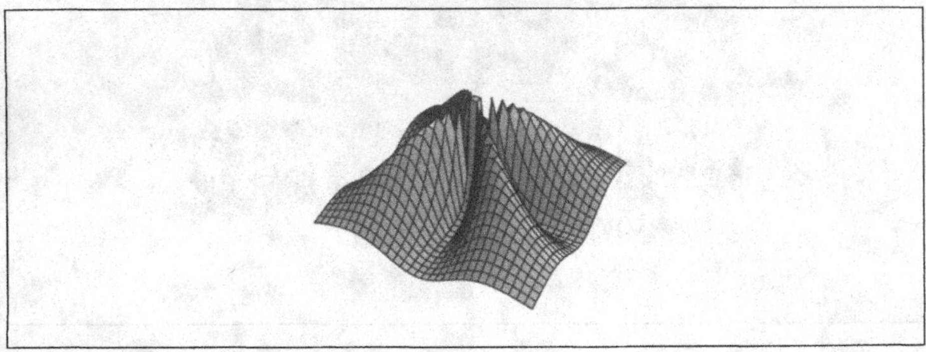

```
In[7]:= ThreeScript["fla.ts", rol]
Out[7]= fla.ts
```

Auch diese Datei wird wie andere exportierte Dateien in den Ordner *Mathematica\4.0* eingeschrieben.

6.5.3 Animationen im Internet

Bekanntlich erlaubt das Internet auch die Übertragung von bewegten Bildern. Die kurzen, mit *Mathematica* erstellten Animationen eignen sich gut dafür, wobei frei gestaltete Szenen besonders reizvoll sind. Im folgenden wird eine kurze Sequenz für den Import in die Web-Sprache HTML vorbereitet.

Mit der Menü-Anweisung *File → Save As Special→ HTML* lassen sich *Mathematica*-Notebooks in HTML-Dateien umsetzen, wobei allerdings die Möglichkeit der Animation verloren geht. Deshalb bedarf es eines Umwegs, um Animationen im Internet zu zeigen. Zuerst werden die Bilder mit dem Befehl `Display` in ein gebräuchliches Grafikformat überführt, dann kann man sie mit einem geeigneten Programm zusammenfassen, wonach sie, in einen HTML-Text eingesetzt, von *Netscape Communicator* oder *Internet Explorer* in einen Film umgewandelt werden.

Als Beispiel dient eine Schraubenkurve. Zuerst setzen wir die mit dem Programm erzeugten Phasenbilder der Drehbewegung in eine Liste von GIF-Bildern um. Durch den Befehl `ImageRotated → True` veranlassen wir zugleich eine Drehung der Achse in horizontale Lage.

```
In[8]:= Table[
         k[d] =
           ParametricPlot3D[
             {2v * Sin[u/3] * Cos[(u + 0.2π * d)],
              2v * Sin[u/3] * Sin[(u + 0.2π * d)],
              1.4u},
             {u, 0, 3π}, {v, 0.2, π},
             PlotPoints → {30, 6} (*{128, 6}*),
             PlotRange → {{-7, 7}, {-7, 7}, {0, 14}},
             ViewPoint → {1.612, -2.975, 0.027},
             LightSources →
               {{{1, 0, 1}, RGBColor[1, 0, 0]},
                {{1, 1, 1}, RGBColor[0.2, 1, 0]},
                {{0, 1, 1}, RGBColor[0, 0.3, 1]}},
             SphericalRegion → True,
             Axes → False, Boxed → False,
             Background → GrayLevel[0.8]];
         Display[k <> ToString[d] <> .gif, k[d], GIF, ImageRotated → True],
         {d, 0 , 9, 1}]
```

```
Out[8]= {-Graphics3D-,-Graphics3D-,-Graphics3D-,
        -Graphics3D-,-Graphics3D-,-Graphics3D-,
        -Graphics3D-,-Graphics3D-,-Graphics3D-,-Graphics3D-}
```

Die hier angezeigten Spezifikationen - `Graphics3D` - beziehen sich nicht auf die exportierten, sondern auf die in der `Table`-Schleife berechneten Grafiken. Will man sich davon überzeugen, daß die beim Exportieren verlangte Drehung um 90° – `ImageRotated → True` – funktioniert hat, muß man die exportierten Bilder wieder importieren.

```
In[9]:= Table[Show[Import[k <> ToString[n] <> .gif]], {n, 0, 9, 1}]
```

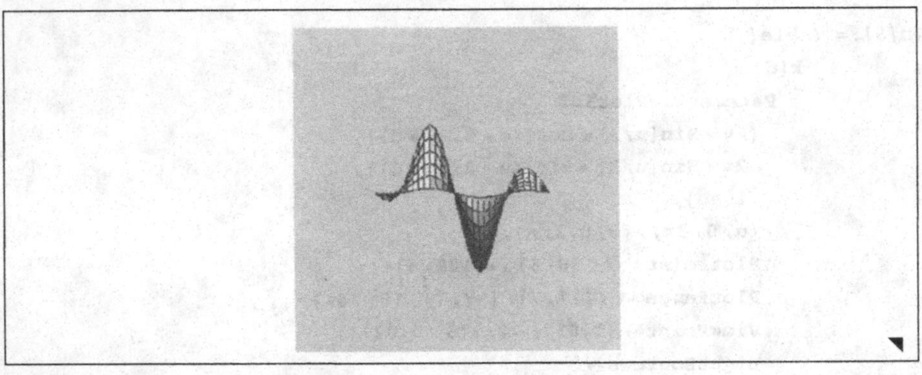

```
Out[9]= {-Graphics-,-Graphics-,-Graphics-,-Graphics-,-Graphics-,
        -Graphics-,-Graphics-,-Graphics-,-Graphics-,-Graphics-}
```

Wir stellen fest, daß die beim Exportieren veranlaßte Drehung weisungsgemäß erfolgt ist und erkennen an der Spezifikation - `Graphics` -, daß die rückimportierten Bilder nun als zweidimensional strukturierte Dateien vorliegen.

Das Spektrum der Einsatzmöglichkeiten erhöht sich entscheidend, wenn man die grafischen Objekte – wie im vorhergehenden Kapitel beschrieben – in frei gestaltete Szenerien einbezieht.

6.5.4 Virtuelle Skulpturen

Für Animationen von 3D-Objekten gibt es noch eine weitere, vielleicht nicht besonders wichtige, aber sicher recht interessante Aufgabe, nämlich den Entwurf von Skulpturen. Besonders gut eignen sie sich natürlich für solche, die nach geometrischen Gesichtspunkten entworfen wurden. Beispiele dafür gibt es auch in der herkömmlichen Kunst, etwa einige Werke von Max Bill wie sein berühmtes „Möbiusband“.

Die Entwurfsarbeit wird erheblich einfacher als bei der herkömmlichen Methode mit Hammer und Meißel, wenn man solche Objekte zuerst in Form von Computergrafiken modelliert. Umkreisungen mit Hilfe von Animationen geben schon lange vor der Fertigstellung eine gute Vorstellung der Form. Aber auch für die Realisierung der Idee erschließt sich eine neue Basis – man kann die Programme in eine Form überführen, die die Produktion der Skulptur mit Hilfe von programmgesteuerten Werkzeugmaschinen möglich macht.

Bei dieser Vorgehensweise lehnt man sich noch an die klassische Vorstellung von Skulpturen an, die als handfestes Material vorliegen. Mit den Mitteln der Computergrafik lassen sich aber auch geometrische Objekte darstellen, die – aus physikalischen und/oder technischen Gründen – nicht realisierbar sind. Es könnten Gebilde sein, die aus schwebenden Teilen bestehen oder sich so bewegen, daß sie sich dabei selbst durchdringen.

Im Kapitel 6.6. werden Animationen gezeigt, die man im beschriebenen Sinn als „virtuelle Skulpturen" bezeichnen könnte.

6.6 Beispiele für Animationen

Bei den üblichen Demonstrationen von Notebooks beschränkt man sich auf die Wiedergabe von Animationen in kleinen Fenstern, was normalerweise seinen Zweck erfüllt. Andererseits besteht kein Zweifel daran, daß größere Bildformate zu eindrucksvolleren Vorführungen führen, und von den Möglichkeiten her gesehen, die *Mathematica* für Grafiken und Animationen bietet, sollte mehr davon Gebrauch gemacht werden. In diesem Kapitel werden einige Abläufe gezeigt, die speziell für großflächige Präsentation vorbereitet sind.

Trotzdem wird man eine längere, womöglich aus mehreren Teilen zusammengesetzte Animation zunächst im üblichen Kleinformat entwickeln. Soll das Programm dann für eine Life-Wiedergabe vorbereitet werden, dann sind folgende Aspekte zu beachten:

Ein wesentlicher Punkt für die Qualität eines filmischen Ablaufs ist die zeitliche Auflösung. Die optimale Schrittweite, die man normalerweise durch den Iterator der `Table`- oder `Do`-Funktion bestimmt, hängt von der Ablaufgeschwindigkeit ab, die dem visuellen Eindruck gemäß gewählt werden soll. Fünfundzwanzig Bilder pro Sekunde gilt als Norm für professionelle Videovorführungen. Während der Entwicklung des Programms wird man sich – schon aus Gründen der Zeitersparnis – mit weitaus geringeren zeitlichen Auflösungen begnügen.

Der zweite wichtige Faktor für die Qualität von Fotos und Filmen ist die Bildschärfe. Das betrifft weniger die Bildschirmauflösung, die eine technische Grenze setzt und vorgegeben ist, als für andere Größen, die die Darstellungsgenauigkeit beeinflussen.

Bei Kurven sind es die Stützpunkte, die man, wenn nötig, enger aneinander legen kann. Weitaus stärker ins Gewicht fällt die Zahl der Polygone, aus denen Raumflächen aufgebaut sind. Hier gibt es eine praktisch wichtige und oft genutzte Einstellmöglichkeit, u.zw. `PlotPoints`, für die Zahl der Gitterlinien, als deren Netzmaschen die Polygone auftreten. Auch hier wird man zuerst mit etwas gröberen Darstellungen arbeiten, ehe man Zeit und Speicher durch enggeführte Linien beansprucht. Die Frage der Bildschärfe ist natürlich auch zu beachten, wenn man – etwa beim Exportieren von Bildern – zu anderen Formaten wechselt.

Vorführungen auf dem Bildschirm wirken eindrucksvoller, wenn das Bildformat möglichst groß gewählt wird – unter optimaler Ausnützung der Arbeitsfläche. Um bei der Vergrößerung eine befriedigende Bildqualität zu erhalten, benötigt man entsprechend hoch aufgelöste Bilder. Für Filme, bei denen freistehende Objekte gezeigt werden, ist meist ein dunkler Hintergrund vorteilhafter als ein heller, der das Auge blendet und daher die Ansicht farbig dargestellter Objekte beeinträchtigt. Man sollte also die Option `Background` mit {0, 0, 0} auf Schwarz oder zumindest dunkel einstellen.

Abschließend noch eine Kleinigkeit, die nichtsdestoweniger zu beachten ist: Am Anfang und am Ende von zyklischen Phasen treten jeweils zwei identische Bilder auf. In der endgültigen Fassung müssen solche Doppelbilder vermieden werden, die sich durch einen Ruck im Ablauf bemerkbar machen; das kann aber wegen der Abhängigkeit von den Phasenschritten erst geschehen, sobald die Schrittweite für die endgültige Präsentation bestimmt ist.

6.6.1 Animation „Puls“

Dem Vorgang liegen drei Konfigurationen zugrunde, von denen die letzte ein gespiegeltes Abbild der ersten ist. In der ersten Phase geht die Konfiguration 1 in die Konfiguration 2 über, und in der nächsten die Konfiguration 2 in die Konfiguration 3. Damit ist ein dem Ausgangszustand entsprechender Zustand erreicht, so daß sich der Prozeß nach dem gegebenen Schema fortsetzen kann.

Wir greifen auf den schon im Abschnitt 6.1. definierten Intrapolationsoperator `morph` zurück und definieren einen weiteren, `anim`, der die Erzeugung der Bildreihe veranlaßt.

```
In[1]:= torAut = {(Cos[v] + 2.1) * Sin[u], (Cos[v] + 0.5) * Cos[3u], v};
        torEsp = {(Cos[v] + 2.1) * Sin[u], (Cos[v] + 2.1) * Cos[u], v};
        torAutNeg = {(Cos[v] + 2.1) * Sin[u], -(Cos[v] + 0.5) * Cos[3u], v};
```

```
In[2]:= morph[f1_, f2_] := (1 - auf) * f1 + auf * f2
```

```
In[3]:= anim[f1_, f2_] :=
        Table[ParametricPlot3D[morph[f1, f2]//Evaluate,
                {u, 0, 2π}, {v, 0, π},
                Boxed → False, Axes → False,
                Background → GrayLevel[0.85], SphericalRegion → True],
            {auf, 0, 1 - 0.25, 0.25}];

In[4]:= kugtor1 = anim[torAut, torEsp];

In[5]:= kugtor2 = anim[torEsp, torAutNeg];
```

Die Animation liegt nun in zwei Teile getrennt vor, die man erst mit einer Klammer verbinden muß, ehe man sie in ihrer Gesamtheit aktivieren kann. Ist auf automatische Erzeugung der Zellenklammern eingestellt (Menü `Cell` → `CellGrouping` → `Automatic Grouping`), dann genügt es, die dazwischenliegende Zeile mit Programmcode zu eliminieren oder an eine andere Stelle zu verlegen. Man kann die beiden generierenden Ausdrücke aber auch in einen gemeinsamen Eingabeblock schreiben, die Bilder werden dann in Form einer ununterbrochenen Reihe – als Liste – ausgegeben.

Um eine Übersicht über die Animation zu geben, behelfen wir uns wieder mit Tafelbildern.

```
In[6]:= Show[GraphicsArray[Partition[kugtor1, 2]]];
```

```
In[7]:= Show[GraphicsArray[Partition[kugtor2, 2]]];
```

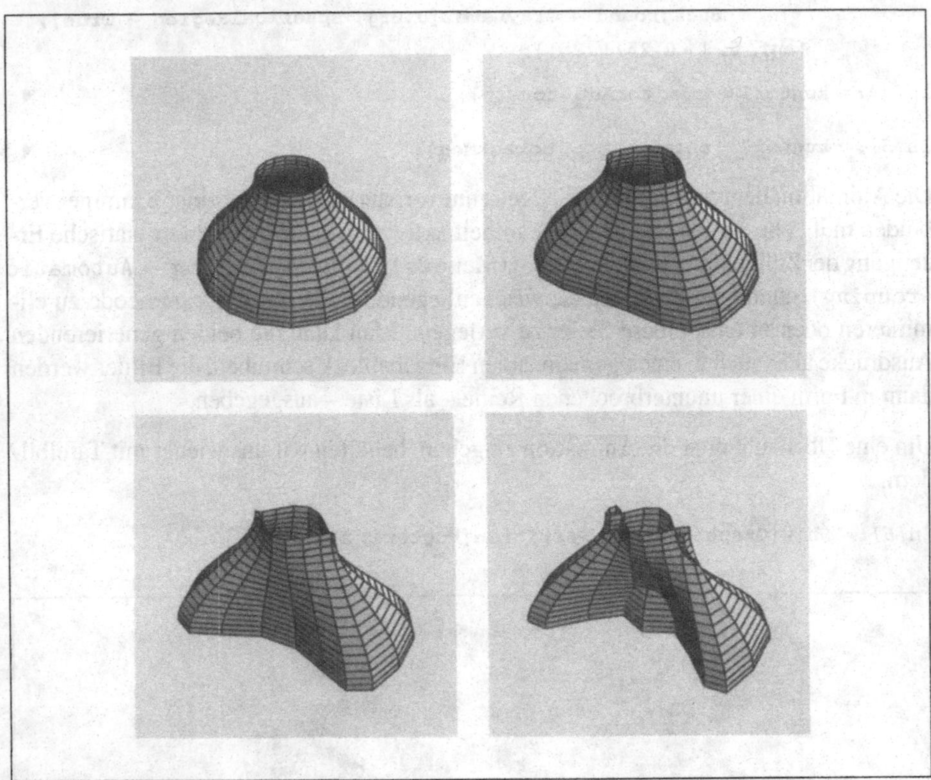

In der CD ist die Animation „Puls“ mit höherer Zeitauflösung enthalten.

6.6.2 Animation „Doppelspindel“

Die Grundlage dieses Beispiels ist die schraubenförmig gewundene Spindel – wegen ihrer irritierenden optischen Eigenschaften ein interessantes Objekt, denn in Drehung begriffen erweckt es den Eindruck einer hinauf- oder hinuntergerichteten Bewegung.

Eine solche „Schraubenspindel“ wird nun mit einer anderen, im entgegengesetzten Richtungssinn gewundenen überlagert. Beide rotieren in entgegengesetzte Richtung, so daß eine animiertes Objekt dargestellt wird, das materiell nicht realisierbar ist.

```
In[8]:= spi =
      Table[
        Show[
          {ParametricPlot3D[
             {1.8v * Sin[u/6] * Cos[u + d], -1.8v * Sin[u/6] * Sin[u + d], u},
             {u, 0, 6π}, {v, 0, π},
             PlotPoints → {128, 6},
             DisplayFunction → Identity],
            ParametricPlot3D[
             {1.8v * Sin[u/6] * Cos[u + d], 1.8v * Sin[u/6] * Sin[u + d], u},
             {u, 0, 6π}, {v, 0, π},
             PlotPoints → {128, 6},
             DisplayFunction → Identity]},
          SphericalRegion → True,
          BoxRatios → {4π, 4π, 6π},
          ViewPoint → {1.54, -2.844, 0.995},
          PlotRange → {{-2π, 2π}, {-2π, 2π}, {0, 6π}},
          LightSources →
            {{{1, 0, 1}, RGBColor[0.1, 0.3, 0.9]},
             {{1, 1, 1}, RGBColor[0.2, 0.3, 0.]},
             {{0, 1, 1}, RGBColor[1, 0.6, 0.2]}},
          Background → GrayLevel[0.5],
          Axes → False, Boxed → False,
          DisplayFunction → $DisplayFunction],
        (*{d, 0, 2π - 0.025π, 0.025π}*)
        {d, 0, 2π - 0.25π, 0.25π}];
```

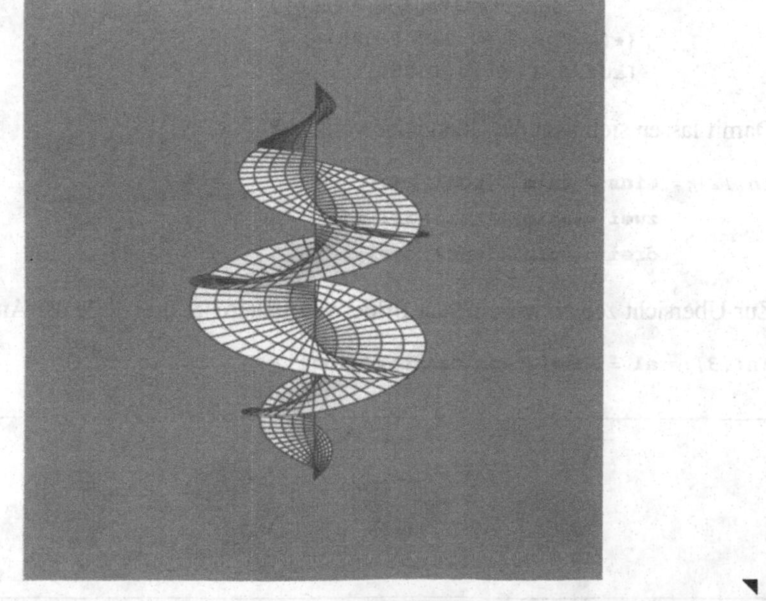

Da das Ungewöhnliche dieser Bewegung, die wandernden Schnittlinien, im Tafelbild nur schwer zu erkennen sind, wird darauf verzichtet und auf die CD verwiesen.

6.6.3 Animation „Doughnut“

Das Prinzip dieses Beispiels sind Morphing-Übergänge zwischen drei Formen: einer Kugel und zwei abgewandelten Ringen. Als Resultat erhalten wir eine merkwürdige Formänderung von Pulsation und Verdrillung.

```
In[9]:= morph[f1_, f2_] := (1 - auf) * f1 + auf * f2

In[10]:= tor1 = {(1 + 0.5 Cos[v]) Cos[u + π/2],
                 (1 + 0.5 Cos[v]) Sin[u + π/2],
                        - Sin[v] Sin[2u]};
         tor2 = {(0.5 + 0.5 Cos[v]) Cos[u],
                 (0.5 + 0.5 Cos[v]) Sin[u],
                        0.5 Sin[v] Sin[2u]};
         kug = {Sin[v] * Cos[u], Sin[v] * Sin[u], Cos[v]};

In[11]:= anim11[f1_, f2_] :=
         Table[ParametricPlot3D[morph[f1, f2]//Evaluate,
                 {u, 0, 2π}, {v, 0, π},
                 Boxed → False, Axes → False,
                 LightSources →
                    {{{1, 0, 1}, RGBColor[0.1, 0.2, 0.9]},
                     {{1, 1, 1}, RGBColor[0.3, 0.2, 0.1]},
                     {{0, 1, 1}, RGBColor[0.6, 0.4, 0.1]}},
                 Background → GrayLevel[0.9],
                 SphericalRegion → True],
            (*{auf, 0, 1 - 0.025, 0.025}*)
            {auf, 0, 1 - 0.25, 0.25}];
```

Damit lassen sich jetzt die Übergänge vollziehen.

```
In[12]:= eins = anim11[tor1, kug];
         zwei = anim11[kug, tor2];
         drei = anim11[tor2, tor1];
```

Zur Übersicht zeigen wir ein paar Bilder von jedem der drei Teile der Animation.

```
In[13]:= a1 = Show[GraphicsArray[eins]];
```

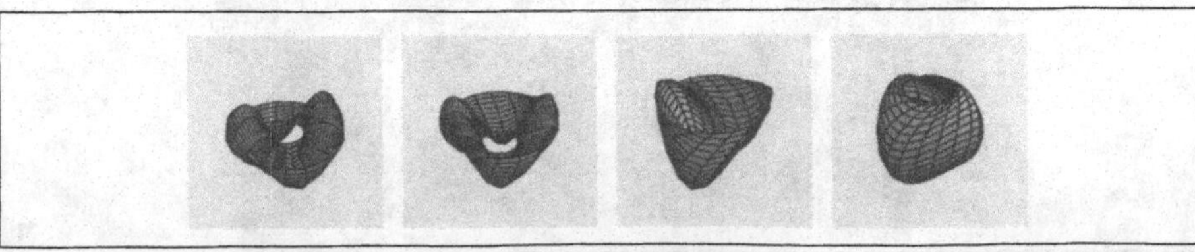

```
In[14]:= a2 = Show[GraphicsArray[zwei]];
```

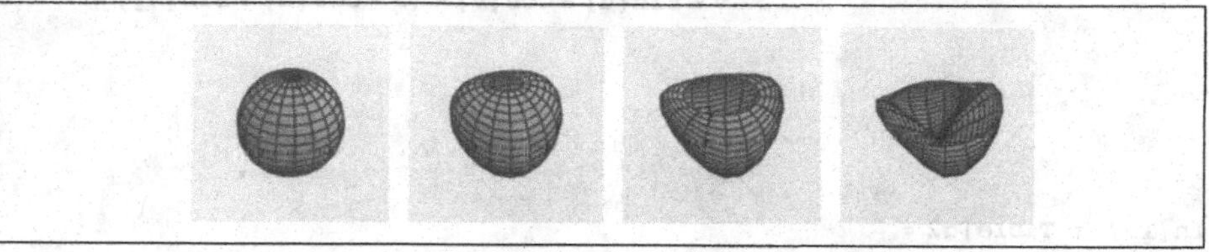

```
In[15]:= a3 = Show[GraphicsArray[drei]];
```

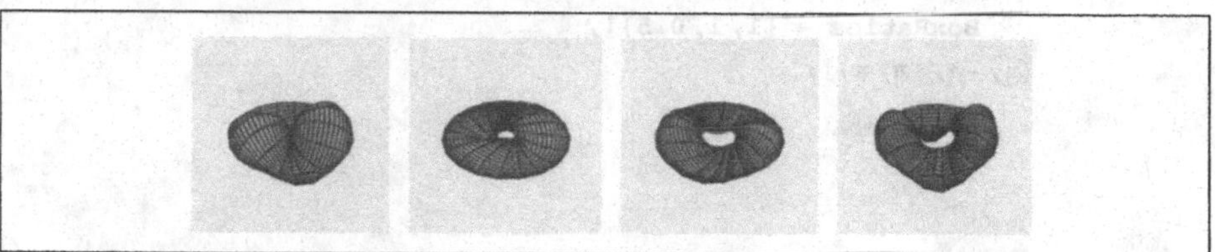

6.6.4 Animation „Flügelrad“

Der Gegenstand dieses Beispiels ist aus zwei zueinander symmetrisch aufgebauten Teilen aufgebaut. Während der Bewegung werden dic Maße und die Farben verändert. Basis ist wieder eine abgewandelte Ennepersche Minimalfläche.

```
In[16]:= enne1[u_, v_, n_] := {u - Sin[n] * v * Sin[v] + u v^2,
                               v - Cos[n] * u * Cos[v] + v u^2,
                               v * Sin[u] * Cos[v] * (3 - Cos[u] * Sin[v])}

In[17]:= Table[g1 =
            ParametricPlot3D[Evaluate[enne1[u, v, Sin[n]]],
               {u, -0.5π, 0.5π}, {v, -0.5π, 0.5π},
               Axes → True, Boxed → True,
               BoxRatios → {1, 1, 0.5}],
            {n, -π, -π, π}];
```

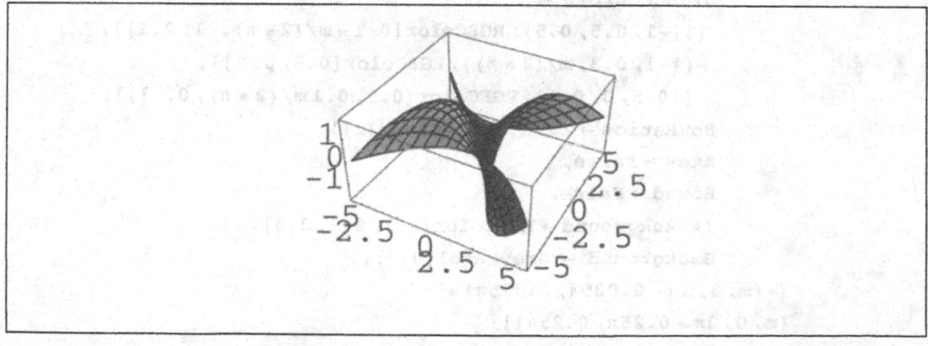

```
In[18]:= enne2[u_, v_, n_] := { u - Sin[n] * v * Sin[v] + u v^2,
                                v - Cos[n] * u * Cos[v] + v u^2,
                                -v * Sin[u] * Cos[v] * (3 - Cos[u] * Sin[v])}
```

```
In[19]:= Table[g2 =
           ParametricPlot3D[Evaluate[enne2[u, v, Sin[n]]],
              {u, -0.5π, 0.5π}, {v, -0.5π, 0.5π},
              Axes → True, Boxed → True,
              BoxRatios → {1, 1, 0.5}],
           {n, -π, -π, π}];
```

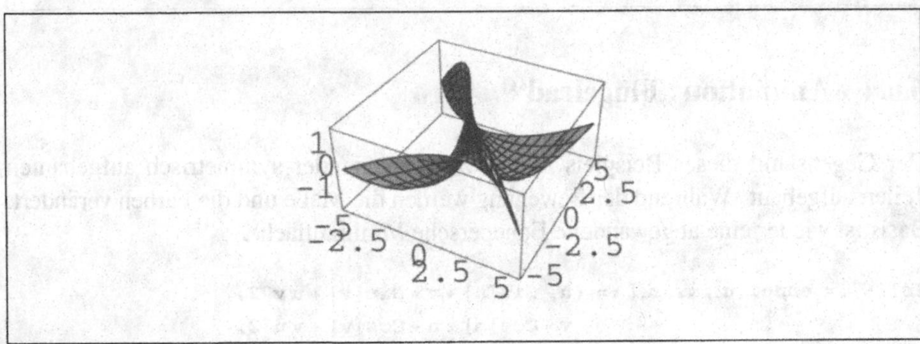


```
In[20]:= wheel =
          Table[Show[g1, g2,
                SphericalRegion → True,
                ViewPoint → {2.6 Sin[0.25m], 2.6 Cos[0.25m], 1},
                LightSources →
                 {{{-1, 0.5, 0.5}, RGBColor[0.1 * m/(2 * π), 1, 0.1]},
                  {{-1, 0.3, m/(2 * π)}, RGBColor[0.5, 0, 1]},
                  {{0.5, 0, 0.1}, RGBColor[0.3, 0.1 m/(2 * π), 0.5]}},
                BoxRatios → {1, 1, 0.1 + Sin[m/2]},
                Axes → False,
                Boxed → False,
                (*Background → RGBColor[0.1, 0.3, 0.3], *)
                Background → GrayLevel[0.7]],
           (*{m, 0, 2π - 0.025π, 0.025π} *)
           {m, 0, 2π - 0.25π, 0.25π}];
```

```
In[21]:= Show[GraphicsArray[Partition[wheel, 4]]];
```

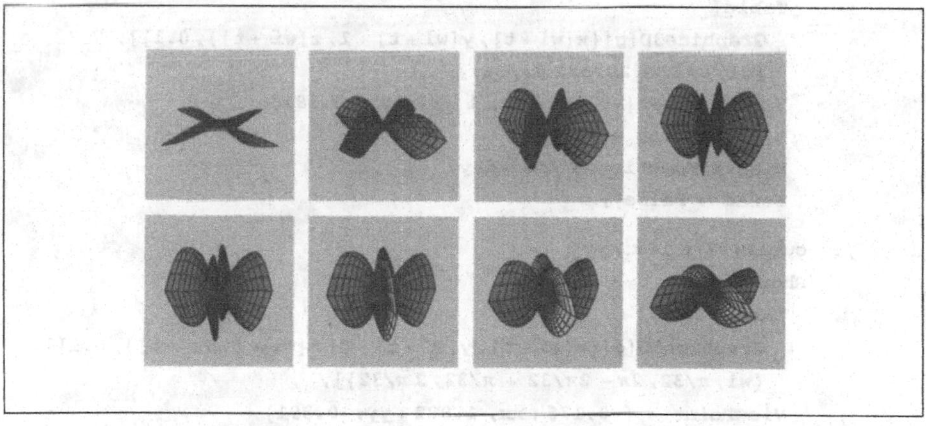

Die Animation zeigt ein pulsierendes Objekt, wobei die Anfangsphase der Bewegung kontinuierlich an die Endphase anschließt. Ein Phasenbild dieses Ablaufs wird auf der Titelseite für den zweiten Teil verwendet.

6.6.5 Stereo-Animation „Perlenkette"

Baustein dieser Animation ist eine aus kleinen Dodekaedern zusammengesetzte Kette. Zwei solcher Ketten sind im Raum so in fließender Bewegung begriffen, daß die Folge der Dodekaeder der einen Kette in die Lücken zwischen den Dodekaedern der anderen

Kette eingreift, vergleichbar dem Ineinandergreifen von zwei Zahnrädern, jedoch ohne gegenseitige Berührung. Die Animation ist für Stereosicht aufbereitet.

```
In[22]:= farbe = {{{-1, 0.5, 0.5}, RGBColor[0.8, 0.4, 1]},
                  {{-1, 0.3, 0.1}, RGBColor[0.6, 1, 1]},
                  {{0.5, 0, 0.1}, RGBColor[ 1, 1, 1]}};
```

Die Dodekaeder erzeugen wir mit dem Paket `Graphics'Polyhedra'`.

```
In[23]:= Needs["Graphics`Polyhedra`"]
```

Im folgenden Ausdruck ist `l` die Liste für die Koordinaten und `d` die Seitenlänge.

```
In[24]:= g[l_, d_] := Dodecahedron[l, d]
```

Nun definieren wir die Bahn, auf der sich die Kettenglieder bewegen, als räumliche Lissajous-Kurve.

```
In[25]:= x[wi_] := Cos[wi];
         y[wi_] := Sin[wi]; z[wi_] := Sin[2wi]
```

Mit den nächsten beiden Ausdrücken bringen wir die Ketten zum Laufen.

```
In[26]:= cublauf1[t_, xx_, yy_] :=
         Show[
           Table[
             Graphics3D[g[{x[wi + t], y[wi + t] + 1, z[wi + t]}, 0.1]],
             {wi, 0, 2π - 2π/32, 2π/32}],
           ViewPoint → {-0.176 + xx, 1.882 + yy, 0.391},
           LightSources → farbe,
           DisplayFunction → Identity,
           Boxed → False];

In[27]:= cublauf2[t_, xx_, yy_] :=
         Show[
           Table[
             Graphics3D[g[{x[wi - t], y[wi - t] - 1, z[wi + 0.5π - t]}, 0.1]],
             {wi, π/32, 2π - 2π/32 + π/32, 2 π/32}],
           ViewPoint → {-0.176 + xx, 1.882 + yy, 0.391},
           LightSources → farbe,
           DisplayFunction → Identity,
           Boxed → False];
```

Es folgt die Kombination der beiden Ketten.

```
In[28]:= cubcomb[t_, xx_, yy_] :=
         Show[cublauf1[t, xx, yy], cublauf2[t, xx, yy],
           DisplayFunction → Identity];
```

Das zweite Stereobild kommt auf die im Kapitel 6.2. beschriebene Art durch Änderung der Sichtrichtung zustande.

```
In[29]:= paar[t_] := {cubcomb[t, -0.076, -0.009], cubcomb[t, 0, 0]};

In[30]:= ster[t_] :=
         Show[GraphicsArray[paar[t]], DisplayFunction → Identity];

In[31]:= Table[Show[ster[t],
                (*Background → RGBColor[0, 0, 0], *)
                Background → GrayLevel[0.9],
                DisplayFunction → $DisplayFunction],
            (* {t, 0, 2π/32 - π/320, π/320}, *)
            {t, 0, 0, π/320}];
```

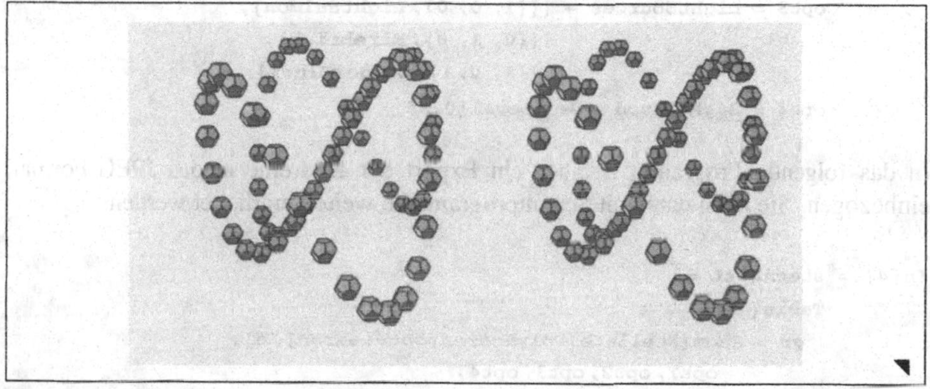

Die Anordnung der Stereobilder ist der Betrachtung mit gekreuzten Sehstrahlen angepaßt, doch läßt sie sich durch Rechts-Links-Vertauschung der Bilder leicht auch anderen Präsentationsweisen anpassen.

Die CD enthält die Animationen dieses Kapitels in besserer Qualität – bildfüllend und mit einer größeren Zahl von Phasenbildern dargestellt. Die im Programmcode eingeklammerten Angaben für den Iterator für die zeitliche Auflösung beziehen sich auf die CD.

6.7 Die Animation „Stern“ – ein Beispiel

Die folgenden Animationen stützen sich auf die Polyederdarstellungen aus dem Paket `Graphics'Polyhedra'`.

```
In[1]:= Needs["Graphics'Polyhedra'"]
        Needs["Graphics'Colors'"]
```

6.7.1 Vierzackstern

Der erste geometrische Körper, den wir zu den folgenden Demonstrationen heranziehen, ist das Oktaeder. Einige der in der folgenden Animationen auftretenden Varianten des Vielflächners wirken reliefartig flach – so kommt es zu einer Art Verwandlungsspiel mit einem vierzackigen Stern.

```
In[2]:= sicht[r_, ϕ_, θ_] := {r * Sin[θ Degree] Cos[ϕ Degree],
                              r * Sin[θ Degree] Sin[ϕ Degree],
                              r * Cos[θ Degree]}
```

```
In[3]:= opt1 = SphericalRegion → True;
        opt2 = Boxed → False;
        opt3 = LightSources → {{{1, 0, 0}, LightSalmon},
                               {{0, 1, 0}, Firebrick},
                               {{1, 0, 1}, DodgerBlue}};
        opt4 = Background → GrayLevel[0.85];
```

In das folgende Programm ist auch ein Export der Bildreihe in das JPEG-Format einbezogen. Sie kann dann mit Schnittprogrammen weiterverarbeitet werden.

```
In[4]:= sternList =
        Table[
          gr = Show[Stellate[Polyhedron[Octahedron], n],
                 opt1, opt2, opt3, opt4,
                 ViewPoint → sicht[3.38, 53, n]] ;
          Display["Stern1_" <> ToString[(n - 0.2) /0.05 + 1] <>
            ".jpeg", gr, "JPEG"],
          {n, 0.2, 4.5, 0.05}];
```

```
In[5]:= Show[GraphicsArray[ Partition [sternList, 5]]];
```

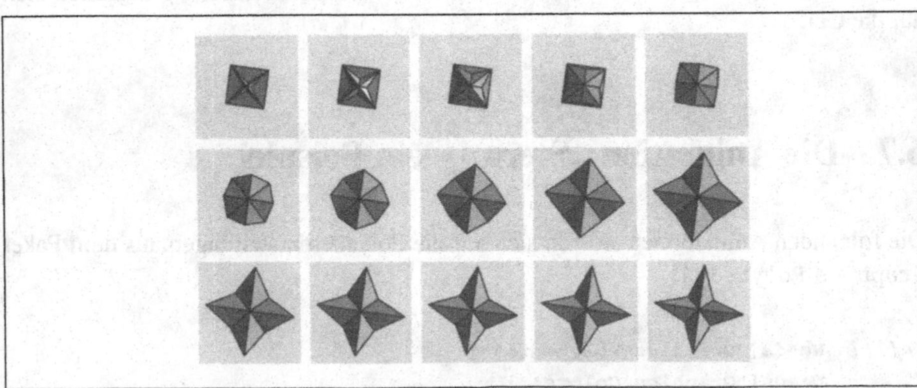

Läßt man die Animation mit zyklischem Wechsel der Laufrichtung laufen, dann ergibt sich ein kontinuierlich fortlaufender Vorgang. Man könnte das Resultat als kinetisches Emblem bezeichnen, das seinen grafischen Reiz dadurch gewinnt, daß das grundlegende Zeichen, der vierstrahlige Stern, einem Umwandlungsprozeß unterzogen wird, dessen Resultat er selbst ist.

Durch geringfügige Änderungen der Formel läßt sich eine ganze Reihe weiterer optisch interessanter Animationen erzeugen. Beim nächsten Beispiel wird auch ein Farbwechsel vollzogen.

6.7.2 Morgenstern

Für das nächste Beispiel erweist es sich als günstiger, die Winkel als Bogenlängen am Einheitskreis anzugeben. Deshalb verwenden wir eine etwas veränderte Version von `sicht`.

```
In[6]:= sichtEK[r_, phi_, theta_] :=
          {r * Sin[θ] Cos[ϕ], r * Sin[θ] Sin[ϕ], r * Cos[θ]}
```

Zur Vorbereitung legen wir einige Farbübergänge fest.

```
In[7]:= n = 0.5 * Sin[m] + 0.5;
        f1 = RGBColor[
              (1 - n) 0.1 + n 0.6, (1 - n) 0.4 + n 0.7, (1 - n) + n 0.5];
        f2 = RGBColor[
              (1 - n) 0.6 + n0.5, (1 - n) 0.4 + n 0.3, (1 - n) 0.5 + n 0.5];
        f3 = RGBColor[
              (1 - n) 0.7 + n 0.9, (1 - n) 0.1 + n 0.4, (1 - n) 0.5 + n 0.8];
```

```
In[8]:= zackList =
        Table[
          gr = Show[Stellate[Polyhedron[Octahedron], 10],
               opt1, opt2, opt4,
               LightSources →
                  {{{-1, 0.5, 0.5}, f1},
                   {{-1, 0.3, Cos[m] }, f2},
                   {{0.5, Sin[m], 0.1}, f3}},
               ViewPoint → sichtEK[3.38, m, m]] ,
          {m, 0, 2π - 0.01π, 0.01π}] ;
```

```
In[9]:= Show[GraphicsArray[ Partition [zackList, 3]]];
```

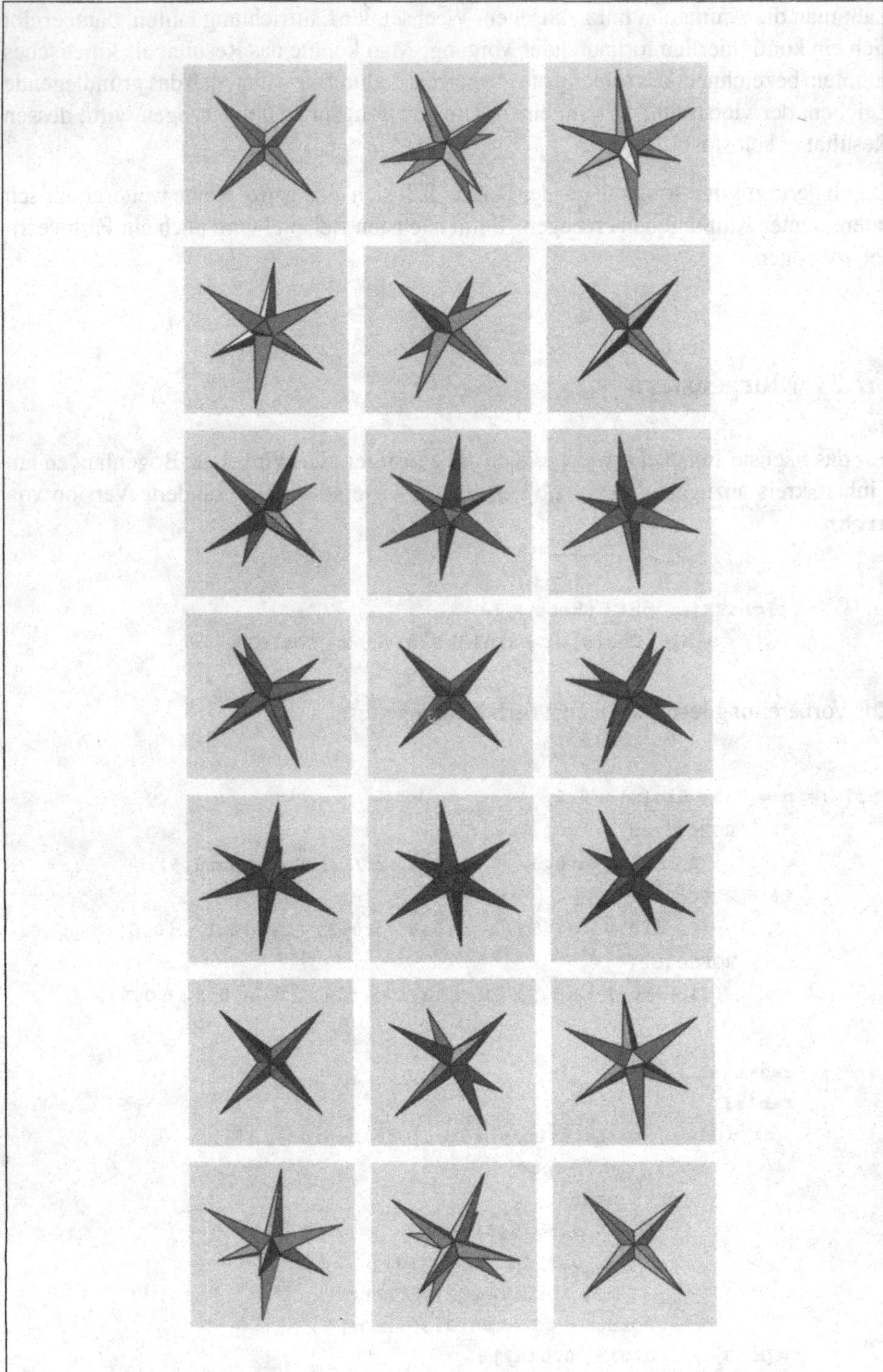

Bei einem einmaligen Zyklus führt die Bildfolge wieder an den Anfang zurück; bei einem kontinuierlichen Ablauf ist das letzte Phasenbild zu eliminieren, da dieses Motiv sonst zweimal hintereinander auftreten und zu einem kleinen Ruck führen würde.

6.7.3 Faltstern

Schon die vorhergehende Animation war ein Beispiel dafür, wie man auf einfache Weise zu weiteren Varianten der Abläufe kommt – nämlich durch den Ersatz eines Polyedertyps durch einen anderen. Wir machen von dieser Methode noch einmal Gebrauch und setzen ein Ikosaeder ein. Dazu kommen wechselnde Farben der Lichtquellen.

```
In[10]:= n = 0.5 * Sin[m] + 0.5;

         g1 = RGBColor[
                (1 - n)0.8 + n0.6, (1 - n)0.4 + n0.7, (1 - n) + n0.5];
         g2 = RGBColor[
                (1 - n)0.9 + n0.5, (1 - n)0.4  + n0.3, (1 - n)0.5 + n0.5];
         g3 = RGBColor[
                (1 - n)0.9 + n0.9, (1 - n)0.6 + n0.4, (1 - n)0.5 + n0.2];

In[11]:= faltList =
         Table[
           Show[Stellate[Polyhedron[Icosahedron], 0.1 + 3 * (Sin[m])^2],
             opt1, opt2, opt4,
             LightSources →
                  {{{-1, 0.5, 0.5}, g1},
                   {{-1, 0.3, Cos[m] }, g2},
                   {{0.5, Sin[m], 0.1}, g3}},
             ViewPoint → sichtEK[3.38, m, m]],
           {m, 0, 2π - 0.01π , 0.01π}
           (*{m, 0, 2π(* - 0.1π *), 0.1π}*)] ;

In[12]:= Show[GraphicsArray[ Partition [faltList, 3]]];
```

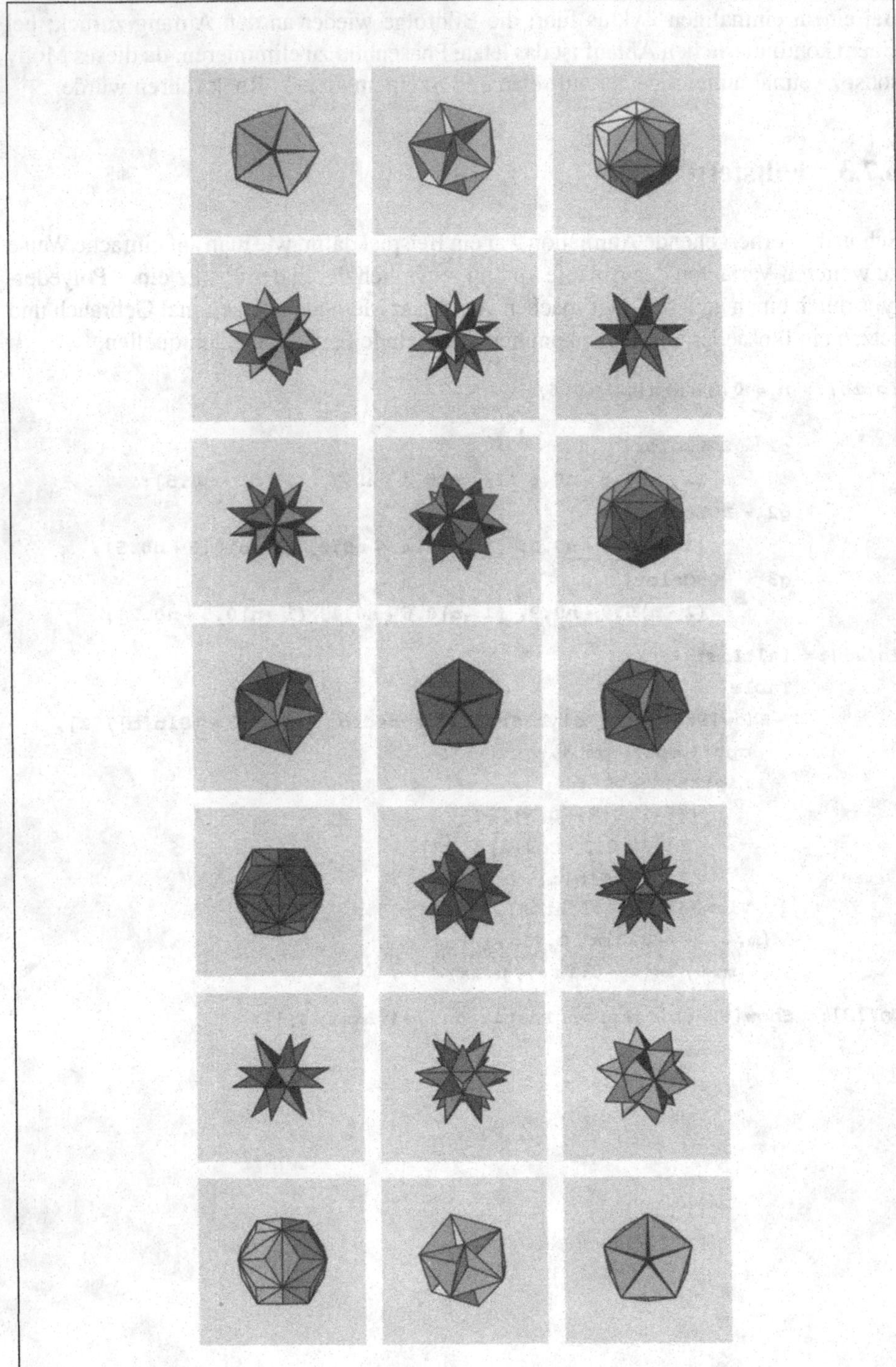

Bei den auf der CD enthaltenen Versionen sind die Bildhintergründe meist dunkel gehalten, so daß auch jene Phasenbilder, die sich auf den Tafelbildern dieses Kapitels wenig vom Hintergrund abheben, gut zu sehen sind.

Da bei den Polyedern erheblich weniger Stützpunkte erforderlich sind als bei Körpern mit gekrümmten Oberflächen, beanspruchen Animationen mit polyedrischen Elementen relativ wenig Speicherkapazität, und auch die erforderlichen Rechenzeiten sind entsprechend kurz. Auf diese Art kommt man deshalb auch mit einfacheren Systemen zu guten Ergebnissen.

6.8 Die Animation „Polyeder"

Das Ziel der im Folgenden beschriebenen Animation ist es, aus einer Grundfigur – einem Oktaeder – ein Bewegungsspiel zu entwickeln.

Ablaufplan

Der Film besteht aus vier Sequenzen:

1. Phase – Acht Oktaeder tauchen als kleine Gebilde im Hintergrund auf, kreisen umeinander, werden größer und nähern sich bis zur Durchdringung und Verschmelzung.

2. Phase – Das auf diese Weise entstandene komplex aufgebaute Polyeder setzt die kreisende Bewegung fort, wobei sich die Farben der Lichtquellen ändern.

3. Phase – Die Seitenflächen des Oktaeders lösen sich aus dem Verband und werden kleiner, bis sie nur noch als Punkte erscheinen und verschwinden.

Während des Ablaufs ändert sich die Farbstimmung von kühlen Blau- und Violettönen zu einem warmen Braunrot.

```
In[1]:= Needs["Graphics`Colors`"]
        Needs["Graphics`Polyhedra`"]
        Needs["Graphics`Shapes`"]

In[2]:= opt1 = SphericalRegion → True;
        opt2 = Boxed → False;
        opt3 = Background → RGBColor[0.85, 0.85, 0.85];
```

1. Anfangsphase

In der Anfangsverteilung liegen die Zentren der Oktaeder in den Eckpunkten eines sich im Raum drehenden Würfels.

```
In[3]:= oktanf =
        Table[
          OpenTruncate[
            Polyhedron[Octahedron, {l * i3, l * j3, l * k3}, 0.3 * l3 + 0.1],
            0.5],
          {i3, -1, 1, 2}, {j3, -1, 1, 2}, {k3, -1, 1, 2}];
In[4]:= ph1 =
        Table[zae = (l - 1) /4 + 2.5;
          Show[oktanf,
            ViewPoint → {1.334 * Cos[-0.3 * zae],
                1.5 * Sin[-0.3 * zae],
                1.334 * Cos[-0.3 * zae]},
            opt1, opt2, opt3,
            LightSources → {{{ 1, -0.5, 0.5}, RGBColor[0.7, 0.8, 0.6]},
                {{-1, -0.3, 0.3}, RGBColor[0.6, 0.4, 0.6]},
                {{0.5,  0, 0.1}, RGBColor[0.9, 0.5, 0.3]}}],
          (*{l, 43, 1, -1}*) {l, 23, 1, -2}];

In[5]:= Show[GraphicsArray[Partition[ph1, 3]]];
```

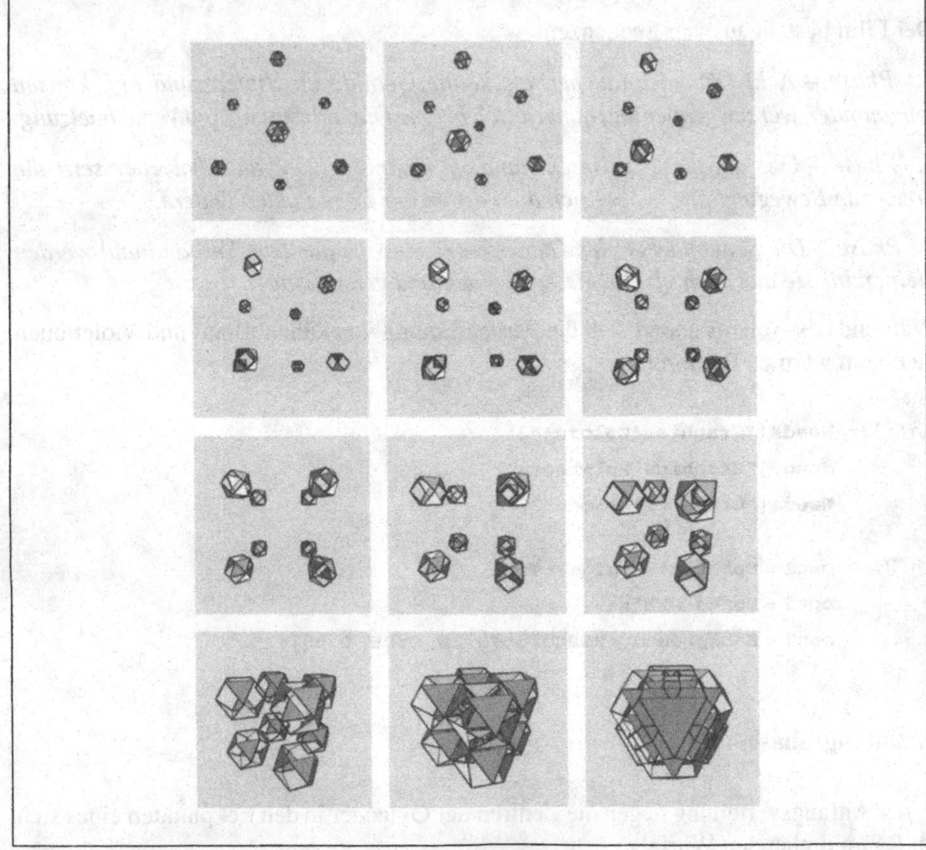

2. Übergangsphase – Farbwechsel

Während sich der Körper weiterdreht, ändern sich die Farben der Lichtquellen.

```
In[6]:= oktmit =
        Table[
          OpenTruncate[
            Polyhedron[Octahedron,{i3,j3,k3},.3*13 +.1],
            0.5],
          {i3,-1,1,2},{j3,-1,1,2},{k3,-1,1,2}];

In[7]:= ph2 =
        Table[zae = m * 2Pi + 2.5 * .3;
          Show[oktmit,
           ViewPoint →
             {1.334 * Cos[zae], 1.5 * Sin[zae], 1.334 * Cos[zae]},
           LightSources →
             {{{1, -.5, .5},
                RGBColor[
                  (1 - m) * .6 + m * .7,
                  (1 - m) * .3 + m * .8,
                  (1 - m) * 1 + m * .6]},
              {{-1, -.3, .3},
                RGBColor[(1 - m) * 1 + m * .6,
                  (1 - m) * .3 + m * .4,
                  (1 - m) * .4 + m * .6]},
              {{.5, 0, .1},
                RGBColor[(1 - m) * .5 + m * .9,
                  (1 - m) * .4 + m * .5,
                  (1 - m) * .4 + m * .3]}},
           opt1, opt2, opt3],
          {m, 1, 0, -.05}];

In[8]:= Show[GraphicsArray[Partition[ph2, 3]]];
```

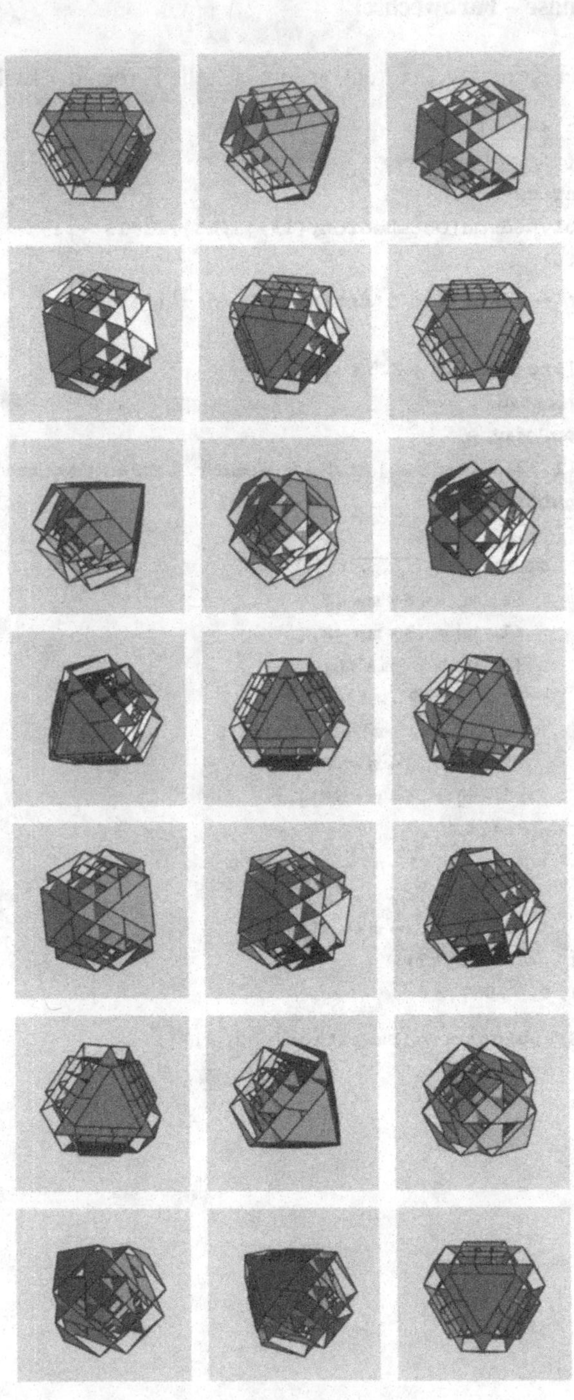

3. Endphase

Der Abbau kommt dadurch zustande, daß sich die mit `PlotRange` vorgegebene Box verkleinert, so daß Teile des Polyeders abgeschnitten werden. Beleuchtung und Farben (rotbraun mit Rosaschimmer) bleiben unverändert.

```
In[9]:= oktend =
        Table[
         OpenTruncate[
          Polyhedron[Octahedron, {i3, j3, k3}, 0.3 * k + 0.1],
          0.5],
         {i3, -1, 1, 2}, {j3, -1, 1, 2}, {k3, -1, 1, 2}];

In[10]:= n = 3.5;
         ph3 =
         Table[zae = -(k - 13)/4 + 2.5;
          n = 4 - 3.3 * (k - 13)/24;
          Show[oktend,
           PlotRange → {{-n, n}, {-n, n}, {-n, n}},
           ViewPoint →
              {1.334 * Cos[-0.3 * zae],
               1.5 * Sin[-0.3 * zae],
               1.334 * Cos[-0.3 * zae]},
           LightSources →
              {{{ 1, -0.5, 0.5}, RGBColor[0.6, 0.3, 1]},
               {{-1, -0.3, 0.3}, RGBColor[1, 0.3, 0.4]},
               {{ 0.5, 0, 0.1}, RGBColor[0.5, 0.4, 0.4]}},
           opt1, opt2, opt3],
          {k, 13, 24, 1(*3*)}];

In[11]:= Show[GraphicsArray[Partition[ph3, 3]]];
```

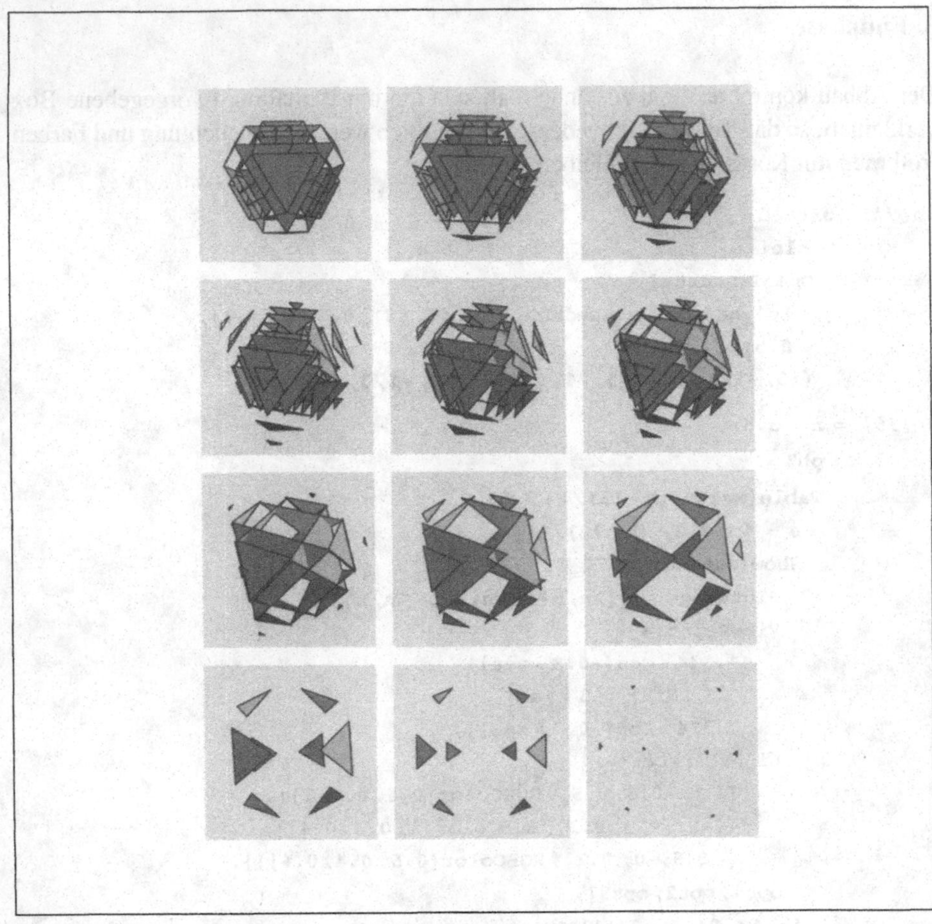

Eine Version dieser Animation wurde vom Sonderforschungsbereich 'Differentialgeometrie und Quantenphysik' an der Technischen Universität Berlin, Leitung Dr. Konrad Polthier, unter dem Titel „Polyeder" auf Videoband umgesetzt; Musik von Jörg Stelkens, Nachbearbeitung für die CD durch Horst Helbig.

6.9 Die Animation „Falter"

Die folgende Animation stützt sich auf verschiedene Abwandlungen der Enneperschen Minimalfläche. Normalerweise ist für einwandfreie Wiedergabe – mit weich gewölbten Flächen – eine möglichst hohe Zahl von Stützpunkten angeraten. In diesem speziellen Fall wird dagegen die vereinfachte Darstellungsweise mit wenigen Stützpunkten als ästhetisches Moment gebraucht: Die auf diese Weise deutlich sichtbaren ebenen Facetten erinnern an Papierfalter, die sich auf Schwingen durch den Raum bewegen.

Ablaufplan

Der Film besteht aus sechs Sequenzen:

1. Phase – Anfangsphase: Auffächerung von Objekt 1,

2. Phase – Bewegung und Umwandlung in Objekt 2,

3. Phase – Bewegung und Umwandlung in Objekt 3,

4. Phase – Bewegung und Umwandlung in Objekt 4,

5. Phase – Bewegung und Umwandlung in Objekt 5,

6. Phase – Abschluß: Objekt5 verkleinert sich, bis es sich im Hintergrund verliert.

Während des Ablaufs wechseln auch Beleuchtung und Farben kontinuierlich.

Farben und Farbübergänge

Um umständliche Beschreibungen der Farben und Farbübergänge zu ersparen, werden Abkürzungen einführt.

```
In[1]:= hellblauorange =
          {{{-1, 0, 1}, RGBColor[1., 0.3, 0.]},
           {{1, 0.9, 0.2}, RGBColor[0.2, 0., 0.]},
           {{0.5, 0, 0.7}, RGBColor[0., 0.4, 0.7]}};
        blaurot =
          {{{-1, 0.5, 0.5}, RGBColor[0.2, 0.9, 1.]},
           {{-1, 0.3, 0}, RGBColor[0.7, 0.2, 0.3]},
           {{0.5, 0, 0.1}, RGBColor[0.9, 0.2, 0.7]}};
        gelbviolett =
          {{{-1, 0.5, 0.5}, RGBColor[0.58, 0.68, 0.58]},
           {{1, 0.3, 0.8}, RGBColor[0.48, 0.28, 0.48]},
           {{0.5, 0, 0.1}, RGBColor[0.78, 0.38, 0]}};
        farbwechsel[auf_] :=
         {{{-1, 0.5 * auf, 1 - 0.5 * auf},
            RGBColor[1 - 0.8 * auf, 0.3 + 0.6 * auf, auf]},
          {{1 - 2 * auf, 0.9 - 0.6 * auf, 0.2 - 0.2 * auf},
            RGBColor[0.2 + 0.5 * auf, 0.2 * auf, 0.3 * auf]},
          {{0.5, 0, 0.7 - 0.6 * auf},
            RGBColor[0.9 * auf, 0.4 - 0.2 * auf, 0.7]}};
        übergang[auf_] :=
         {{{-1, 0.5, 0.5},
            RGBColor[0.2 + 0.38 * auf, 0.9 - 0.22 * auf, 1 - 0.42 * auf]},
          {{-1 + 2 * auf, 0.3, 0.8 * auf},
            RGBColor[0.7 - 0.22 * auf, 0.2 + 0.08 * auf, 0.3 + 0.18 * auf]},
          {{0.5, 0, 0.1},
            RGBColor[0.9 - 0.12 * auf, 0.2 + 0.18 * auf, 0.7 - 0.7 * auf]}};
```

1. Anfangsphase – Auffächerung von Objekt 1

Der Aufbau des Objekts erfolgt aus einem Fragment heraus, u.zw. durch Ausfächern mit Hilfe einer sukzessiven Erweiterung des Definitionsbereichs. Zugleich dreht sich das Objekt im Raum; die Drehung wird während der gesamten Animation beibehalten.

```
In[2]:= ennanf[u_, v_] := {u - u^3/3 + 12 * u * Sin[v] + u v^2,
                          v - v^3/3 + 12 * v * Cos[u] + v u^2,
                          u^2 - v^2};
        schr1 = -π/5;

In[3]:= ph1 =
        Module[{n0 = 2 - (n + π) /π},
          Table[ParametricPlot3D[Evaluate[ennanf[u, v]],
                 {u, -n0, n0}, {v, -n0, n0},
                 PlotPoints → 6,
                 ViewPoint → {2.668 * Cos[-n + π], 3 * Sin[-n + π], 2.668},
                 LightSources → hellblauorange,
                 SphericalRegion → True,
                 Background → GrayLevel[0.9(*0*)],
                 Axes → None, Boxed → False],
            {n, 4π/5, -π - schr1, schr1}]];

In[4]:= Show[GraphicsArray[Partition[ph1, 3]]];
```

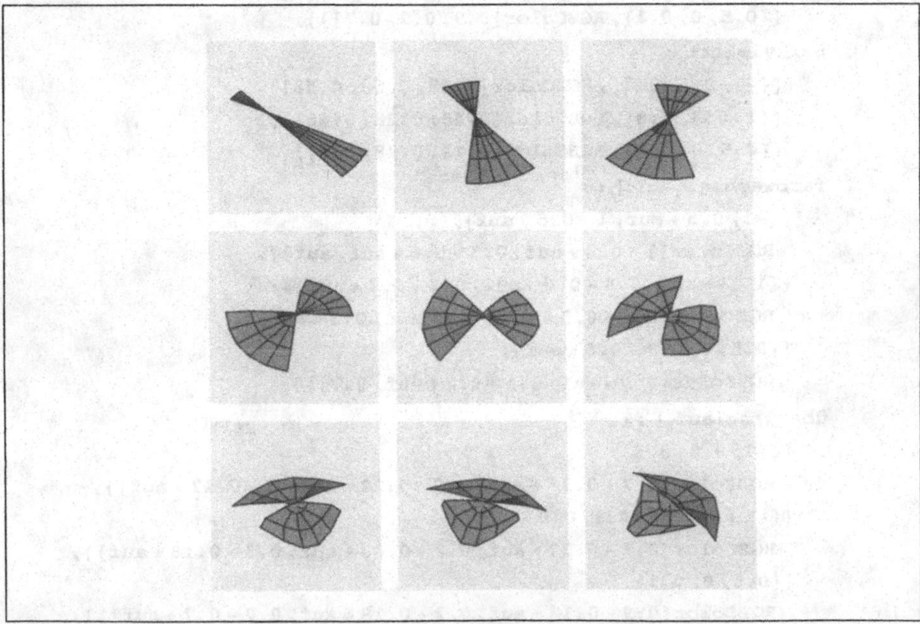

2. Phase – Umwandlung in Objekt 2

Als nächster Schritt erfolgt der Übergang der Figur in eine andere, wieder mit einem Farbwechsel verbunden.

```
In[5]:= enn2[u_, v_, n1_] := {u - u^3/3 - n1 * u * Sin[v] + u v^2,
                              v - v^3/3 - n1 * v * Cos[u] + v u^2,
                              u^2 - v^2};

        schr2 = 0.2π;
```

```
In[6]:= ph2 =
        Module[{n1 = 12 * n/π, auf = (n + π) / (2 * π)},
          Table[ParametricPlot3D[Evaluate[enn2[u, v, n1]],
                {u, -2, 2}, {v, -2, 2},
                PlotPoints → 6,
                ViewPoint → {2.668 * Cos[n + π], 3 * Sin[n + π], 2.668},
                LightSources → farbwechsel[auf],
                SphericalRegion → True,
                Background → GrayLevel[0.9 (*0*)],
                Axes → None, Boxed → False],
            {n, -π, π - schr2, schr2}]];
```

```
In[7]:= Show[GraphicsArray[Partition[ph2, 3]]];
```

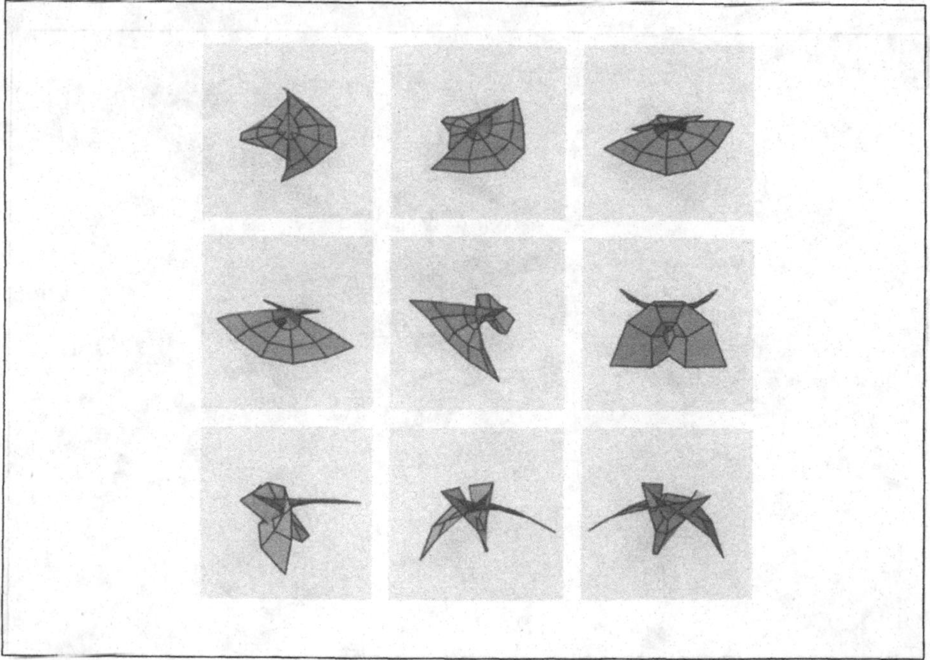

3. Phase – Umwandlung in Objekt 3

Als nächste Phase schließt ein neuerlicher Wechsel der Form und der Farben an.

```
In[8]:= enn23[u_, v_] := {u(u^2 - v^2),
                    (-u * v * (3 - Cos[u] * Sin[v] + π))/5,
                    10 * (-u^2 * v^2/(u^2 + v^2 + 3))};

        schr3 = 0.1;

In[9]:= ph3 =
        Table[ParametricPlot3D[
                Evaluate[(1 - auf) * enn2[u, v, 12] + auf * enn23[u, v]],
                {u, -2, 2}, {v, -2, 2},
                PlotPoints → 6,
                ViewPoint → {2.668 * Cos[2π], 3 * Sin[2π], 2.668},
                LightSources →
                  {{{-1, 0.5, 0.5}, RGBColor[0.2, 0.9, 1]},
                   {{-1, 0.3, 0}, RGBColor[0.7, 0.2, 0.3]},
                   {{0.5, 0, 0.1}, RGBColor[0.9, 0.2, 0.7]}},
                SphericalRegion → True, Background → GrayLevel[0.9],
                Axes → None, Boxed → False],
          {auf, 0, 1 - schr3, schr3}];

In[10]:= Show[GraphicsArray[{Table[ph3[[i]], {i, 2, 4}],
                        Table[ph3[[i]], {i, 5, 7}],
                        Table[ph3[[i]], {i, 8, 10}]}]];
```

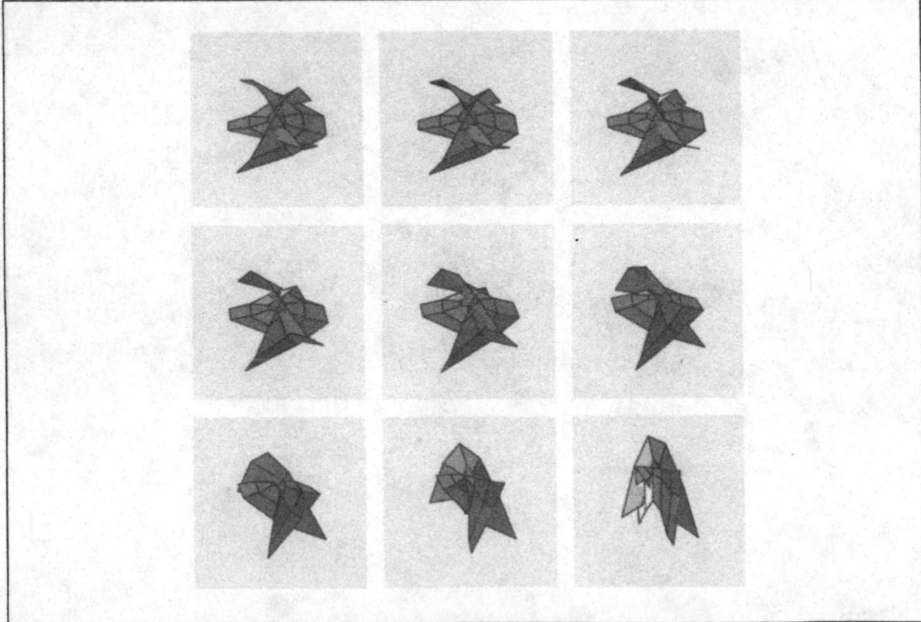

4. Phase – Umwandlung in Objekt 4

Wieder folgt ein Übergang in eine andere Figur; der Einsatz der Option `PlotRange →` `All` ist nötig, da *Mathematica* sonst dünne Ausläufer der Figur als „unwichtig" abschneiden würde.

```
In[11]:= enn24[u_, v_, n_] := {u(u^2 - v^2) + 8 * u * v * (Sin[0.5n])^2,
                    (-u * v * (3 - Cos[u] * Sin[v] + π))/5,
                    10 * (-u^2 * v^2/(u^2 + v^2 + 3))};
         auf = n/(2π);
         schr4 = 0.5π;
         ph4 =
         Table[ParametricPlot3D[
                 Evaluate[enn24[u, v, n]],
                 {u, -2, 2}, {v, -2 - 1.9 * Sin[n], 2 - 1.9 * Sin[n]},
                 PlotPoints → 6,
                 PlotRange → All,
                 BoxRatios → {1, 0.9, 1.5},
                 ViewPoint → {-2.668, 3 Sin[n], 4},
                 LightSources → übergang[auf],
                 SphericalRegion → True, Background → GrayLevel[0.9],
                 Axes → None, Boxed → False],
           {n, 0, 2π - schr4, schr4}];

In[12]:= Show[GraphicsArray[Partition[ph4, 4]]];
```

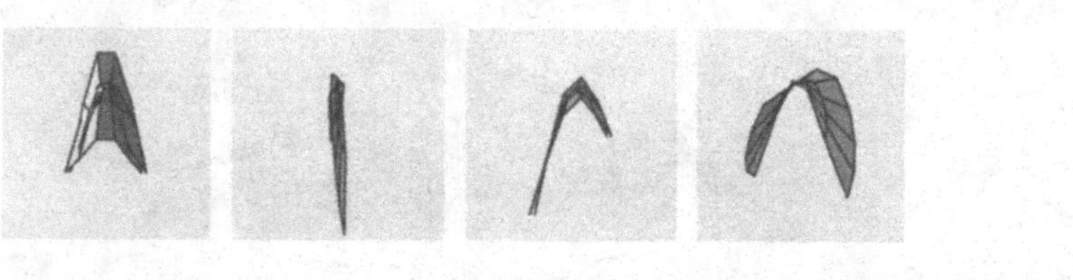

5. Phase – Umwandlung in Objekt 5

```
In[13]:= spinne2[u_, v_, n_] :=
           {u (u^2 - n * v^2),
           (1 + Sin[n - 1]) * (-u * v * (3 - Cos[u] * Sin[v] + π))/5,
            Cos[n - 1] * 10 * (-u^2 * v^2/(u^2 + v^2 + 3))};
         schr5 = 1;
```

```
In[14]:= ph5 =
        Table[ParametricPlot3D[
                Evaluate[spinne2[u, v, n]],
                {u, - Cos[n - 1] * 2, Cos[n - 1] * 2}, {v, -2, 2},
                PlotPoints → 6,
                PlotRange → All,
                BoxRatios → {1, 0.7, 1/n},
                ViewPoint → {2.668, 3 * Sin[n - 1], 2.668 * Cos[n - 1]},
                LightSources → gelbviolett,
                SphericalRegion → True,
                Background → GrayLevel[0.9],
                Axes → False, Boxed → False],
            {n, 1, 10 - schr5, schr5}];
```

```
In[15]:= Show[GraphicsArray[Partition[ph5, 3]]];
```

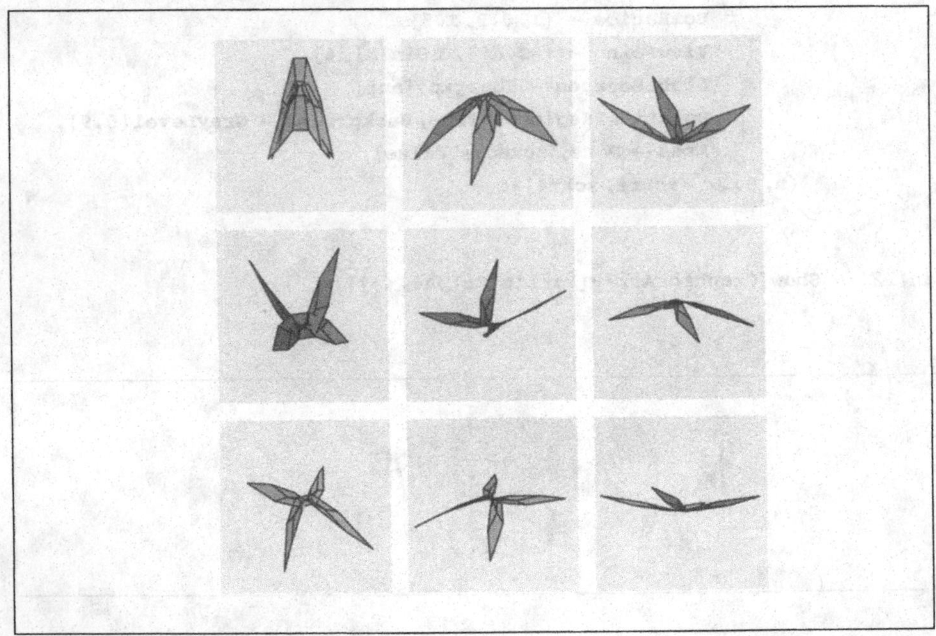

6. Schlußteil – Abblenden, Verkleinern und Abgleiten

Das Ende der Animation wird durch eine Abdunkelung der Lichtquellen in Schwarz eingeleitet; vor dem Hintergrund bleiben nur die weiß gezeichneten Umrisse der Figur übrig. Außerdem wird die im Kapitel 3.1. beschriebene Option `PlotRegion` verwendet, um das Objekt in die Tiefe gleiten zu lassen.

```
In[16]:= spinend[u_, v_] :=
           {u (u^2 - 10 * v^2),
           (1 + Sin[9]) * (-u * v * (3 - Cos[u] * Sin[v] + π)) /5,
            Cos[9] * 10 * (-u^2 * v^2/(u^2 + v^2 + 3)) }

         schr6 = 0.5;

In[17]:= ph6 =
         Table[ParametricPlot3D[
                  Evaluate[spinend[u, v]],
                  {u, -Cos[9] * 2, Cos[9] * 2}, {v, -2, 2},
                  PlotPoints → 6,
                  PlotRegion → {{0.046 * n - 0.03n, 1 - 0.046 * n - 0.03n},
                                {0.046 * n - 0.03n, 1 - 0.046 * n - 0.03n}},
                  BoxRatios → {1, 0.7, 1/10},
                  ViewPoint → {2.668 * Cos[n], 3 * Sin[n + 9], 2.668 * Cos[9]},
                  LightSources →
                    {{{-1, 0.5, 0.5},
                      RGBColor[
                        0.1 * (10 - n) * 0.58,
                        0.1 * (10 - n) * 0.68,
                        0.1 * (10 - n) * 0.58]},
                     {{-1, 0.3, 0},
                      RGBColor[
                        0.1 * (10 - n) * 0.48,
                        0.1 * (10 - n) * 0.28,
                        0.1 * (10 - n) * 0.48]},
                     {{0.5, 0, 0.1},
                      RGBColor[
                        0.1 * (10 - n) * 0.78,
                        0.1 * (10 - n) * 0.38,
                        0]}},
                  SphericalRegion → True,
                  Background → GrayLevel[0.9],
                  Axes → False, Boxed → False],
           {n, 0, 10, schr6}];

In[18]:= Show[GraphicsArray[Partition[ph6, 3]]];
```

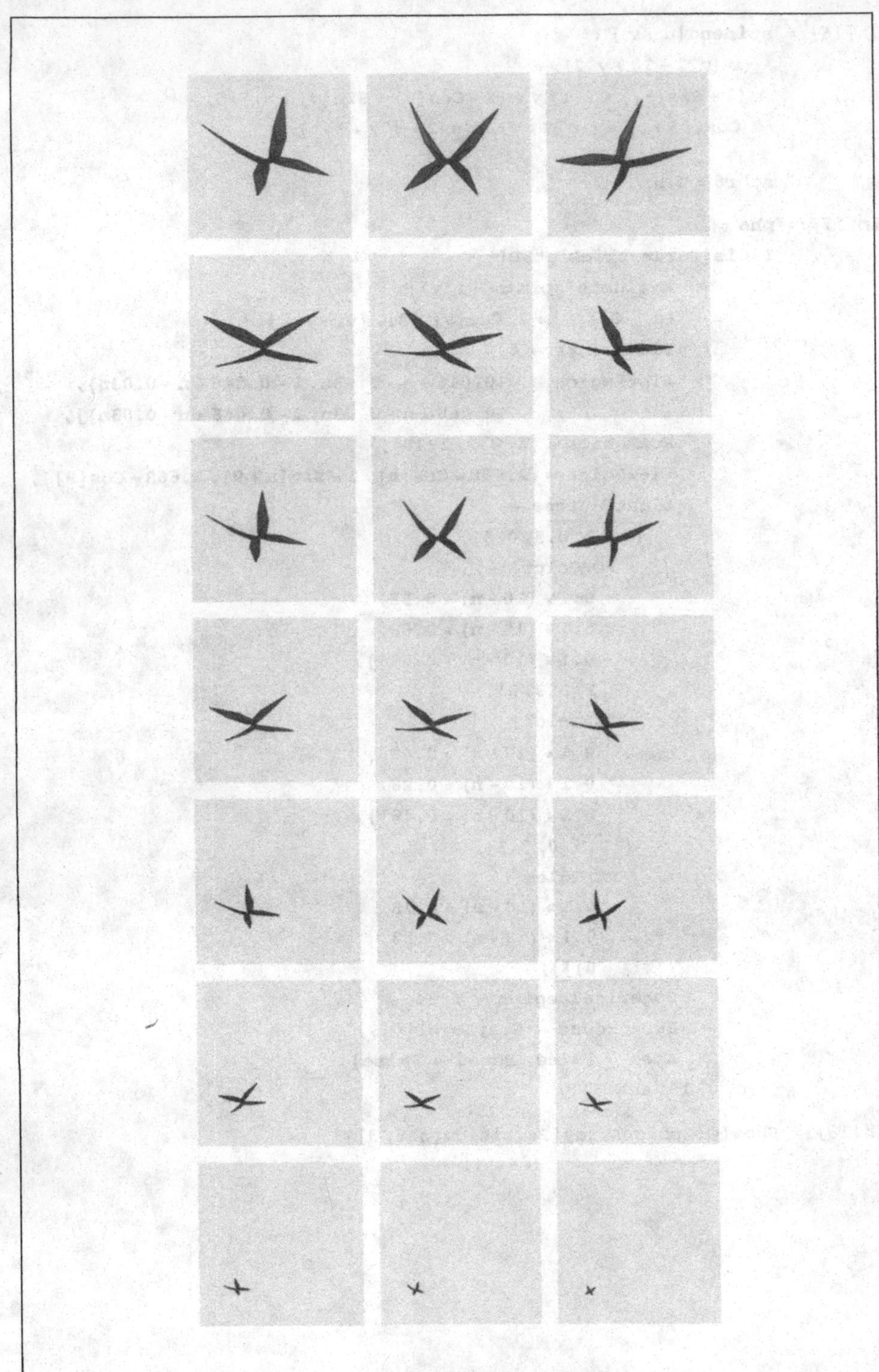

Der für die Druckwiedergabe gewählte graue Untergrund unterdrückt den beabsichtigten Effekt, nämlich den gleichzeitig mit der Verkleinerung eintretenden Farbwechsel in Schwarz und die dadurch erfolgende Verschmelzung mit dem Untergrund, der in der filmischen Wiedergabe – mit der Einstellung `Background → GrayLevel[0]` – zu sehen ist.

Diese Animation wurde wie schon „Polycder" an der Technischen Universität Berlin in guter Qualität ausgearbeitet und von Jörg Stelkens, München, vertont. Nachbearbeitung für die CD durch Horst Helbig.

Ein Nachwort: Experimentelle Mathematik

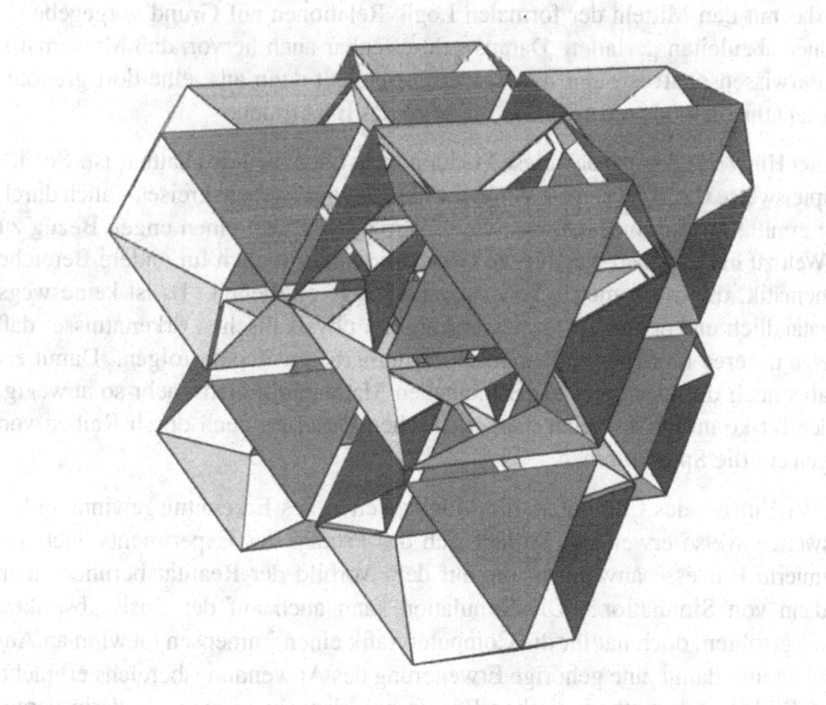

t7

Phasenbild aus dem Film „Polyeder". Erläuterungen in Kapitel 6.8.

Ein Nachwort: Experimentelle Mathematik

In einem allgemeinen Programmiersystem für Mathematik spielt die Animation eine untergeordnete Rolle. Weshalb erscheint es dennoch wichtig, sie aufzugreifen und ihre Möglichkeiten zu erproben? Begründungen lassen sich ohne weiteres anführen, sie haben etwas mit Veranschaulichung und Vorstellungshilfen zu tun, doch merkwürdigerweise kommt man, mit der Problematik der visuellen Darstellung konfrontiert, bald zu prinzipiellen Fragen. So erscheint es vielleicht nicht völlig abwegig, einer Darstellung der im Grunde genommen simplen Programmiermethoden für meist kurze Bewegungsabläufe ein paar weiterführende Gedanken folgen zu lassen.

Sind die Gesetze der Mathematik naturgegeben oder von Menschen gemacht? Die Philosophen neigen zur zweiten Ansicht; im extremen Fall sehen sie die Mathematik als ein System von Tautologien – Aussagen ohne echte Innovation. Es werden Zusammenhänge festgestellt, die logisch ableitbar sind – nur deshalb der Erwähnung wert, weil das menschliche Denkvermögen das eigentlich Selbstverständliche nicht zu überblicken vermag. Aus dieser Vorstellung heraus erscheint Mathematik als ein System, das mit den Mitteln der formalen Logik Relationen auf Grund vorgegebener Definitionen abzuleiten gestattet. Daraus geht offenbar auch hervor, daß Mathematik keine Naturwissenschaft ist, und das wiederum schließt dann aus, eine dort grundlegende Erkenntnismethode anzuwenden, nämlich das Experiment.

Es gibt aber Hinweise darauf, daß diese Position nicht ohne weiteres haltbar ist. So läßt sich beispielsweise der Wert von π – der halbe Umfang des Einheitskreises – auch durch Messung ermitteln. Zumindestens die Geometrie scheint also einen engen Bezug zu unserer Welt zu haben, doch was für die Geometrie gilt, gilt auch für andere Bereiche der Mathematik, die in geometrische Zusammenhänge einfließen. Es ist keineswegs selbstverständlich und doch die Quintessenz unserer physikalischen Erkenntnisse: daß die Gesetze unseres Kosmos mathematisch formulierbaren Regeln folgen. Damit erscheint aber auch die Idee einer experimentellen Mathematik nicht mehr so abwegig, und in der Tat könnte man vielen mathematischen Gesetzen auch durch Reihen von Messungen auf die Spur kommen.

Nun hat der Einsatz des Computers die Möglichkeiten des Erkenntnisgewinns in bemerkenswerter Weise erweitert. So läßt sich das Prinzip des Experiments auch auf programmierte Prozesse anwenden, die auf dem Vorbild der Realität beruhen; man spricht dann von Simulation. Die Simulation kann auch auf der Basis abstrakter Datensätze erfolgen, doch hat ihr die Computergrafik einen immensen Gewinn an Anschaulichkeit und damit eine gehörige Erweiterung des Anwendungsbereichs erbracht. Baut man Bilder nach mathematischen Regeln auf, dann kann man die darin verankerten Zusammenhänge nun auch experimentell untersuchen, und das bedeutet nichts anderes, als daß sich die Idee einer experimentellen Mathematik realisieren läßt. Die Praktikabilität dieses Verfahrens ist in letzter Zeit erheblich gestiegen, u.zw. durch die Erhöhung der Rechengeschwindigkeit und der Speicherkapazität, nicht zuletzt bei den weit verbreiteten Personal Computern. Gerade diese Möglichkeiten erlauben es nicht nur, viel komplexere geometrische Objekte zu erfassen, als bisher der grafischen Darstellung zugänglich waren, sondern mit ihnen auch interaktiv umzugehen und sie als veränderbare Gebilde zu gestalten, die dem forschenden Eingriff offen stehn. Vor dem Hintergrund dieser jüngst entstandenen Situation sind die Animationen zu sehen, die mit Hilfe der gebräuchlichen mathematischen Programmiersysteme zustande kommen.

Eine der einfachsten Anwendungen experimenteller Mathematik ist im didaktischen Bereich angesiedelt: die Analyse mathematisch beschreibbarer Gegebenheiten mit Hilfe grafischer Darstellungen – der Untersuchung der Objekte auf ihre speziellen Eigenschaften, was ein wenig an die „Kurvendiskussionen" des klassischen Mathematikunterrichts erinnert. Damit sucht man beispielsweise mit Hilfe von Differenzialquotienten Maximal- und Minimalwerte, Wendepunkte, singulare Stellen usw., um den Verlauf der Kurve zu verstehen. Bei dieser Beschäftigung rückt naturgemäß die analytische mathematische Methode in den Vordergrund, und die Erkenntnisse über die Eigenschaften des untersuchten Gebildes treten zurück. Bei der neuen, computerunterstützten Methode fällt der analytische Aufwand als vom Rechensystem erbrachte Routine fort, und die Denkkapazität ist für die weiterführende Aufgabe freigestellt.

Es erscheint also durchaus gewinnbringend, sich mit den gegebenen Objekten zu beschäftigen – sie von verschiedenen Seiten zu betrachten, sie zu projezieren und aufzuschneiden, sie zu transformieren und den Einfluß von Parametern zu untersuchen. Wer sich zudem auch noch mit der Beschreibung der Objekte beschäftigt und Methoden der Visualisierung entwickelt, also die Programme konzipiert und erstellt, schafft dadurch auch den Übergang zur formal-abstrakten Seite der Mathematik, denn für die Programmierung ist die Kenntnis der formelhaften Erfassung nötig. Im Prinzip könnte man heute eine Mathematik nur auf Grund von Bildern betreiben, aber das ist sicher nicht das Ziel: Erst das Zusammenwirken der beiden komplementären Beschreibungsmethoden – Formeln und Bilder – erbringt den echten Fortschritt.

Index